新型职业农民创业致富技能宝典
规模化养殖场生产经营全程关键技术丛书

规模化肉羊养殖场生产经营全程关键技术

王高富　任航行　周　鹏　主编

中国农业出版社
北京

图书在版编目（CIP）数据

规模化肉羊养殖场生产经营全程关键技术 / 王高富，任航行，周鹏主编.—北京：中国农业出版社，2018.8

（新型职业农民创业致富技能宝典·规模化养殖场生产经营全程关键技术丛书）

ISBN 978-7-109-24329-3

Ⅰ．①规…　Ⅱ．①王…　②任…　③周…　Ⅲ．①肉用羊—饲养管理　Ⅳ.①S826.9

中国版本图书馆CIP数据核字（2018）第153422号

中国农业出版社出版

（北京市朝阳区麦子店街18号楼）

（邮政编码 100125）

责任编辑　刘宗慧　黄向阳

文字编辑　张庆琼

北京万友印刷有限公司印刷　　新华书店北京发行所发行

2018年8月第1版　　2018年8月北京第1次印刷

开本：910mm×1280mm　1/32　印张：10.25

字数：255千字

定价：38.00元

（凡本版图书出现印刷、装订错误，请向出版社发行部调换）

规模化养殖场生产经营全程关键技术丛书
编委会

主　任　刘作华

副主任　（按姓名笔画排序）

　　　　王永康　王启贵　左福元　李　虹

委　员　（按姓名笔画排序）

　　　　王　珍　王　玲　王阳铭　王高富

　　　　王海威　王瑞生　朱　丹　任航行

　　　　刘安芳　刘宗慧　邱进杰　汪　超

　　　　罗　艺　周　鹏　曹　兰　景开旺

　　　　程　尚　翟旭亮

主持单位　重庆市畜牧科学院

支持单位　西南大学动物科学学院

　　　　　　重庆市畜牧技术推广总站

　　　　　　重庆市水产技术推广站

本书编写委员会

主　　编　王高富　任航行　周　鹏

副 主 编　蒋　婧　赵金红　冉启凡　王　琳

　　　　　刘良佳　孙晓燕

编写人员　（按编写章节的先后顺序排列）

　　　　　任航行　蒋　婧　赵金红　孙晓燕

　　　　　王高富　付　琳　冉启凡　张　丽

　　　　　王　琳　李　杰　刘良佳　陈　静

　　　　　周　鹏　马群忠

图片提供　蒋　婧　赵金红　孙晓燕　王高富

　　　　　冉启凡　王　琳　刘良佳

审　　稿　王高富　周　鹏

PREFACE 序

改革开放以来，我国畜牧业经过近40年的高速发展，已经进入了一个新的时代。据统计，2017年，全年猪牛羊禽肉产量8 431万吨，比上年增长0.8%。其中，猪肉产量5 340万吨，增长0.8%；牛肉产量726万吨，增长1.3%；羊肉产量468万吨，增长1.8%；禽肉产量1 897万吨，增长0.5%。禽蛋产量3 070万吨，下降0.8%。牛奶产量3 545万吨，下降1.6%。年末生猪存栏43 325万头，下降0.4%；生猪出栏68 861万头，增长0.5%。从畜禽饲养量和肉蛋奶产量看，我国已然是养殖大国，但距养殖强国差距巨大，主要表现在：一是技术水平和机械化程度低下导致生产效率较低，如每头母猪每年提供的上市肥猪比国际先进水平少8~10头，畜禽饲料转化率比发达国家低10%以上；二是畜牧业发展所面临的污染问题和环境保护压力日益突出，作为企业，在发展的同时应该如何最大限度地减少环境污染；三是随着畜牧业的快速发展，一些传染病也在逐渐增多，疫病防控难度大，给人畜都带来了严重危害。如何实现"自动化硬件设施、畜禽遗传改良、生产方式、科学系统防疫、生态环境保护、肉品安全管理"等全方位提升，促进我国畜牧业从数量型向质量效益型转变，是我国畜牧科研、教学、技术推广和生产工作者必须高度重视的问题。

党的十九大提出实施乡村振兴战略，2018年中央农村工作会议提出以实施乡村振兴战略为总抓手，以推进农业供给侧结构性改革为主线，以优化农业产能和增加农民收入为目标，坚持质量兴农、绿色兴农、效益优先，加快转变农业生产方式，推进改革创新、科技创新、工作创新，大力构建现代农业产业体系、生产体系、经营体系，大力发展新主体、新产业、新业态，大力推进质量变革、效率变革、动力变革，加快农业农村现代化步伐，朝着决胜全面建成小康社会的目标继续前进，这些要求对畜牧业发展既是重要任务，也是重大机遇。推动畜牧业在农业中率先实现现代化，是畜牧业助力"农业强"的重大责任；带动亿万农户养殖增收，是畜牧业助力"农民富"的重要使命；开展养殖环境治理，是畜牧业助力"农村美"的历史担当。农业农村部部长韩长赋在全国农业工作会议上的讲话中已明确指出，我国农业科技进步贡献率达到57.5%，畜禽养殖规模化率已达到56%。今后，随着农业供给侧结构性调整的不断深入，畜禽养殖规模化率将进一步提高。如何推广畜禽规模化养殖现代技术，解决规模化养殖生产、经营和管理中的问题，对进一步促进畜牧业可持续健康发展至关重要。

　　为此，重庆市畜牧科学院联合西南大学、重庆市畜牧技术推广总站、重庆市水产技术推广站和畜禽养殖企业的专家学者及生产实践的一线人员，针对养殖业中存在的问题，系统地编撰了规模化养殖场生产经营全程关键技术丛书，按不同畜种独立成册，包括生猪、蜜蜂、肉兔、肉鸡、蛋鸡、水禽、肉羊、肉牛、水产品共9个分册。内容紧扣生产实际，以问题为导向，针对从建场规划到生产出畜产品全过程、各环节遇到的常见问题和热点、难点问题，提出问题，解决问题。提问具体、明确，解答详细、充实，图文并茂，可操作性强。我们真诚地希望这套丛书能够为规模化养殖场饲养员、技术员及相关管理人员提供最为实用的技术帮助，为新型职业农民、家庭农场、农民合作社、农业企业及社会化服务组织等新型农业生产经营主体在产业选择和生产经营中提供指导。

刘作华

2018年6月20日

FOREWORD 前言

　　我国养羊历史悠久，从夏商时期（公元前21世纪至公元前11世纪）开始已有文字可以考证，长期的生产实践，不仅积累了丰富的生产经验，而且培育了众多的优良品种，是我国发展养羊业的重要资源和基础。

　　改革开放以来，我国肉羊产业发展迅速，养殖数量位居世界第一，肉羊产业成为我国农业生产和国民经济的重要组成部分，对促进农业生产、发展农村经济、带动广大农民增收致富、改善居民膳食结构都产生了积极的影响。随着国民经济的发展和科技水平的提高，特别是在市场经济的推动下，我国肉羊养殖业迅速从副业生产的地位向产业化过渡，由传统饲养方式向现代化饲养方式转变。无论前者或后者，归根结底都要靠加快科技进步和提高劳动者素质来实现。这是因为现代肉羊养殖是技术密集型和知识密集型产业，如品种培育与改良、分阶段精细化饲养管理、疫病防治、产品的开发以及经营管理的改进等，都有赖于科学技术的推动，劳动者掌握先进的养殖技术才能提高劳动生产率。

我们根据多年积累的研究成果、技术推广和生产实践经验，借鉴国内外肉羊生产先进技术，编写了本书。本书主要针对规模养殖企业、专业合作社和基层畜牧兽医技术人员，以产业化生产为背景、健康养殖为前提，从品种与改良、肉羊繁殖技术、羊场建设与粪污处理、肉羊饲草料生产及其加工配制、肉羊饲养管理、肉羊疫病防控技术、肉羊养殖场的生产经营管理等方面采用问答形式进行了较为系统的介绍。全书图文并茂，通俗易懂，内容深入浅出，便于读者理解和把握重点。

本书参考了国内外大量资料，瑾向有关文献的编著者致谢。

由于编者水平所限，不足和错误之处在所难免，恳请读者批评指正，以便我们及时改正和完善。

编　者

2017年7月19日

CONTENTS 目录

第二章　肉羊的繁殖 ·······53

第四章　肉羊饲草料生产及其加工配制 …………………… 143

第一章　肉羊的品种与改良

第一节　肉羊的品种及分类

1. 根据用途，羊可分为哪几类?

羊可以分为绵羊和山羊，现代绵羊、山羊根据用途大致分为六类:

（1）肉用羊　如无角陶赛特羊、杜泊羊、夏洛来羊、波尔山羊、南江黄羊、大足黑山羊等。

（2）毛（绒）用羊　如澳洲美利奴羊、蒙古羊、哈萨克羊、安哥拉山羊等。

（3）乳用羊　如萨能山羊、吐根堡山羊、东佛里生羊等。

（4）毛皮羊　如滩羊、太行裘皮羊、卡拉库尔羊、济宁青山羊、中卫山羊等。

（5）肉毛兼用羊　以肉用为主毛用为辅的品种，如特克塞尔羊、晋中绵羊、宁蒗黑绵羊、内蒙古绒山羊、小尾寒羊等。

（6）肉皮（裘）兼用羊　以肉用为主皮（裘）用为辅的品种，如酉州乌羊、板角山羊、成都麻羊、小尾寒羊、鲁中山地绵羊、豫西脂尾羊等。

2. 我国西南地区有哪些常见的肉用为主的山羊品种?

我国山羊品种丰富，尤其是西南地区，常见的肉用为主的山羊品种有18个。

（1）**酉州乌羊** 产于重庆市酉阳土家族苗族自治县（简称酉阳县）的青华山山脉及其延伸地带，主要分布在酉阳县的板溪、龙潭等六个乡镇，分布面积622千米^2，目前数量仅有5 000多只，属于濒危物种。

酉州乌羊全身皮肤为乌色，眼、鼻、嘴、角、肛门、阴门等处可视黏膜为乌色，羊农俗称"药羊"（图1-1）。多数全身被毛白色，毛长短适中、粗细均匀、富有光泽，背脊有一条黑色脊线，两眼线为黑色，四肢下部被毛为全黑色、或少量黑色或麻色。板皮质量好，细致、紧密、拉力强、面积较大、光洁度好、厚实油润。表型特征明显，且遗传较为稳定，肌纤维细嫩多汁，且营养成分丰富，其蛋白质中氨基酸组成及必需氨基酸含量优于本地其他山羊品种。此外，酉州乌羊肌肉中的硒元素含量也明显高于本地其他山羊品种。产品有保健美容、滋脾补肾、提神补气等药用功效。酉州乌羊具有耐粗饲、适应能力强、抗病力强等种质特性。

公羊　　　　　　　　　　　　　母羊

图1-1　酉州乌羊

（2）**渝东黑山羊** 主产区在武陵山系山脉的涪陵区、武隆区、丰都县等区县，黔江区、酉阳县、彭水县等地也有分布。

渝东黑山羊全身被毛黑色，富有光泽，结构紧凑，骨骼粗壮，体型中等（图1-2）。渝东黑山羊属肉皮兼用的优良地方品种，具有适应性强、耐粗饲、易管理、繁殖力强、配合力好、生长发育较快、产肉性能好、抗病力强等优良特征，极具开发利用价值，并因良好的肉质、独特的风味及绿色无污染的饲养方式而受到越来越多消费者的青睐。

公羊

母羊

图1-2 渝东黑山羊

（3）大足黑山羊 主要分布在重庆市大足区境内，在潼南、铜梁区也有一定量的分布。

其主要特征特性：毛色纯黑，无杂毛（图1-3），遗传稳定；体格粗大，生长发育快；繁殖性能强，多胎性十分突出，产羔率在250%以上。据调查，初产母羊单胎产羔率达193%，经产母羊单胎产羔率达252%；同时，母羊基本可以达到两年三胎，羔羊成活率高，抗病力强，肉质好等。

公羊

母羊

图1-3 大足黑山羊

（4）**川东白山羊** 原产于重庆市的万州区、涪陵区和四川省的达州市，中心产区为重庆市云阳县、开州区、合川区和四川省万源市，分布于重庆市、万州区、涪陵区、巫山县、奉节县、彭水县、巫溪县、城口县等区县和四川省的宣汉县和开江县。

川东白山羊被毛以白色为主，部分为黑色，大部分个体被毛内层长有白色细短的绒毛（图1-4）。公羊被毛粗长，母羊被毛较短。体型较小，体质良好，结构匀称，体格健壮。川东白山羊属中型皮肉兼用型品种，灵活好动，善于合群、爬山，觅食力强，早熟，耐粗、耐热、耐寒，对恶劣自然条件适应性好，抗病力强，性情温顺易管理，板皮具有皮板细致、弹性好、油分重、毛孔细、厚薄均匀、质地柔软、拉力强、起层多等优点。

公羊　　　　　　　　　　　　　母羊

图1-4　川东白山羊

（5）**板角山羊** 中心产区是重庆市巫溪县、城口县和四川省万源市等地，分布于重庆市涪陵区、武隆区、开州区、垫江县、奉节县、丰都县等区县，以及与四川、陕西、湖北、贵州接壤的区域。

板角山羊全身被毛白色，粗硬无绒毛，公、母羊均有角，角型宽大而扁长，角基宽，朝左右方展出或扭转伸出，体躯呈圆桶形，腰背平直，各部位匀称，结合良好（图1-5）。公羊性欲旺盛，配种力强。母羊繁殖力较强，泌乳性能好，乳房中等大小、匀称，呈球形。板角山羊适应性强、抗病力强、耐粗饲、遗传性能稳定、采食范围广，主要用作杂交母本广为推广，现已向周边6个省、市辐射，其生产效果显著。

公羊　　　　　　　　　　　　　母羊

图1-5　板角山羊

（6）成都麻羊　原产于四川省的双流区和大邑县，分布于成都市的龙泉驿区、青白江区、新津县、都江堰市、邛崃市、崇州市、彭州市及阿坝州的汶川县。

成都麻羊全身被毛短、有光泽，冬季内层着生短而细密的绒毛。体躯被毛呈赤铜色、麻褐色或黑红色，从两角基部中点沿颈脊、背线延伸至尾根有一条纯黑色毛带，沿两侧肩胛经前臂至蹄冠又有一条纯黑色毛带，两条毛带在鬐甲部交叉，构成一明显"十"字形。公羊黑色毛带较宽，母羊较窄，部分羊毛带不明显。从角基部前缘经内眼角沿鼻梁两侧至口角各有一条纺锤形浅黄色毛带，形似"画眉眼"。腹部被毛颜色较浅，呈浅褐色或淡黄色（图1-6）。公、母羊多有角，公羊及多数母羊颔下有须，部分羊颈下有肉髯。体质结实，结构匀称。繁殖性能好，公、母羊8月龄左右均可初配，平均产羔率211.81%，羔羊成活率95%。

成都麻羊较温驯、易管理，具有生长发育快、早熟、繁殖力强、适应性强、耐湿热、耐粗放饲养、遗传性能稳定等特性，尤以肉质细嫩、无膻味及板皮面积大、质地优为显著特点。成都麻羊适合丘陵和农区饲养，饲养方式主要为圈养和季节性放牧。

公羊　　　　　　　　　　　　　母羊

图1-6　成都麻羊

（图片来源于《中国畜禽遗传资源志·羊志》）

（7）**白玉黑山羊**　原产于四川省白玉县的河坡、热加、章都、麻绒、沙马等乡，分布于四川省德格、巴塘等县的干燥河谷地区。

白玉黑山羊被毛多为黑色，少数个体头黑、体花（图1-7）。体格小，骨骼较细。头较小、略显狭长，面部清秀，鼻梁平直，耳大小适中，为竖耳。颈较细短。胸较深，背腰平直。四肢长短适中、较粗壮，蹄质坚实。白玉黑山羊能在高海拔和严酷的自然环境条件下保持较好的生活力，适应性强，但地区间和个体间生产性能差异较大。

公羊　　　　　　　　　　　　　母羊

图1-7　白玉黑山羊

（图片来源于《中国畜禽遗传资源志·羊志》）

（8）**北川白山羊**　原产于四川省北川县，中心产区在该县的擂鼓镇、曲山镇、陈家坝乡、白坭乡等乡镇，相邻的安州区、江油市、平武县、茂县、松潘县等地均有分布。

北川白山羊被毛绝大多数呈白色，黑杂色较少（图1-8），毛短而粗，成年公羊的头、颈、胸部及四肢外侧被毛较长。体质结实，结构紧凑。多数羊有角，公羊角大、宽而略扁，母羊角略小，向后呈倒"八"字形弯曲。颈略长、粗壮，少数颈下左右有1对肉髯。体躯呈圆桶状，四肢较短、粗壮结实，蹄质坚实。繁殖性能好，产羔率初产母羊140%、经产母羊210%。北川白山羊具有遗传性能稳定、适应性强、适合山区放牧和舍饲饲养等特点。

公羊　　　　　　　　　　　母羊

图1-8　北川白山羊

（9）**川中黑山羊**　分为金堂型和乐至型两种，原产于四川省金堂县和乐至县，分布于四川省青白江区、雁江区、安岳县、中江县、安居区、大英县等区县。

川中黑山羊全身被毛为黑色，具有光泽，冬季内层着生短而细密的绒毛（图1-9）。头大小适中，有角或无角。公羊角粗大，向后弯曲并向两侧扭转，母羊角较小，呈镰刀状。耳中等偏大，有垂耳、半垂耳、立耳几种。公羊鼻梁微拱，母羊鼻梁平直。成年公羊及部分母羊颌下有须。公羊体态雄壮，前躯发达，睾丸发育良好；母羊后躯发达，乳房较大，呈球形或梨形。

　　川中黑山羊体型较大，金堂型成年体重公羊66.26千克、母羊49.51千克，乐至型成年体重公羊71.24千克、母羊48.41千克。产肉性能优良，金堂型屠宰率公羊52.76%、母羊49.18%，乐至型屠宰率公羊48.28%、母羊45.95%。繁殖性能突出，川中黑山羊母羊3月龄性成熟，初配年龄母羊5～6月龄、公羊8～10月龄。产羔率初产母羊197.15%、经产母羊248.71%，羔羊成活率91%。

公羊　　　　　　　　　　　　　　　　母羊

图1-9　川中黑山羊

(图片来源于《中国畜禽遗传资源志·羊志》)

　　(10) 美姑山羊　原产于四川省美姑县的井叶特西、巴普、农作、九口等15个乡镇，分布于牛牛坝乡、九口乡等36个乡镇。

　　美姑山羊被毛多数为全黑色，少数为黑白花，胸腹部和腿部有少许长毛，极少数羊被毛内层着生少量绒毛（图1-10）。体格较大，体躯结实。公、母羊均有角，向后方呈外"八"字形，再向两侧扭转。公、母羊颌下均有须，少数羊颈下有肉髯。四肢粗壮、蹄质坚实、蹄冠黑色。前期生长发育快、产肉性能好，周岁公羊宰前活重33.22千克，胴体重16.02千克，屠宰率51.31%，净肉率39.75%。肉质细嫩、膻味轻、肉味鲜美可口，肌肉中含粗蛋白质21.95%、粗脂肪2.5%、粗灰分1%、水分74.55%，氨基酸中谷氨酸、天门冬氨酸、亮氨酸含量较高。繁殖率高，平均产羔率207.78%，羔羊成活率92%。此外，美姑山羊还具有遗传性能稳定、适用范围广、饲养效益高等优点。

公羊　　　　　　　　　母羊

图1-10　美姑山羊

（图片来源于《中国畜禽遗传资源志·羊志》）

（11）贵州白山羊　原产于贵州省黔东北乌江中下游的沿河、思南、务川、桐梓等县，在铜仁市、遵义市及黔东南、黔南两自治州的40多个县均有分布。

贵州白山羊被毛以白色为主，少部分为黑色、褐色及麻花色等（图1-11）。部分羊面、鼻、耳部有灰褐色斑点。全身为短粗毛，极少数全身和四肢着生长毛。皮肤为白色。头大小适中，呈倒三角形，额宽平，公羊额上有卷毛，鼻梁平直，颌下有须。多数羊有角，呈褐色，角扁平或半圆，从后上方向外微弯，呈镰刀形。公羊角粗壮，母羊角纤细。公羊颈部粗短，母羊颈部细长，少数母羊颈下有1对肉髯。公羊睾丸发育良好，母羊乳房发育良好，少数母羊有副乳头。

公羊　　　　　　　　　母羊

图1-11　贵州白山羊

（图片来源于《中国畜禽遗传资源志·羊志》）

贵州白山羊具有耐粗饲、抗逆性强、繁殖力强、肉质鲜嫩、膻味轻等特点。其板皮平整、厚薄均匀、柔韧、富有弹性、张幅较大，是制革的上乘原料。

（12）贵州黑山羊 原产于贵州省威宁、赫章、水城、盘州等地，分布于贵州西部的毕节、六盘水、黔西南、黔南和安顺等5个市自治州所属的30余个县（特区）。

贵州黑山羊被毛以黑色为主，有少量的麻色、白色和花色（图1-12）。依被毛长短和着生部位的不同，可分为长毛型、半长毛型和短毛型三种，即当地群众俗称的"蓑衣羊""半蓑衣羊"和"滑板羊"。长毛型羊体躯主要部位着生10~15厘米长的覆盖毛；半长毛型羊体躯下缘着生长毛。皮肤以白色为主，少数为粉色。体躯近似长方形，体质结实，结构紧凑，体格中等。头大小适中、略显狭长，颌下有须。大多数羊有角，呈褐色，角扁平或半圆形，向后、向外扭转延伸，呈镰刀形，少数羊无角，颈细长，部分羊颈下有一对肉髯。胸部狭窄，胸围相对较大，背腰平直，后躯略高，尻斜。四肢略显细长但坚实有力，蹄质坚实，蹄壳褐色。

贵州黑山羊食性广、耐粗饲、抗逆性强，适宜高寒山区放牧饲养，肉质好。但其体格偏小、个体差异较大。

公羊　　　　　　　　　　　母羊

图1-12　贵州黑山羊

（图片来源于《中国畜禽遗传资源志·羊志》）

（13）**黔北麻羊**　原产于贵州东北部的仁怀、习水两地，在临近的赤水市、播州区、金沙县和桐梓县均有分布。

黔北麻羊被毛为褐色，分浅褐和深褐两种，两角基部至鼻端有两条上宽下窄的白色条纹，有黑色背线和黑色颈带，腹毛为草白色（图1-13）。被毛较短。公、母羊均有角，呈褐色，扁平或半圆，向后、外侧微弯，呈倒镰刀形，公羊角粗壮，母羊角细小。颈粗长，少数有1对肉髯。体躯呈长方形，胸宽深，肋骨开张，背腰平直，尻略斜。四肢较高、粗壮，蹄质坚实，蹄色蜡黄。个体较大，成年体重公羊41.49千克、母羊39.83千克。肉用性能好，成年公羊屠宰率47.5%、净肉率36.33%，成年母羊屠宰率46.34%、净肉率35.77%。早期生长速度快，性成熟较早，一般4月龄性成熟，8月龄即可初配。繁殖力强，母羊全年发情，产羔率197.53%；羔羊初生重1.71千克，断奶重12.50千克；羔羊断奶成活率93.21%。

黔北麻羊温驯，易于管理，耐粗饲，抗病力强。其板皮属"四川路[①]"，板皮平整、厚薄均匀、纤维组织致密、柔韧、质地良好、富有弹性、张幅适中，是制革的上乘原料。

公羊　　　　　　　　　　　母羊

图1-13　黔北麻羊

---

① 我国山羊板皮大体上可分为五大部分：四川路、汉口路、济宁路、华北路和云贵路，不同路山羊板皮的形状各有差异，其中四川路板皮多加工成全头全腿的方圆形。
——编者注

（14）凤庆无角黑山羊 原产于云南省凤庆县，主要在该县的凤山、勐佑、三叉河、洛党、大寺、诗礼6个乡镇有分布。

凤庆无角黑山羊被毛以黑色为主，公羊腿部有长毛，母羊后腿有长毛（图1-14）。体格大，结构匀称。额面较宽平，鼻梁平直，两耳平伸。公羊颌下有须。公、母羊均无角，有肉髯。颈稍长，胸宽深，背腰平直，体躯略显前低后高，尻略斜。四肢高健，蹄质坚实。

凤庆无角黑山羊适应性广、抗逆性强、耐粗饲、肉质好。个体大，成年体重公羊60千克、母羊55千克。屠宰性能好，成年公母羊屠宰率均超过55%。

公羊　　　　　　　　　　　　　　母羊

图1-14　凤庆无角黑山羊

（图片来源于《中国畜禽遗传资源志·羊志》）

（15）龙陵黄山羊 原产于云南省龙陵县，与龙陵县接壤的德宏傣族景颇族自治州芒市的部分地区及腾冲市亦有少量分布。

龙陵黄山羊被毛为黄褐色或褐色。公羊全身着生长毛，额上有黑色长毛，枕后沿脊至尾有黑色背线，肩胛至胸前有一圈黑色项带，与背线相交呈"十"字形（俗称"领褂"），股前、腹壁下缘和四肢下部为黑毛（图1-15）；母羊全身着生短毛，鬃毛和下腹部位黑毛。龙陵黄山羊体格高大，整个体躯略呈圆桶状。头中等大，额短宽。有角（或无角），角向后、向上扭转。公羊颌下有须。胸宽深，背腰平直，体躯较长，后躯发育良好，尻稍斜。四肢相对较短，蹄质坚实。

龙陵黄山羊体型大而紧凑，成年体重公羊48.48千克、母羊41.61千克。肉质细嫩、膻味小，肌肉中水分含量75.05%、干物质24.95%，干物质中粗蛋白质19.80%、粗脂肪3.94%、粗灰分1.21%。龙陵黄山羊以放牧饲养为主，耐粗放饲养管理，有较强的抗病能力。

公羊 　　　　　　　　母羊

图1-15　龙陵黄山羊

(图片来源于《中国畜禽遗传资源志·羊志》)

（16）罗平黄山羊　　原产于云南省罗平县的九龙、长底、钟山、鲁布革等乡镇，现产区覆盖罗平全县。

罗平黄山羊被毛主体为黄色，其中以深黄色为主，有黑色背线和腹线，两角基部至唇角有两条上宽下窄的黑色条纹，头顶、耳边缘、尾尖、四肢下部为黑色（图1-16）。公羊被毛粗而长，额头正中有粗长鬃毛，体侧下部及四肢为粗长毛，母羊被毛多为短毛。公、母羊均有角，角粗壮，呈黑色、倒"八"字形微旋，公羊角弯曲后倾，母羊角直立稍后倾。颈粗、长短适中，少数有肉髯。体躯为长方形，背平直，胸宽深，肋骨拱起，腹部紧凑。四肢粗壮结实，蹄质坚实，呈黑色。

罗平黄山羊多以放牧为主，圈舍多为高床，具有体型较大、繁殖率高、抗逆性强、耐潮湿、耐粗饲、生长快等特点。

公羊　　　　　　　　　　　　　母羊

图1-16　罗平黄山羊

（图片来源于《中国畜禽遗传资源志·羊志》）

（17）马关无角山羊　原产于云南省文山壮族苗族自治州马关县，中心产区在马白、八寨、都龙、金厂、仁和、坡脚等乡镇，相邻的其他乡镇也有分布。

马关无角山羊被毛多为黑色，少数为麻黄色、黑白花色、褐色、白色。无角，颈部有髯（图1-17）。头较短、大小适中，额宽平，母羊前额有V形隆起。颈细长，部分羊颈下有一对肉髯。背平直，后躯发达，臀部丰满。四肢结实，蹄呈黑色。

马关无角山羊性情温驯、容易管理，生活力、配种率高，繁殖率高、性成熟早。母羊3～4月龄即可发情。母羊春秋两季发情较为明显，一年产两胎，胎产双羔率77.41%，三羔和四羔率3.22%，单羔率16.15%，平均每只能繁母羊年产羔3.08只。

公羊　　　　　　　　　　　　　母羊

图1-17　马关无角山羊

（图片来源于《中国畜禽遗传资源志·羊志》）

（18）宁蒗黑头山羊　原产于云南省丽江市宁蒗彝族自治县，中心产区位于该县的战河乡和跑马坪乡，周围的战河、永宁坪、新营盘等11个乡镇均有分布。

宁蒗黑头山羊头颈至肩胛前缘被毛为黑色（部分有白色楔形花纹），前肢至肘关节以下、后肢至膝关节下被毛为黑色短毛，部分公羊睾丸、母羊乳房为黑色，体躯、尾为白色（图1-18）。被毛有长毛和短毛两种类型，长毛型前肢长毛着生至肘关节，后肢长毛着生至膝关节。头大小适中、为楔形，额平宽，鼻梁平直，耳大，灵活。颌下有长须。多数有角，肋骨开张良好。体格较大，体躯近长方形，后躯略高，肌肉丰满。

宁蒗黑头山羊四季以放牧为主，具有耐高寒、适应性广、体型大、产肉性能好、繁殖能力强、板皮面积大等特点。

公羊　　　　　　　　　　　　　母羊

图1-18　宁蒗黑头山羊

（图片来源于《中国畜禽遗传资源志·羊志》）

3. 我国其他地区还有哪些肉用山羊品种？

除西南地区外，我国其他地区共有肉用山羊品种10个，其中华东地区有4个，华南地区有3个，华中地区有2个，华北地区有1个。

（1）华东地区

①戴云山羊：原产于福建省戴云山脉，中心产区为福建省惠安

县、德化县、尤溪县和大田县。全身被毛以黑色为主，亦有少数为褐色。公羊有须和角，角较粗大，向后侧弯曲。少数羊颔下有两个肉髯。尾短小、上翘。戴云山羊体型较小，成年公、母羊体重分别33.70千克和33.50千克。戴云山羊具有耐高温和高湿、放牧性强、肉质鲜美等特点。

②福清山羊：中心产区为福建省的福清县和平潭县。被毛颜色深浅不一，有褐色、灰褐色和灰白色三种，皮肤为青色，四肢细短，尾短、上翘。福清山羊体型较小，成年羊体重25千克左右。繁殖性能较好，3月龄性成熟，5月龄即可初配，产羔率230%。福清山羊能够适应亚热带气候，具有耐粗饲、抗高温和高湿、繁殖性能好、肉质优良等特点。

③闽东山羊：中心产区位于福建省宁德市的福安市和霞浦县。被毛呈浅白黄色，单纤维呈不同颜色段。多数羊两角根部至嘴角有两条完整的白色毛带，少数个体白色毛带不完整，只生长于两眼上部，俗称"白眉羊"。腕、跗关节以下前侧有黑带，颈部、肋部、腹底为白色，肋部和腹底交界处和腿部为黑色。公、母羊均有角，两角向后或后外侧弯曲。下颌有须，部分山羊颈下有肉髯。尾短小而上翘。闽东山羊体型较大，成年公羊体重可达43千克。闽东山羊具有适应性强、耐粗放饲养、耐湿热、体格大、肉质好的特点。

④沂蒙黑山羊：原产于山东省中南部的泰山、沂山及蒙山山区，主要分布在泰安市东部、莱芜市、淄博市南部、临沂地区北部、潍坊市的西南部一带。沂蒙黑山羊毛色较杂，个体差异大，以黑色为主。公、母羊大都有角，公羊角粗长，向后上方捻曲伸展；母羊角短小。颔下有须。沂蒙黑山羊具有采食性广、耐粗饲、抗逆性强等特点，对山区的自然生态环境适应能力良好。

（2）华南地区

①雷州山羊：原产于广东省的徐闻县，分布于雷州半岛和海南省的10多个县（市）。被毛多为黑色，富有光泽，少数为麻色及褐色。全身被毛短密，但腹、背、尾的毛较长。公羊头大，耳大而

立、角大而长、颌下有须；母羊耳小而立，头小、角细长，体型分高脚型和矮脚型，前者多产单羔，后者多产双羔。体型较大，成年公、母羊体重分别42千克和34千克。雷州山羊能很好地适应高温、高湿的生态条件，具有性成熟早、生长发育快、繁殖力强、耐粗饲、肉质好等特点。

②都安山羊：原产于广西壮族自治区的都安瑶族自治县，分布于临近的马山、大化、平果、东兰、巴马、忻城等县。被毛以纯白色为主，其次是麻色、黑色、杂色。被毛短，种公羊的前胸、沿背线及四肢上部均有长毛。皮肤呈白色。公、母羊均有须、有角，角向后上方弯曲，呈倒"八"字形，为暗黑色。体型较大，成年公、母羊体重均可达40千克以上。都安山羊具有耐湿热、善于攀爬、耐粗饲、易于饲养等特点。

③隆林山羊：原产于广西壮族自治区隆林各族自治县，中心产区位于该县的德峨、蛇场、克长、猪场、长发等乡镇。被毛以白色为主，其次为黑白花色，黑色、褐色、杂色等，腹侧下部和四肢上部的被毛粗长。公、母羊均有角和须，角向上后外呈半螺旋状弯曲，有暗黑色和石膏色两种。四肢粗壮。尾短小、直立。隆林山羊具有适应性强、耐粗饲、耐热和耐湿、生长发育快、产肉性能好、繁殖力强等特点。

（3）华中地区

①赣西山羊：中心产区在江西省的湘东和万载等区县，以及上栗县的桐木、长平、福田等乡镇。被毛以黑色为主，其次是白色或麻色。被毛较短，皮肤为白色。公、母羊均有角，呈倒"八"字形，公羊角较长。躯干较长，尾短瘦。体格较小，成年公羊体重29千克。赣西山羊具有适应性强、善爬山、采食能力强、繁殖率高等特点。

②广丰山羊：原产于江西省东北部的广丰县，分布于江西省的玉山、上饶及福建省的浦城等县。全身被毛为白色，皮肤为白色，被毛粗短。公、母羊均有角，公羊角较粗大，呈倒"八"字形。尾短小而上翘。体型偏小，成年公、母羊体重分别35千克和25千克。广丰山羊具有耐粗饲、采食能力强、抗病力强、繁殖力强等特点。

（4）华北地区

承德无角山羊：原产于河北省滦平县，主要分布于平泉、宽城等县。被毛以黑色为主，白色次之，少部分为灰色、杂色。公、母羊均无角，部分羊仅有角基，额部有少量额毛，耳平、略向前上伸，颌下有须。体型较大，公、母羊成年体重分别为41.70千克和43.10千克。承德无角山羊性情温驯、合群性好、放牧性能强、适应性和抗病力强，易于管理。

4. 我国有哪些人工培育的肉用山羊品种？

目前，我国人工培育的肉用山羊品种只有南江黄羊和简州大耳羊两个品种。

（1）南江黄羊 是我国第一个人工培育的肉用山羊品种，是我国从20世纪60年代开始，以努比亚山羊、成都麻羊为父本，南江县本地山羊、金堂黑山羊为母本，采用复杂杂交育成。1995年和1996年先后通过农业部和国家畜禽遗传资源审定委员会现场鉴定、复审。

公羊　　　　　　　　　　　母羊

图1-19　南江黄羊

南江黄羊面部多呈黑色，鼻梁两侧有一条浅黄色条纹，被毛黄色，背脊有一条明显的黑色背线，毛紧贴皮肤，富有光泽，被毛内侧有少许绒毛，有角或无角，耳大微垂、鼻拱额宽，体格高大，前胸深广，颈肩结合良好，背腰平直，四肢粗长，结构匀称。公羊颜面毛色较黑，前胸、颈肩、腹部及大腿被毛黑而长，头略显粗重；母羊颜面清秀（图1-19）。

体格高大、生长发育快，公、母羊成年最高体重分别可达80千克和65千克，成年羯羊可达100千克以上。繁殖力高、性成熟早，3月龄可出现初情，4月龄可配种受孕，最佳初配年龄8~12月龄，经产母羊群年产1.82胎，胎平均产羔率为205.42%、群体繁殖成活率达90.18%。产肉性能好，羯羊6月龄、8月龄、10月龄、12月龄胴体重分别为8.3千克、10.78千克、11.38千克、15.55千克，屠宰率分别为43.98%、47.63%、47.70%、52.71%；成羊羯羊屠宰率为55.65%，而且具有早期（哺乳阶段）屠宰利用的特点，最佳适宜屠宰期8～10月龄，肉质鲜嫩，营养丰富。现已推广到20余个省、自治区、直辖市。

（2）**简州大耳羊** 是由美国努比亚山羊和简阳本地羊杂交选育而得，最早开始于抗战时期宋美龄访问美国之际，美国政府赠送40只努比亚羊给她，它们后来被放养在简阳龙泉山脉一带，与简阳本地山羊进行了杂交、横交。简州大耳羊的培育先后经历3个阶段，即引种杂交形成杂种群体、级进杂交选育和横交固定及世代选育形成新品种阶段，历时60余年，最终于2013年通过国家畜禽遗传资源委员会审定，成为我国人工培育的第二个肉用山羊品种。

公羊　　　　　　　　　　　　母羊

图1-20　简州大耳羊

简州大耳羊被毛为黄褐色，腹部及四肢有少量黑色，富有光泽。在冬季，被毛内层着生短而细的绒毛。头中等大小，有角或无角，公羊角粗大，向后弯曲并向两侧扭转，母羊角较小，呈镰刀状。耳大、下垂，成年公羊平均耳长22.29厘米，成年母羊平均耳长21.21厘米，鼻梁微拱，成年公羊下颌有毛髯，部分有肉髯（图1-20）。简阳大耳羊体型大，体质结实，全身各部位结合良好，体躯呈长方形，颈长短适中，胸宽而深，背腰平直，臀部短而斜，四肢粗壮，蹄质坚实。公羊体态雄壮，睾丸发育良好、匀称，母羊体形清秀，乳房发育良好，多数呈球形。

公羊成年平均体重为65千克，平均体高、体长、胸围分别为76厘米、87厘米、87厘米；母羊成年平均体重为46千克，平均体高、体长、胸围分别为67厘米、74厘米、82厘米。公羊初配年龄为8～10月龄，母羊初配年龄为6～7月龄，年产1.75胎，发情周期19.66天，发情特征明显，发情持续1～2天，妊娠期148.66天。初产母羊产羔率为153.27%，经产母羊为242.50%，平均产羔率为222.74%，初生羔羊平均体重为2.7千克，周岁羯羊平均胴体重17千克，屠宰率50%，净肉率38%。

5. 我国从国外引进了哪些肉用性能较好的山羊品种?

（1）波尔山羊 是世界上著名的肉用山羊品种，原产于南非，被称为世界"肉用山羊之王"。波尔山羊体躯为白色，头、耳和颈部为浅红色至深红色，但不超过肩部，前额及鼻梁部有一条较宽的白色（图1-21）。体质结实，体格大，结构匀称。额突，眼大，鼻呈鹰钩状，耳长而大、宽阔下垂。公羊角粗大，向后、向外弯曲；母羊角细而直立。颈粗壮，胸深而宽，体躯深而宽阔，呈圆桶状，肋骨开张良好，背部宽阔而平直，腹部紧凑，臀部和腿部肌肉丰满。尾平直，尾根粗、上翘。四肢端正，蹄壳坚实，呈黑色。

公羊　　　　　　　　　母羊

图1-21　波尔山羊

（图片来源于《中国畜禽遗传资源志·羊志》）

　　波尔山羊体格大、生长速度快，周岁体重公羊50～70千克，母羊45～65千克；成年体重公羊90～130千克，母羊60～90千克。肉用性能好、屠宰率高，屠宰率8～10月龄48%，周岁50%，2岁52%，3岁54%，4岁时达56%～60%。其胴体瘦而不干，肉厚而不肥，色泽纯正。繁殖性能好，利用年限长。母性好，性成熟早，母羊5～6月龄性成熟，初配年龄为7～8月龄。在良好的试验条件下，母羊可以全年发情，发情周期18～21天，发情持续期37.4小时，妊娠期148天。产羔率193%～225%，护子性强，泌乳性能好。羔羊初生重3～4千克，断奶重20～25千克，7月龄体重公羊40～50千克，母羊35～45千克。公、母羊最长使用年限可达10年。

　　波尔山羊采食范围广、适应性强，能较好地在亚热带地区生活，具有啃食灌木枝叶和宜于放牧的习性。我国1995年首次从德国引进25只，1997年后又陆续引入该品种羊，其因适应性强，且对当地山羊进行杂交改良时效果显著，深受各地群众欢迎，目前在我国山羊主产区均有分布。

　　（2）努比亚山羊　原产于非洲东北部地区埃及尼罗河上游的努比亚地区，现在分布于非洲北部和东部的埃及、苏丹、利比亚、埃塞俄比亚、阿尔及利亚，以及美国、英国、印度等地。努比亚山羊原种毛色较杂，但以棕色、暗红为多见；被毛细短、富有光泽；头较小，额部和鼻梁隆起，呈明显的三角形，俗称"兔鼻"；两耳宽大而长，且下垂至下颌部（图1-22）。

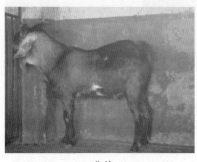 

公羊 群体

图1-22　努比亚山羊

努比亚山羊体型高大，成年体重公羊157.43千克、母羊98.53千克。繁殖性能好，公羊初次配种时间6～9月龄，母羊初次配种时间5～7月龄，羔羊初生重一般在3.6千克以上，哺乳期70天，羔羊成活率为96%～98%，年均产羔2胎，平均产羔率230.01%，其中，初产母羊为163.54%，经产母羊为270.5%。

努比亚山羊耐热性好，对寒冷潮湿的气候适应性差。用它来改良地方山羊，在提高肉用性能和繁殖性能方面效果较好。我国人工培育的南江黄羊和简州大耳羊两个肉用山羊品种均有努比亚山羊的血统。

6. 我国有哪些以产肉为主的绵羊品种？

在我国，产肉为主的绵羊地方品种多为肉脂型、肉脂兼用粗毛型、肉毛兼用型、肉毛兼用脂尾型、肉皮兼用型和肉裘兼用型。《中国畜禽遗传资源志·羊志》中共记录26个这类品种。其中巴美肉羊是目前我国人工培育的唯一以产肉为主的绵羊品种，其余25个为我国地方品种，主要分布在北方地区，分别是广灵大尾羊、晋中绵羊、呼伦贝尔羊、苏尼特羊、乌冉克羊、乌珠穆沁羊、鲁中山地绵羊、洼地绵羊、小尾寒羊、大尾寒羊、豫西脂尾羊、同羊、兰州大尾羊、阿勒泰羊、巴尔楚克羊、巴什拜羊、巴音布鲁克羊、多浪羊、柯尔克孜羊、塔什库尔干羊、吐鲁番黑羊21个品种；南方地区则只分布在云南省，有兰坪乌骨绵羊、宁蒗黑绵羊、石屏青绵羊、腾冲绵羊4个品种。

7. 我国从国外引进了哪些优良的肉用绵羊品种?

国外肉用绵羊品种较多，且产肉性能均较好。自20世纪50年代开始，我国先后通过不同途径从国外引进了考力代羊、特克塞尔羊、萨福克羊、无角陶赛特羊、夏洛来羊和杜泊羊等大型肉羊。

8. 适合南方饲养的肉用绵羊品种有哪些?

（1）湖羊　中心产区位于太湖流域的浙江湖州市的吴兴、南浔、长兴和嘉兴市的桐乡、秀洲、南湖、海宁，江苏的吴中、太仓、吴江等地。湖羊全身被毛为白色。头狭长而清秀，鼻骨隆起，公、母羊均无角，眼大而凸出，多数耳大而下垂。颈细长，胸较狭窄，腹微下垂，背腰平直，体躯长，四肢偏细而高。母羊尻部略高于鬐甲，乳房发达。公羊体型较大，前躯发达，胸宽深，胸毛粗长。短脂尾，尾呈扁圆形，尾尖上翘。被毛异质，呈毛丛结构，腹毛稀而粗短，颈部及四肢无绒毛（图1-23）。

公羊　　　　　　　　　　母羊

图1-23　湖　羊

（图片来源于《中国畜禽遗传资源志·羊志》）

湖羊体型中等，成年体重公羊79.3千克、母羊50.6千克。早期生长发育快，8~10月龄体重公羊45.2千克、母羊36.31千克。在正常的饲料条件和精心管理下，6月龄羔羊可达成年羊体重的70%以上，周岁体重可达成年羊体重的90%以上。繁殖性能好，母羊四季发情，以春秋季节较多，一般每胎产羔2只以上，多的可达6~8只，经产母羊平均产羔率277.4%，一般两年产3胎。羔羊初生重公羔3.1千克、母羔2.9千克，45日龄断奶重公羔15.4千克、母羔14.7千克。羔羊断奶成活率96.9%。

湖羊性情温驯、食性杂、耐粗饲、适应性强、易管理，目前在湖北、重庆、四川、贵州等南方地区均有饲养。

（2）杜泊羊 杜泊羊原产于南非共和国。杜泊羊是用英国的有角陶赛特羊公羊与当地的波斯黑头羊母羊杂交，经选择和培育形成的肉用绵羊品种。杜泊羊具有典型的肉用体型，肉用品质好，体质结实，对炎热、干旱、寒冷等气候条件有良好的适应性。杜泊羊分黑头和白头两种，公羊头稍宽，鼻梁微隆起；母羊较清秀，鼻梁多平直。耳较小，向前侧下方倾斜。颈长适中，胸宽而深，体躯浑圆，背腰平宽。四肢较细短，姿势端正，蹄质坚实（图1-24）。

公羊　　　　　　　　　　母羊

图1-24　杜泊羊

（图片来源于《中国畜禽遗传资源志·羊志》）

杜泊羊生长发育快，平均初生重公羔5.20千克、母羔4.40千克；平均3月龄体重公羔33.40千克、母羔29.30千克；平均6月龄体重公羔59.40千克、母羔51.40千克；平均1周岁体重公羊82.10千克、母羊71.30千克；平均2周岁体重公羊120千克、母羊85千克。杜泊羊产肉性能好，胴体熟肉率高，肉质细嫩多汁、膻味轻、口感好，特别适合于肥羔生产。肥羔屠宰率高达55%，净肉率高达46%。

杜泊羊繁殖性能好，公羊5~6月龄性成熟，10~12月龄初配；母羊5月龄性成熟，8~10月龄初配。母羊四季发情，发情周期14~19天，发情持续期29~32小时，妊娠期148.6天。母羊初产产羔率132%，第2胎167%，第3胎220%。在良好的饲养管理条件下，可两年产3胎。

2001年我国首次从澳大利亚引进杜泊羊，其与我国本地绵羊杂交效果良好。近年来，湖北等地引进杜泊羊公羊和湖羊进行杂交，6月龄杜湖公羔宰前体重、胴体重、净肉重、眼肌面积均明显高于湖羊，屠宰率、净肉率和肉骨比分别比湖羊高3.65%、6.31%和17.95%。杜湖杂交一代（F_1）个体比湖羊大，母羊产羔率215%，略比湖羊（262%）低。说明杜泊羊×湖羊是理想的杂交组合，适宜南方规模化生产。

9. 品种和品系如何区别？

畜禽品种是畜牧学的概念，指具有特定生物学特性、主要性状的遗传性相对一致和稳定、有较高经济价值的家畜类群。品种提供的产品比较符合人类的要求，是人工选择的结果。

品种应具备一些必要的条件：①遗传上具有相同的来源；②具有能稳定遗传且有别于其他品种的表型和相似的生产性能；③具有一定现实或潜在的经济和文化价值；④具有一定的结构，一个品种应由若干各具特点的品系或类群构成；⑤具有足够的数量；⑥被政府或品种协会所承认。

品系是品种中因迁移、引种、隔离等形成的区域性亚品种，或因培育目的不同所形成的具有一定专门特点的亚品种。

品系是品种的一种结构形式，是品种形成过程的过渡类型，一个品种可能由多个品系构成。

10. 通常从哪些方面来区别不同品种的羊？

（1）通过了解品种的一般情况　即了解品种的名称、中心产区及分布、产区自然生态条件，以及品种适应性、抗病性和产品销售情况。

（2）通过了解品种来源与变化　即了解品种形成的历史、种质来源及其经济类型。调查群体数量和规模，包括能繁母羊、公羊、育成羊的数量和基础公、母羊占全群的比例。掌握近15～20年品种的消长情况，如数量、规模的变化、品质变化大观以及濒危程度等。

（3）通过品种特征和性能　包括体型外貌特征和生产性能。

①体型外貌特征：品种的毛色与肤色，头部的额、鼻、耳、角的特征，颈部粗细、长短、有无褶皱、有无胡须、有无肉髯，躯体的体质、结构、体格、四肢、蹄、胸部、肋骨、背腰、尻部、骨骼、肌肉、乳房或睾丸的情况，尾部形状、大小、长短，母羊乳房形状、大小、副乳个数，公羊睾丸发育情况，品种的体重与体尺情况等。

②肉羊的生产性能：指该品种的产肉性能和繁殖性能。

产肉性能的指标包括宰前体重、宰后重、胴体重、内脏脂肪重、骨重、净肉重、屠宰率、胴体净肉率、肉骨比、眼肌面积、肉风味、肌肉酸碱度、肉色、熟肉率、肉嫩度和肌肉的主要化学成分。

繁殖性能包括公羊的初情期、性成熟期、精液品质，母羊的初情期、发情季节、发情周期、妊娠期、产羔率和羔羊成活率等。

（4）通过遗传指标　通过测定山羊线粒体DNA（mtDNA）序列，分析其多态性、遗传多样性、亲缘关系、遗传距离、遗传结构、品种起源进化等指标，从分子水平上鉴定该品种与其他品种是否同宗同族。

第二节　**肉羊的习性与适应性**

11. 肉羊有什么习性?

（1）**合群性强**　肉羊的群居行为很强，很容易建立起群体结构。它们主要是通过视、听、嗅、触等感官活动来传递和接受各种信息，以保持和调整群体成员之间的活动，头羊和群体内的优胜序列有助于维系此结构。在羊群中，通常是原来熟悉的羊只形成小群体，小群体再构成大群体。应注意，经常掉队的羊，往往不是因为生病，就是老或弱导致的。

山羊的合群性一般好于绵羊。利用合群性，在羊群出圈、入圈、过河、过桥、饮水、变换草场等活动时，只要有头羊先行，其他羊只即跟随头羊前进并发出保持联系的叫声，这为生产中的大群放牧管理提供了方便。但由于群居行为强，羊群间距离近时，容易混群，在管理上应注意避免。

（2）**食物谱广**　肉羊的颜面细长，嘴尖，唇薄齿利，上唇的中央有一纵沟，运动灵活，下颚门齿向外有一定的倾斜度，对采食地面低矮的草、小草、花蕾和灌木枝叶很有利，对草籽的咀嚼也很充分，素有"清道夫"之称。在对600多种植物采食试验中发现，山羊能食用其中的88%，绵羊为80%，而牛、马、猪分别为73%、64%和46%，说明羊的食物谱较广。肉羊对当地的毒草具有一定的识别能力。

（3）**喜干燥，厌湿热**　肉羊喜欢干燥，忌湿热湿寒，宜居干燥之地。因此，羊的圈舍、牧地和休息场所都应以干燥为宜。若羊群久居泥泞潮湿之地，易患寄生虫病和腐蹄病，甚至导致毛质降低、脱毛加重。不同的绵羊、山羊品种对气候的适应性不同：细毛羊喜欢温暖、干旱、半干旱的气候，肉用羊和肉毛兼用羊多喜欢温暖、湿润、全年温差较小的气候。与绵羊相比而言，山羊较耐湿。根据羊对湿度的适应性，一般相对湿度高于85%时为高湿环境，低于50%时为低湿环境。我国北方适宜于养绵羊尤其是细毛羊，南方适宜于养山羊。

（4）**嗅觉灵敏**　羊的嗅觉比视觉和听觉更灵敏，这得益于其发达的腺体。其具体作用表现在以下3个方面。

①靠嗅觉识别羔羊：羔羊出生与母羊接触几分钟，母羊就能通过嗅觉鉴别出自己的羔羊（图1-25）。羔羊吮乳时，母羊总要先嗅一嗅其臀尾部，以辨别是否为自己的羔羊。

②靠嗅觉辨别植物种类或枝叶：肉羊在采食时，能依据植物的气味和外表，细致地区别出各种植物，选择含蛋白质多、粗纤维少、没有异味的牧草采食。

③靠嗅觉辨别饮水的清洁度：肉羊喜欢饮用清洁的流水、泉水或井水，而拒绝饮用污水、脏水。

（5）**善于游走，喜登高**　游走有助于增加放牧羊群的采食空间，特别是牧区的羊终年以放牧为主，需要长途跋涉才能吃饱吃好（图1-26）。山羊具有平衡步伐的良好机制，喜登高，善跳跃，采食范围可达崇山峻岭，悬崖峭壁，可直上直下60°的陡坡，而绵羊的攀爬能力不及山羊。不同品种的羊在不同牧草状况、牧场条件下，其游走能力有很大的区别。

图1-25　母羊通过嗅觉识别羔羊　　图1-26　山羊有较强的攀爬能力

（6）**神经活动**　山羊机警灵敏，活泼好动，记忆力强，易于训练成特殊用途的羊；绵羊性情温顺，胆小易惊，反应迟钝，易受惊吓。当遭遇兽害时，山羊能主动大呼求救，并有一定的抗御能力；而绵羊无自卫能力，四散逃避，不会联合抵抗。山羊喜角斗，绵羊温和一些。

12. 肉羊喜欢什么样的环境？

肉羊喜欢干燥的环境，"羊性喜干厌湿，最忌湿热湿寒，利居高燥之地"，养羊的圈舍、运动场都应以干燥为宜。如羊只久居泥泞潮湿之地，易患寄生虫病和腐蹄病，甚至毛质降低、脱毛加重。肉用绵羊喜欢温暖、湿润、全年温差较小的气候。肉用山羊喜欢在干燥凉爽的山区生活。

温度是影响肉羊健康和生产力的首要环境因素。肉用绵羊的适宜温度一般为−3 ~ 23℃，肉用山羊的适宜温度一般为 0 ~ 26℃。温度过高，使羊的散热发生困难，影响采食和饲料报酬；温度过低，则不利于羔羊的健康和存活，同时饲料消耗在维持体温上的比例增加。高温对公羊的精液质量影响很大，公羊对高温的反应很敏感；同时高温对母羊的生殖也有不良作用，尤其在配种后胚胎附植于子宫前的若干天内，很容易引起胚胎的死亡。

肉羊对湿度的适宜范围是50% ~ 80%，高湿不利于肉羊的体热调节，会危害肉羊的健康和生产性能。绵羊最忌高温高湿环境，山羊最忌低温高湿环境。

肉羊属于完全季节性动物。尽管舍饲条件下某些羊的季节性发情已明显减弱，但对羊的繁殖、生产力和行为仍具有直接影响。光周期长短变化是肉羊季节性繁殖有规律地开始和终止的主要因素，一般来讲，在由长日照转变为短日照的过程中，光照时间的缩短，可以促进肉羊发情。在低纬度的热带和亚热带地区，因为全年日照比较恒定，母羊全年都能发情配种。

13. 肉用绵羊的适应性如何？

肉用绵羊的适应性包括耐粗饲、耐渴性、耐热性、耐寒性、抗病力和抗灾度荒能力等方面的表现，这些能力的强弱，直接关系到生产力的发挥，还决定着各品种的生存进化与命运。肉用绵羊在各方面的表现为：

（1）**耐粗饲** 在极端恶劣的条件下，能依靠粗劣的秸秆、树叶维持生活。

（2）**耐渴性** 肉用绵羊的耐渴性较强，每千克体重代谢需水197毫升。在夏秋季节缺水时，其可在黎明时分通过唇舌收集叶上凝结的露珠；在野葱、野韭、野百合等牧草分布较多的地方放牧，可几天乃至十几天不饮水。

（3）**耐热性** 肉用绵羊汗腺不发达，主要依靠喘气来蒸发散热，其耐热性较差。在夏季中午炎热时，常有停食、喘气和"扎窝子"等表现。

（4）**耐寒性** 因有厚密的被毛和较多的皮下脂肪，所以肉用绵羊较耐寒。

（5）**抗病力** 肉用绵羊的抗病力在放牧条件下优于舍饲条件下，膘好时优于体瘦时。

（6）**抗灾度荒能力** 指羊只面对恶劣饲料条件的忍耐力，其强弱与放牧采食能力、脂肪沉积能力和代谢强度有关。不同品种肉用绵羊的抗灾能力不同，同一品种、不同性别的绵羊抗灾能力也不同，公羊不如母羊。

14. 肉用山羊的适应性如何？

肉用山羊的适应性也包括耐粗饲、耐渴性、耐热性、耐寒性、抗病力和抗灾度荒能力，总体来说，肉用山羊的适应性较绵羊强，能够在绵羊难以生存的干旱贫瘠的山区、荒漠地区和一些高温高湿地区生存。具体地说：

（1）**耐粗饲** 肉用山羊除了能采食一些杂草外，还能啃食一定数量的草根树皮，其对粗纤维的消化率比绵羊高3.7%。

（2）**耐渴性** 肉用山羊每千克体重代谢需水188毫升，比绵羊要少。

（3）**耐热性**　肉用山羊较耐热，在夏季中午炎热时，仍能东游西窜，气温37.8℃时仍能继续采食。

（4）**耐寒性**　肉用山羊的耐寒性低于绵羊，因其无厚密的被毛和较多的皮下脂肪，体热散发快。

（5）**抗病力**　肉用山羊的抗病力较绵羊强，感染内寄生虫和腐蹄病的情况也较少。因其抗病力较强，往往在发病初期不易被发觉，所以需要深入观察，才能及时发现。

（6）**抗灾度荒能力**　由于肉用山羊食量较小，食性较杂，所以肉用山羊在这方面的能力强于绵羊。

第三节　　肉羊的保种与选种

15. 什么是保种？为什么要保种？

保种就是保存羊品种资源的遗传多样性，即要尽量全面、妥善地保护现有的遗传资源，使之免于遭受混杂和灭绝，其实质就是使现有的基因库中的基因资源尽量得到全面的保存，无论这些基因目前是否有利用价值。

目前世界上畜禽品种单一化发展很快，家畜遗传基础越来越窄，很多家畜品种已经灭绝或正处于灭绝的边缘。单一品种长期闭锁繁育，迟早会失去育种反应，使选择无效，出现育种"极限"。加之，育种学家一味地改良动物使之适应特定的环境，一旦环境变化，这些品种的适应性不一定还像以前那样好。因此，多保存一些品种，就可以保持遗传基础的多样性，克服可能出现的育种"极限"，且可望保存一份适应性较好的基因，以适应复杂多变的社会、经济发展的需要。

16. 保种的方法有哪些?

传统的动物资源保护措施主要是划分保护区和建立保种基地,这些措施可很好地保护物种的多样性,但保护区面积大,建立良种基地投资大、时间长,易出现近亲繁殖、物种衰退等现象。克隆、冷冻保存等生物技术的发展,为动物遗传资源的保护和利用开辟了新途径。

(1)原位保种 保存并繁殖活体动物。这种方法常用于对濒危动物的保种,其首要任务是扩大群体,保存现有的遗传多样性和表型多样性。

(2)异位保种 包括冷冻保存配子(精子或成熟的卵子)、冷冻保存胚胎(受精卵)、构建基因文库。这种方法简单经济实用,一个液氮罐就可以保存大量的细胞。就目前的科学技术而言,冷冻技术必须有相应的活的动物才行,没有活的母体就不能把胚胎培养成新的个体。因此,目前活畜保种还是最基本的保种措施。

17. 什么是选种?为什么要选种?

畜牧学上,选种就是从种群中选出符合人们要求的优良个体留作种用,同时淘汰不良个体。养羊生产中,选种就是通过对绵羊或山羊的综合选择,用具有高生产性能和优良产品品质的个体来补充羊群,再结合对不良个体的严格淘汰,以达到不断改善和提高羊群整体生产性能和产品品质的目的。

单一品种在长期封闭条件下自群繁育,会出现生长发育、生产性能、繁殖力、抗病力减退等近交衰退现象,使品种退化。通过选种,可以选择优良个体,淘汰不良个体,避免近交衰退,提高种群质量。

18. 选种的方法有哪些?

现阶段对羊的选种,主要的选择性状多为有重要经济价值的数量性状和质量性状，肉用羊的选择性状包括初生重、断奶重、日增重、6～8月龄重、周岁重、产肉量、屠宰率、胴体重、胴体净肉率、肉骨比、眼肌面积、繁殖力等。选择方法主要有个体选择、系谱选择、半同胞选择和后裔选择四种：

（1）**个体表型选择**　根据个体本身的表型表现（即个体表型值）进行选择，个体表型值是通过个体品质鉴定和生产性能测定来衡量的，这种选择方法目前在我国羊育种工作中应用最广泛。

肉羊个体表型鉴定的基本原则是以被选择个体品种的肉用性状为主的重要经济性状为主要依据进行鉴定，鉴定时按各自的品种鉴定分级标准组织实施。

鉴定年龄和时间的确定，是以代表品种主要产品的性状已经充分表现，而有可能给予正确客观的评定结果为准，肉用羊一般在断奶、6～8月龄、1周岁和2.5岁时进行。

（2）**根据系谱进行选择**　系谱是反映个体祖先生产力和等级的重要资料，养羊生产中，经常通过系谱审查来掌握被选个体的育种价值。如果被选个体本身好，且许多主要经济性状与亲代具有共同点，则证明遗传性稳定，可以考虑留种。当个体本身没有表型值资料时，可用系谱中祖先资料来估计被选个体的育种值，从而进行早期选择，其公式是：

$$\hat{A}_X = \left[\frac{1}{2}(P_F + P_M) - \overline{P} \right] h^2 + \overline{P}$$

式中：$\hat{A}_X$——个体X性状的估计育种值；

P_F——个体父亲X性状的表型值；

P_M——个体母亲X性状的表型值；

$\overline{P}$——与父母同期羊群X性状平均表型值；

h^2——X性状的遗传力。

根据系谱选择，血缘关系越远，对被选个体的影响越小，肉羊生产中，主要考虑对被选个体影响最大的父母代的影响，一般对祖父母代以上的祖先资料很少考虑。

（3）**根据半同胞测验成绩选择** 肉羊生产中，人工授精技术已十分成熟，同期所生的半同胞数量大，资料容易获得，且同期环境影响相同。因此，利用同父异母的半同胞表型值资料来估算被选个体的育种值的方法也经常使用。通过这种方法，可以在被选个体无后代时进行选择。其公式是：

$$\hat{A}_X = (\overline{P}_{HS} - \overline{P})h_{HS}^2 + \overline{P}$$

式中：$\hat{A}_X$——个体X性状的估计育种值；

$\overline{P}_{HS}$——个体半同胞X性状平均表型值；

$\overline{P}$——与个体同期羊群X性状平均表型值；

h_{HS}^2——半同胞均值遗传力。

因所选个体半同胞数量不等，对遗传力须作加权处理，其公式是：

$$h_{HS}^2 = \frac{0.25Kh^2}{1 + (K-1)0.25h^2}$$

式中：K——半同胞只数；

0.25——半同胞间遗传相关系数；

h^2——X性状的遗传力。

（4）**根据后裔测验成绩选择** 后裔测验是通过后代品质的优劣来评定种羊的育种价值，这种方法耗时较长，需等到种羊的后代生长到能做出正确评定的时候才能进行，但它是目前为止最直接、最可靠的方法，在养羊业中仍被广泛应用，特别是有育种任务的羊场和规模较大的养羊专业户。常用的后裔测验方法有母女对比法和同期同龄后代对比法。

①母女对比法：分为母女同年龄成绩对比和母女同期成绩对比两种，前者存在年度差异，后者存在年龄差异。在进行对比时，存在母女直接对比和公羊指数对比两种指标。其中，母女直接对比是以女儿性状值减去母亲同一性状值的差（$D-M$）进行比较，公羊指数对比是以2倍女儿性状值减去母亲的同一性状值的差（$2D-M$）进行比较，两者均是差值越大表明被测公羊的种用价值越高。

②同期同龄后代对比法：以相对育种值作为衡量公羊的优劣，

相对育种值越大，公羊越好，一般超过100%的为初步合格的公羊。其计算公式为：

$$A_X = \frac{(x_1 - \bar{x})w + \bar{x}}{x_1} \times 100\% \qquad w = \frac{n_1 \times (n_2 - n_1)}{n_1 + (n_2 - n_1)}$$

式中：A_X——相对育种值；

x_1——被测公羊女儿性状平均表型值；

$\bar{x}$——被测公羊总女儿数的同一性状平均表型值；

w——加权平均后的有效女儿数；

n_1——某公羊女儿数；

n_2——被测公羊总女儿数。

实际生产中，上述四种选种方法可以综合运用。生产中常对根据个体本身选择的种羊用父母羊、同父异母半同胞羊、后代羊的表现来做进一步的验证。一般地，由于个体选种时肉羊所处生长发育阶段不同，选留种羊的侧重点也有所不同。

初生：羔羊出生后，看羔羊的体格发育情况是否正常，有无畸形，有无杂色毛，还需称量羔羊的初生重（羔羊生后2小时内体重）。一般体格发育不良的、畸形的、有杂色毛的、初生重太小的羔羊不能留作种用，只能育肥后屠宰。在初生选种时要注意多胎性的选择，尽量从那些泌乳性能好、母性强、多胎的母羊或初产是双羔的母羊后代中选留种羊，体重低点也不要紧，以提高种羊的繁殖能力。

断奶：一般在羔羊生后80～100天时进行断奶。主要是根据羔羊的断奶重（羔羊断奶时的空腹体重）、体格大小、毛色等情况而定。一般双羔个体比单羔个体断奶重小，断奶早的比断奶迟的个体断奶重小，所以在依据断奶重选择时要充分考虑这些因素。

周岁和成年：依据品种标准，先看整体结构、外形有无严重缺陷，被毛有无色斑，行动是否正常。然后进一步观察，公羊是否单睾、隐睾，母羊乳房发育情况等。鉴别羊的年龄，再根据体质外貌、体格、体重等进行选择。

19. 挑选肉用种羊的主要标准有哪些?

肉用种羊的挑选主要从其体型外貌入手,具体评定标准见表1-1和表1-2,一级及以上种公羊、二级及以上种母羊可留作种用。

表1-1　肉用种羊外貌评定

项目	评分标准	标准（分）
一般外貌	外貌特征、被毛颜色符合品种要求。体质结实,体格大,各部位结构匀称。头大小适中、额面宽平、鼻梁隆起、耳大稍垂、有角或无角。体躯近似圆桶状或长方形。膘情中上	15
前躯	公羊颈短粗、母羊颈略长。颈肩结合良好,胸部宽深,前胸宽阔,鬐甲低平,肋骨开张良好	25
后躯	背长、宽,背腰平直、荐部宽厚,肌肉丰满,后躯发育良好,腹部紧凑而不下垂	30
四肢	四肢粗短、结实,姿势端正,后肢间距大,肌肉丰满,蹄质坚实,蹄形圆大、端正	10
生殖器官	公羊睾丸对称,发育良好,附睾明显。母羊乳房发育良好,乳头大小适中	20

表1-2　肉用种羊外貌评分标准　　　　　　　　　单位:分

项目	特级	一级	二级	三级
公羊	≥90	≥85	≥75	≥70
母羊	≥85	≥80	≥70	≥65

20. 什么样的公羊可作为种羊?

雄性特征比较明显,精力充沛,敏捷活泼,性欲旺盛。符合国家规定的肉用种公羊特级、一级标准,体型外貌、被毛颜色符合品种特征，发育良好，结构匀称，角颈粗大，鬐甲高，胸宽深，肋开张，背腰平直，腹紧凑不下垂，体躯较长大，四肢粗大端正，被毛短而粗亮，睾丸大而对称，以手触摸富有弹性、不坚硬。

21. 什么样的母羊可作为种羊？

符合国家规定肉用种母羊特级、一级、二级标准，外貌特征、被毛颜色符合品种要求，骨架大，四肢粗壮，鼻孔大，嘴头齐，角叉深，眼大、明亮有神、向外凸出，耳大且长、颈较粗、长短适中，颈肩结合良好，肋骨开张，胸宽深，腹圆而大，背平腰长，欹窝大，尻体长宽而平，毛短而亮，乳房大、球形、基部宽广、左右大小对称、弹性好、无硬结，无副乳。

22. 哪些羊即使长得快也不能作为种羊留用？

不符合种羊标准的羊，即使长得快也不能作为种羊留用，比如外貌特征、被毛颜色不符合品种要求，胸部狭窄、尻部倾斜、垂腹凹背、前后肢呈X状等的公、母羊；睾丸发育有缺陷、性欲不佳，出现单睾或隐睾的公羊；或者乳房发育不对称，乳头太小的母羊。

23. 选留种羊时要考虑毛色吗？

选留种羊时需要考虑毛色，因为毛色是羊只体型外貌的重要组成部分，每个品种都有其独特的毛色分布特点，如西州乌羊全身被毛白色，背脊有一条黑色脊线，两眼线为黑色，部分四肢下部为黑色、少量黑色或麻色被毛；板角山羊全身被毛白色；大足黑山羊全身被毛黑色；南江黄羊全身被毛黄色，背脊有一条明显的黑色背线，面部多呈黑色，鼻梁两侧有一条浅黄色条纹。一旦出现与该品种体貌标准中毛色不同的个体时，说明该个体可能含有其他品种血缘或者该个体的某些基因可能产生了突变，不能留作种用。

24. 种公羊在一个场一般使用多久?

种公羊一般7岁时需淘汰,因此,种公羊在一个场的使用年限是5年或6年,但最佳配种年龄是2～4岁。

25. 为什么种公羊使用久了需要调换?

种公羊在一个场使用久了,容易出现与其后代近亲交配的情况,而近交后代往往受胎率、繁殖力、生长发育、羔羊成活率、抗病力等能力会有所降低,甚至出现畸形,导致品种或群体的退化,这种现象在规模较小的养殖场尤为突出。因此,可以在3～5个规模较小的羊场间建立合作关系,在确保羊群不混群的情况下,每年互换种公羊,做好系谱记录,有助于避免近交衰退,提高群体质量。

26. 养殖户如何才能买到合格的肉用种羊?

养殖户购买种羊,需要注意以下几点:

(1)**选择种羊场** 最好选择质量好、信誉好、正规的种羊场。购买前,需要考察种羊场的生产规模和经营状况、生产种羊的数量,查看系谱资料,了解所购种羊父本、母本、半同胞的性状情况。不宜到市场上购买种羊,容易碰到病羊、不健康的羊,或者碰到不法羊贩或羊主,遭受经济损失。

(2)**按照肉用种羊标准进行选择** 种羊的毛色、头型、角、耳、身躯、四肢等体型外貌均要符合标准。种公羊睾丸发育良好,种母羊乳房发育良好,乳头大小适中。

(3)**注意所购种羊的年龄** 种羊均有利用年限,种母羊一般8岁淘汰,种公羊一般7岁淘汰。因此,购买种羊时,需要通过售羊单位的相关记录查询所购种羊的年龄,或者通过牙齿的发生、变换、磨损和脱落等状况对年龄进行初步判断。幼年羊适应环境的能力较强,可塑性大,购买种羊时,可以考虑购买年龄稍微小点的种羊。

第四节 肉羊的培育与改良

27. 品种培育的方法有哪些?

目前肉羊品种培育的方法有选择育种（本品种选育）、杂交育种（育成杂交）和分子育种三种。

（1）本品种选育 指在一个品种内部通过选种选配、品系繁育、改善培育条件等措施，来提高品种生产性能的一种方法。当一个品种的生产性能基本上符合市场需求，不用改变生产方向；或具有某种特殊的经济价值，需要保留；或生产性能虽低，但对当地特殊的自然条件和饲养管理条件有高度的适应性可通过本品种选育来保持和发展品种优良特性，增加品种内优良个体的比重，克服该品种的某些缺点，达到保持品种纯度和提高整个品种质量，进一步提高生产性能的目的。本品种选育包括培育品种的选育（纯繁）和地方良种的选育。

在养羊生产中，现阶段应用最多的是地方良种的选育，基本做法是：

①摸清品种现状，制订选育提高计划：品种现状包括品种分布的区域和自然生态条件，品种内羊只数量、分布、生产性能、主要优缺点及其地区间的差异，羊群饲养管理、生产经营特点以及存在的问题等。

②划定选育基地，健全性能测定制度：一般选择品种中心产区为基地，以被选品种代表性产品为重点，制定科学的品种选育标准、鉴定标准和鉴定分级方法。

③拟定选育实施方案，严格选择选配：选育方案包括种羊选择标准和选留方法、羔羊培育方法、羊群饲养管理制度、市场经营制度以及选育区内地区间、单位间的协作办法、种羊调剂办法等。

④组建选育核心场或核心群：核心场（群）的基本任务是为选育工作提供优秀种羊，特别是种公羊，因此，被选羊只必须是该品种内最优秀的个体，其数量和规模视品种现状和选育工作需要而定。

⑤成立品种选育辅导站或品种协会，调动品种产区群众对选育工作的积极性：品种协会的任务是组织和辅导选育工作，负责品种良种登记，并通过组织赛羊会、产品展销会、种羊交易会等形式，引入市场竞争机制，搞活良种羊及其产品流通。

（2）**杂交育种**　指从品种间杂交产生的杂交后代中，发现新的有益变异或新的基因组合，通过育种措施把这些有益变异和有益组合固定下来，从而培育新的品种。杂交育种的方法有三种分类，一是根据育种所用的品种数量可分为简单杂交育种和复杂杂交育种，二是根据育种目标可分为改变主要用途、提高生产能力和提高适应性和抗病力的杂交育种，三是根据育种工作的起点可分为在现有杂种群基础上进行育种和有计划从头开始的杂交育种。

杂交育种的基本步骤：

①确定育种目标和育种方案：杂交用几个品种、选择哪几个品种、杂交代数、每个参与杂交的品种在新品种血缘中所占的比例等，都应在杂交之前经过讨论确定，并在实践中根据实际情况进行修订和改进。

②杂交组织实施：选定杂交品种、选择每个品种中的与配个体、制定选配方案、确定杂交组合等都直接关系到理想个体是否出现，因此杂交过程中有时可能会需要进行一些试验性杂交。杂交一般需要进行若干世代，所选用的杂交方法，要视具体情况而定，一般来说，理想个体一旦出现，就应该用同样方法生产更多的这类个体，在保证符合品种要求的条件下，使理想个体的数量达到满足继续进行育种的要求。

③理想个体的自群繁育与理想性状的固定：停止杂交，进行横交固定，以使目标基因纯合和目标性状稳定遗传。主要采用同型交

配的方法，有选择地采用近交，近交程度以未出现近交衰退现象为度。在这一阶段，若出现具有突出优点的个体或家系时，应考虑建立品系。同时，注意饲养管理等环境条件的改善。

④扩大群体、提高质量：在表型性状、适应性及遗传性稳定的基础上，通过高效的繁殖技术增加已定型的新类群数量，并将其向临近地区推广，扩大该优势种群的遗传改良效应。此外，为了加速新品种的培育和提高新品种的质量，还应继续做好选种、选配和培育等一系列工作。这一阶段的选配，应该是纯繁性质的，需同时避免近交和杂交。

（3）**分子育种**　将分子生物学技术应用于育种中，在分子水平上进行育种。通常包括分子标记辅助育种和遗传修饰育种（转基因育种）。

分子标记辅助育种是利用分子标记与决定目标性状的基因紧密连锁的特点，通过检测分子标记，即可检测到目标基因的存在，达到选择目标性状的目的，具有快速、准确、不受环境条件干扰的优点。分子标记辅助育种可作为鉴别亲本亲缘关系，回交育种中数量性状和隐性性状的转移、杂种后代的选择、杂种优势的预测及品种纯度鉴定等各个育种环节的辅助手段。

转基因育种是将基因工程应用于育种工作中，通过基因导入，从而培育出一定要求的新品种的育种方法。

28. 通常多长时间能培育出一个肉羊品种?

培育品种是一个长期且复杂的过程。以南江黄羊为例，从1954年起，引入成都麻羊、努比亚杂种公羊作为父本，以南江县本地山羊（当地人称"火羊"）和引入的金堂黑山羊母羊作为母本，开展杂交育种。杂交后代经过不断选育，到20世纪60年代，选择被毛黄色、体格高大的个体进行横交固定，到1963年，南江县元顶子牧场和南江县北极种畜场及两个场周边乡村共有各类杂种羊3 000多只。我国经过近40年的选育，育成了被毛黄色、体格高大、肉用体型明显、生长发育快、繁殖力高、适应性强的肉用山羊新品种。该品种于1995年10月通过品种鉴定，成为我国第一个肉用山羊培育品种。

29. 什么是近亲交配?

近亲交配简称近交，是指亲缘关系近的个体间的交配，凡所生子代的近交系数大于0.78%者，或交配双方到其共同祖先的代数的总和不超过6者。在家畜中近交程度最大的是父女、母子和全同胞的交配，其次是半同胞、祖孙、叔侄、姑侄、堂兄妹、表兄妹之间的交配。近交可以纯合优良性状基因型，并且比较稳定地遗传给后代。通过近交固定优良性状，保持优良血统是培育优良家系（品系）的重要步骤之一。

30. 近交有哪些坏处?

近交最主要的坏处是产生近交衰退，即其所生后代常常会出现成活、生长、发育、繁殖力、抗病力、生产性能、适应性等能力的减退，甚至产生畸形、怪胎，导致品种或群体的退化。产生近交衰退的原因主要有:

（1）**有害隐性基因的暴露** 近交使有害隐性基因纯合配对的机会增加。一般病态的突变基因绝大多数都是隐性的，常被有益的显性等位基因所掩盖，多呈杂合体状态而很少暴露。经过一段近亲繁殖，纯合的基因（纯合子）比例渐渐增多，有害的隐性基因也随之显出作用，出现了不利的性状，对个体的生长发育、生活和繁殖等产生明显的不利影响。

（2）**多基因平衡的破坏** 个体的发育受多个基因共同作用的影响，近交繁殖往往会破坏这个平衡，造成个体发育的不稳定。

31. 如何防止近交衰退?

（1）**严格淘汰** 从近交群体中清除那些不合乎理想的表型、生产力低下、体质衰弱、繁殖力差、表现有近交衰退现象的个体，实质是及时将分化出来的不良隐性纯合子淘汰，而将含有较多优良显性基因的个体留作种用。

（2）**加强饲养管理** 个体表型受到遗传和环境的双重作用，近交产生的个体往往较非近交产生的个体生活力差，但近交后代又往往种用价值高、遗传性比较稳定。如果能适当满足它们的需求，就可以使近交衰退现象得到缓解、少表现甚至不表现。

（3）**血缘更新** 为了缓解近交衰退现象的出现，可以从外地引进一些同种同类型但无亲缘关系的种畜或冷冻精液，来进行血缘更新。在这个过程中，必须保证引进的血缘是有类似特征和特性的同质种畜，否则将会抵消部分甚至全部近交产生的有利作用。

（4）**灵活应用远交** 当近交进行到一定程度后，可以适当地人为选择亲缘关系较远，甚至没有亲缘关系的个体交配，以缓和近交产生的不利影响，这个过程也需要注意选配时的同质性。

32. 什么是选配?

选配是指在选种的基础上，人为确定个体或群体间的交配体制。在养羊生产中，即根据母羊的特点，选择恰当的公羊与之配种，以期获得理想的后代。选配是选种工作的后续，其作用在于巩固选种效果，有意识地组合后代的遗传基础。

33. 为什么要进行选配?

正确的选配，能够创造必要的变异，把握变异方向，控制近交程度，防止近交衰退，加速基因纯化；使亲代的固有优良性状稳定地传给下一代；把分散在双亲个体上的不同优良性状结合起来传给下一代；把细微的、不甚明显的优良性状累积起来传给下一代；对不良性状、缺陷性状给予削弱或淘汰。

34. 选配有哪些类型?

选配按其着眼对象的不同，可大体分为个体选配与种群选配两类。个体选配时，按交配双方品质的不同（品质选配），可细分为同质选配和异质选配；按交配双方亲缘关系的不同（亲缘选配），可分为近交与远交。种群选配中，按交配双方所属种群特性的不同，可分为纯种繁育与杂交繁育两种。

（1）个体选配

①品质选配：即表型选配，是通过对比交配双方的品质来进行选配的一种选配方式。品质既可指一般的品质，如体质、体型、生物学特性、生产性能、产品质量等方面，也可特指遗传品质［在数量遗传学中指估计育种值（EBV）的高低］。品质选配分为同质选配和异质选配。

同质选配：指遵循"以优配优"的选配原则，选择具有相同优良性状和特点的公、母羊进行交配，以便使相同特点能够在后代身上得以巩固和继续提高。在养羊生产中，同质选配通常选择特级羊和一级羊这种品种理想型羊只进行交配，或者当羊群中出现优秀公羊时，为使其优良品质和突出特点能够在后代中得以保存和发展，选用同羊群中具有相同品质和优点的母羊与之交配。

异质选配：指选择在主要性状上不同的公、母羊进行交配，使公、母羊所具备的不同的优良性状在后代身上得到结合，从而创造出一个新的类型；或者按照"公优于母"的选配原则，用公羊的优点纠正或克服与配母羊的缺点或不足。在养羊生产中，用特级、一级公羊配二级母羊即具有异质选配的性质。

②亲缘选配：指具有一定血缘关系的公、母羊之间的交配，按交配双方血缘关系的远近可分为近交和远交。在畜牧学上，凡所生子代的近交系数大于0.78%者，或者交配双方到其共同祖先的代数和不超过6者为近交，反之为远交。

（2）种群选配 种群指种用群体，大到品种或种属，小到畜群或品系，多指一个品种。种群选配主要是研究与配个体所隶属的种群特性和配种的关系，是根据与配双方是否隶属于相同的种群而进行的选配。种群选配分为纯种繁育和杂交繁育两种类型。

①纯种繁育：纯种繁育简称纯繁，是指在同一种群范围内，公、母羊之间的交配、繁殖和选育过程。当一个种群的生产性能基本能满足经济生产需求，不必做大的方向性改变时，使用以保持和发展一个种群的优良特性，增加种群内优良个体的比重，同时克服某些缺点，达到保持种群纯度和提高种群质量目的。纯繁既可以增加种群羊只数量，又可以巩固种群优良品质，继续提高种群质量。

②杂交繁育：杂交繁育即"异种群选配"，指具有差异的群体间的个体交配。

35. 什么是品种改良？

品种改良是指利用自然变异、品种间杂交、远缘杂交、杂种优势和人工诱变等变异途径，按照一定目标进行选择培育，并结合生物技术方法快速育成新品种，其目标通常是提高产出、改善品质、提高抗病性和适应性等。

36. 为什么要进行品种改良？

（1）品种改良能推动现代畜牧业的发展 良种是现代畜牧业的基本生产资料，只有保证有充足的良种，才能提高畜禽产品的质量，增加产品数量，保证畜牧业更快、更好的发展。

（2）品种改良能提高畜禽产品质量 目前，人们的生活水平不断提高，使得人们越来越重视畜禽产品的质量。所以，若想提高畜禽产品质量，必须要进行畜禽品种改良。

（3）品种改良能增强企业竞争力 实现资源配置的优化，整合有关力量，将种畜禽企业做大做强，培育集育、繁、推于一体的种畜禽产业大场和大户，提升种畜禽的生产水平，才能有效增强畜禽企业的市场竞争力。

（4）品种改良能为养殖户创收 在环境和条件相同的情况下，杂交山羊往往生长速度更快、体格更大，因此，相关养殖户喂养杂交山羊比喂养本土山羊的经济效益要高。

37. 如何进行品种改良?

通常是通过引进优秀种公畜对本地品种进行二元或三元杂交,将杂交一代 (F_1) 作为商品肉羊出售,这样可充分提高本地品种的生产性能,提升养羊收益,生产操作上可行性较高。

38. 什么样的品种需要改良?

凡是在生产性能(产肉、繁殖、产品质量等)方面无明显市场竞争优势和潜能的品种,都是应该进行改良的对象。

39. 个人可以进行品种改良吗?

品种改良具有较强的专业性,一般是经过前期充分地试验和研究,确定显著的经济效益后才在当地畜牧主管部门支持下展开推广和应用。因此,不建议个人自行开展品种改良。

40. 杂交与改良的区别与联系?

杂交是一种交配方式,是指通过不同的基因型的个体之间的交配而取得某些双亲基因重新组合的个体的方法。杂交的优点在于后代的性状表现往往优于双亲的平均数。杂交可以丰富和扩大羊的遗传基础,改变基因型,增加遗传变异幅度,使后代的可塑性更大,生活力和生产性能得以提高。

改良是指引进优秀品种种公畜,对现有品种进行外血导入,利用杂种优势提高整个群体的生产性能。

杂交与改良的关系:杂交是手段,改良是目的。改良仅能解决一段时间内畜禽生产力低下的问题,不能彻底解决优质种源的供应。因此,从长远发展观点出发,新品种培育才是最终方向。

41. 什么是杂种优势? 杂种优势有什么表现规律?

杂种优势是指不同种群(品种或品系)个体杂交的后代往往在

生活力、生长和生产性能方面在一定程度上优于其亲本纯繁群平均值的现象。

杂种优势分为个体、母本和父本杂种优势三种类型。个体杂种优势指杂种优势在后代的综合表现，主要表现为杂种个体生活力增强，饲料利用率提高，生长速度加快，繁殖力增强，畸形、缺损、致死、半致死现象减少等。母本杂种优势指以杂种作母本时表现出的优势，表现在性成熟早、繁殖力提高、泌乳力增强等方面。父本杂种优势指以杂种作为父本时表现出的优势，主要表现有性成熟早、精液品质好和配种能力强。

杂种优势表现的基本规律有：①杂交亲本间的遗传差异越大，杂种优势越明显；②杂交亲本越纯，后代杂种优势越明显；③杂种优势的利用仅限于F_1代，如果进行杂交后代自群繁育，会出现杂种优势逐代递减、后代发生性状分离等现象；④不同性状的杂种优势程度不同，遗传力越低的性状，杂种优势越明显。

42. 什么是杂交改良？杂交改良有哪些方法？

杂交改良指通过杂交的方法，将不同品种的特性结合在一起，创造出亲本原本不具备的特性，提高后代的生产性能和生活力。这样既可以改造羊的品种，改变其遗传性，创造出新的品种或类群；也可以利用杂种优势，生产更好更多的养羊业产品。我国养羊业中常用的杂交方法有：导入杂交、级进杂交、育成杂交、经济杂交和远缘杂交。

（1）**导入杂交** 导入杂交即引入杂交，是当一个品种（原来品种）基本上符合市场经济发展的需求，但还存在某些个别缺点，这些缺点用纯种繁育方法不易克服时，可选择一个基本与之相同但有针对其缺点的优点的品种（导入品种）和它进行杂交。

如图1-27所示，导入杂交的模式是用所选择的导入品种的公羊配原品种母羊，所产杂种一代母羊与原品种公羊交配，一代公羊总的优秀者与原品种母羊交配，所得即含有1/4导入品种血统的第二代，第二代的公、母羊与原品种继续交配，获得含有1/8导入品种血统的第三代。若第二代经过测定符合育种计划要求，可进行横交固定，不用再繁殖第三代，否则，对第三代进行横交固定。因此，导入杂交一般在原品种中导入外品种血缘含量1/8～1/4。导入杂交时，要求导入品种与原品种是同一生产方向。

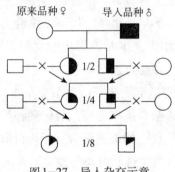

图1-27　导入杂交示意

（2）**级进杂交**　当一个品种生产性能很低，又无特殊市场经济价值时，需要从根本上进行改造，可选择使用另一优良品种对其进行级进杂交。级进杂交是指用优良品种公羊连续同被改良品种母羊及各代杂交母羊交配（图1-28）。一般进行到3～4代时，杂种羊才接近或达到改良品种的特点和特性，与改良品种基本相似，但级进杂交并不是将被改良品种完全变成改良品种的复制品。在级进杂交时，需要将被改良品种的一些特性在杂交后代中得以保留，如对当地环境的适应能力、某些品种的繁殖力强、体型外貌等特点。因此级进杂交的代数应根据杂交后代的具体表现和杂交效果，结合当地生态环境和生产技术来决定，当基本达到预期目的时即可停止。

在组织级进杂交时，首先要特别注意选择改良品种。引入的品种应当对当地生态条件能够很好地适应，并且对饲养管理条件的要求不是很高，或者是经过努力能够基本满足改良品种的要求。其次，在级进杂交进行到2代以后，要认真观察、研究杂种羊的性能和表现，如果杂种羊接近或达到杂交的目的要求，应停止级进杂交的方法，转而改用其他繁育手段。

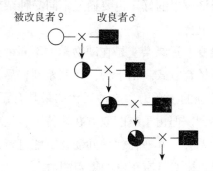

被改良者♀　　改良者♂

图1-28　级进杂交示意

（3）**育成杂交**　当原有品种不能满足市场需求时，利用两个或两个以上品种进行杂交，把参与杂交品种的优良特性集中在杂种后代身上，使缺点得以克服，最终育成一个新品种。其中，利用两个品种时称为简单育成杂交，利用多个时称为复杂育成杂交，后者在育种过程中应注意各品种在育成新品种时起的作用和影响大小的主次之分。育成杂交在羊新品种培育中经常被用到，例如澳洲美利奴羊、萨福克羊、特克塞尔羊和南江黄羊等均是通过这种方法育成的新品种。

应用育成杂交创造新品种时一般要经历三个阶段：杂交改良阶段，横交固定阶段和发展提高、建立品种的整体结构阶段。这三个阶段并非独立存在，而往往是交错进行的。当杂交改良进行到一定阶段时，便会出现理想型的杂种个体，这样就可以进入到第二个阶段（横交固定），但第一阶段的杂交改良仍在继续，做到杂种理想型个体出现一批，横交固定一批。因此，在实施育成杂交过程中，在进行前一阶段工作时，就要为下一阶段工作做好准备。

（4）**经济杂交**　在商品羊养殖中普遍被采用，尤其是在肉羊养殖中，其目的是生产更多更好的肉、毛、奶等养羊业产品，而不是为了生产种羊。一般采用两个品种进行杂交，以获得一代杂种。一代杂种往往具有杂种优势，其生产力和生活力都比较高，而且生长快、性成熟早、饲料报酬比较高。但是，这种杂种优势并不总是存在的，所以，经济效果的好坏也要通过不同品种杂交组合试验来确定，以发现最佳组合。

（5）**远缘杂交** 远缘杂交是在动物学上不同种、属，甚至不同科动物间的一种繁育方式。由于种、属间差别较品种大，其杂交后代通常表现出较强的生活力。这种后代如果具有正常的繁殖能力，也可创造出新品种。但由于交配双方在遗传上、生理上和在生殖系统构造上的巨大差异，并非任何种间动物都能进行杂交，有的即使能杂交，其后代也未必具有正常的繁殖能力。

远缘杂交在养羊业中的运用有很多成功的例子，如在苏联哈萨克斯坦，布塔林等人，在1936—1950年，用野生阿尔哈尔公羊与美利奴母羊进行种间杂交，育成了哈萨克阿哈尔美利奴羊新品种；在我国，1983—1998年，叶尔夏提·马力克等人先用乌鲁木齐的野山羊与新疆山羊杂交，其F_1代公羊再与辽宁绒山羊或辽宁绒山羊×新疆山羊杂种母羊进行杂交，最后用含有25%野山羊血液的公山羊分别与辽宁绒山羊×新疆山羊各代杂种羊再进行杂交。经过不断的杂交、选择和培育，到1994年，16月龄以上含有野山羊血液的母羊5 165只，断奶母羔2 185只，成年公羊368只。1998年3月，该羊通过新疆维吾尔自治区家畜品种审定委员会审定，并被正式命名为"新疆博格达白绒山羊"。

43. 如何才能获得好的杂交效果？

为了获得较为理想的杂交效果，应根据杂交的目的选择相应的杂交方法，同时，在具体进行杂交时，必须注意选择参与杂交的品种（或个体），研究杂交组合效果，为杂种后代创造良好的饲养管理条件。

44. 杂交羊能留作种用吗？

不能。因为杂交优势在杂种一代（F_1）最明显，其遗传增益也最大。若以杂交羊为种公羊，后代基因型会发生分离，严重影响商品后代的生产性能。因此，用于商品羊生产的配种公羊必须要足够纯。

45. 分子育种和常规育种有什么区别?

常规育种通常包括本品种选育和杂交育种等手段，是基于表型选择为主的选种选配，育种周期较长（20年以上）；分子育种是在了解性状遗传基础前提下展开基因水平上的选种选配，包括标记辅助育种和基因工程育种，品种育成周期短（10年左右），而且可实现精准育种。

46. 什么是分子标记? 它有哪些优越性?

分子标记指能反映生物个体或种群间基因组中某种差异特征的DNA片段，它直接反映基因组DNA间的差异。分子标记的优越性表现为：①直接以DNA的形式表现，在生物体的各个组织、各个发育阶段均可检测到，不受季节、环境限制，不存在表达与否等问题；②数量极多，遍布整个基因组，可检测的基因座位几乎无限；③多态性高，自然界存在许多等位变异，无须人为创造；④表现为中性，不影响目标性状的表达；⑤许多标记表现为共显性的特点，能区分纯合体和杂合体。

47. 目前哪些分子标记已用于肉羊育种?

目前在肉羊育种中，已经加以运用的分子标记有影响肉用绵羊多胎性状主效基因 *FecB*，促进肉羊肌肉发育的两个主效基因 *MyoMAX* 和 *LoinMAX*，以及抗寄生虫的主效基因 *WormSTAR* 等。

48. 什么是标记辅助选择?

标记辅助选择是指以特定的数量性状相关的遗传标记为工具，以标记信息为辅助信息，对该数量性状进行选择，以在育种中获得较大的遗传进展。具体地说，标记辅助选择是通过对分子标记的选择，间接实现对控制某性状的数量性状基因座（QTL）的选择，从而达到对该性状进行选择的目的，或者通过分子标记来预测个体基因型值或育种值。标记辅助选择具有增加遗传评定的准确性、进行早期遗传评定、降低遗传评定的成本、获得更大的遗传进展和育种效益等优点。

第二章 肉羊的繁殖

第一节 肉羊的繁殖特点与规律

49. 怎样确定肉羊适宜的初配年龄?

（1）**公羊** 公羊的初情期、性成熟和初配年龄是个连续的过程。初情期是公羊初次出现性行为和能够射出精子的时期，是性成熟的开始阶段。性成熟是公羊生殖器官和生殖机能发育趋于完善、达到能够产生具有受精能力的精子，并有完全的性行为的时期。肉羊在6～10月龄时性成熟，以12～18月龄开始配种为宜，此即为公羊的初配年龄。

（2）**母羊** 母羊在出生以后，身体各部分不断生长发育，通常把母羊出生后第一次出现发情的时期称为初情期（肉用绵羊一般为6～8月龄，肉用山羊一般为4～6月龄），把已具备完整生殖周期（妊娠、分娩、哺乳）的时期称为性成熟。母羊到性成熟时，并不等于达到适宜的配种繁殖年龄。母羊适宜的初配年龄应以体重为依据，即体重达到正常成年体重的70%以上时可以开始配种。

50. 肉羊的繁殖利用年限多长?

肉羊的繁殖利用年限与营养水平、品种、利用强度有关。繁殖利用年限应从经济效益来考虑。就一个群体而言，在同一个时期中，壮龄母羊的排卵率比初情羊和老龄羊高，在适龄的范围内，3～6岁母羊排卵率有递增的趋势，5～6岁为母羊一生中排卵率达到高峰的年龄。因此，母羊最好的繁殖年龄是在6岁以前。不过在良好的饲养管理条件下，优良的个体10岁以上仍能产双羔。壮龄的公羊性机能发育完善而良好，所产精液品质最好，老龄公羊性机能逐渐衰退，其所产精液质量逐渐降低，直至失去繁殖能力。母羊一般到8岁时应淘汰，公羊一般到7岁时淘汰，除特别优秀的个体或珍贵品种，使用年限可以延长些外，一般公、母羊使用年限不可过长，否则繁殖力降低，所产羔羊品质也差，影响养羊效益。

51. 种公羊和母羊比例如何配置？

无论是种羊场、经济羊场或养羊户，其羊群的组成均应按母羊的只数来分配。在人工授精条件下，种公羊数应占成年母羊数的1%～2%（规模不大的种羊场为防止近亲交配，种公羊可占3%左右），还要有2%～3%的试情公羊。在自然交配条件下，1只种公羊能配多少只母羊，受到种公羊的繁殖力主观和客观两个方面的制约，性欲旺盛的种公羊可多配些，否则可能要少配些。一般情况下，8月龄至1周岁的公羊配10～25只母羊，周岁到5岁的公羊，可以配25～40只母羊。体质健康、性欲旺盛的公羊在春秋两季，1天可以配种3～5次，但是配种频繁时应增加优质蛋白质饲料和定期休息，同时要根据气候、营养条件和体质、性欲等各种因素确定配种比例。

52. 如何进行母羊的发情鉴定？

发情是指性成熟的母畜在特定季节表现出来的有利于交配的一系列变化：卵巢上卵泡迅速发育、成熟和排卵；子宫充血肿胀、分泌增强、阴道上皮角质化、充血、分泌物增多；精神兴奋不安；食欲下降、泌乳减少，离群、追爬其他家畜、外阴红肿并流出分泌物。发情的实质是卵泡发育、成熟和排卵。

肉用绵羊发情持续期为24～36小时，肉用山羊40小时左右。排卵时间在发情结束时。肉用山羊发情表现明显，肉用绵羊发情症状不明显。发情主要表现为鸣叫、追逐公羊、个别爬跨其他母羊。

发情的鉴定方法主要有：

（1）**外部观察法** 直接观察母羊的行为、症状和生殖器官的变化来判断其是否发情，这是鉴定母羊是否发情最基本、最常用的方法。山羊发情时，尾巴直立，不停摇晃（图2-1）。

（2）**阴道检查法** 将羊用开膣器插入母羊阴道，检查生殖器官的变化，如阴道黏膜的颜色潮红充血，黏液增多，子宫颈松弛等，可以判定母羊已发情（图2-2）。

（3）**公羊试情法** 用公羊对母羊进行试情，根据母羊对公羊

图2-1 山羊发情时的尾部

图2-2 母羊发情子宫颈口

的行为反应，结合外部观察来判定母羊是否发情，一般每100只母羊配备试情公羊2～3只。试情公羊需做输精管切断手术或戴试情布，将试情公羊放入母羊群，如果母羊已发情便会接受试情公羊的爬跨（图2-3）。

图2-3　公羊试情

53. 怎样做好羊只的试情?

（1）试情方法　试情羊要选择身体健壮、性欲旺盛、膘情良好、健康无病、年龄3～4岁、生产性能较好的公羊,其任务是发现发情母羊。为避免偷配,在公羊身上结系试情布。用长35厘米、宽30厘米的白布做试情布,将四角系上带子,试情时拴在试情羊腹下,使其无法直接交配。每天清晨放牧前、傍晚收牧后各试情一次。试情时必须保持安静,驱散开聚堆的母羊,圈舍不宜太宽或太窄,使试情公羊能与每一只母羊接近。试情的时间,大群不少于1.5小时,小群不少于1小时。试情公羊用鼻去嗅母羊,或用蹄去挑逗母羊,甚至爬跨母羊背上,母羊不动、不跑、不拒绝,或伸开后腿排尿,这样的母羊就是发情羊。发情羊必须立即拉出羊群,编上号或涂上记号,集中起来准备输精或配种。

（2）试情时注意事项

①试情必须认真仔细:不少母羊发情征候不明显,持续期短,试情不能疏忽大意。在试情时如发现母羊喜欢接近公羊,不拒绝公羊爬跨或经常跟在公羊后面,公羊接近时站立不动、有摇尾表示等均可认为是发情母羊。对初配母羊更要特别注意,初配母羊征候更

不明显，有的虽愿靠近公羊而不允许爬跨，有的稍有某种表示，都应送交配种员进行阴道检查确定是否发情。

②严防试情羊偷配发情母羊：对未结扎输精管、未做阴茎移植手术的试情公羊必须采取防偷配措施，如用试情布捆扎腹部。

③保持试情公羊的旺盛性欲：试情是关系配种成绩好坏的重要一环，若发情母羊都能从羊群中试出，可减少母羊空怀，提高繁殖率。要做到这一点，必须保持试情公羊旺盛的性欲。具体应做到以下几点：a.每5天必须给试情公羊本交或采精一次，以刺激其性欲；b.试情布每次用完后必须洗净，以防布面变硬擦伤阴茎而影响试情；c.每周应让试情公羊休息1天恢复精力。

54. 影响母羊发情的因素有哪些?

母羊的发情周期伴随着组织、激素和行为的周期性变化，主要包括卵巢形态及生理的变化，排卵、交配、受精和胚胎的着床。其发情行为会受品种及年龄、自然环境、种群大小、营养水平、公羊效应及管理措施等方面的影响。

（1）**品种及年龄** 不同品种的羊具有不同的发情特征。安哥拉山羊发情持续期最短，只有22小时，而马头山羊则可达到58小时。随着年龄及胎次的增加，发情持续期往往逐渐延长。初配母羊由于繁殖经验不足，在发情中往往存在交配障碍。

（2）**自然环境** 光照可显著影响羊的发情，主要通过腺垂体生理周期性地分泌褪黑激素来调控的。热应激也可显著降低母羊的性行为能力，减缓胎儿的生长，但对其发情周期及黄体酮含量影响不大。

（3）**种群大小** 对羊的研究表明，围栏的大小会影响母羊的繁殖性状，较小的围栏可以改善其发情行为，增加公羊与母羊交配的可能以及母羊寻找公羊的能力。

（4）**营养水平** 营养缺乏将推迟性成熟的时间，抑制发情，导致乏情。有研究者认为，无论山羊还是绵羊，正常的增长和及时的补饲会影响卵泡的生成。矿物质氯化钠也可以影响母羊的发情。

（5）公羊效应 公羊可通过对母羊的追逐、散发的气味、特有的叫声及特有的体型使母羊的发情行为强烈化，但对母羊的发情周期及发情持续期影响不大。也有研究表明，陌生公羊的突然介入可以诱导母羊的排卵，无论母羊是否处于乏情季节。

55. 控制母羊发情周期的方法有哪些？

发情控制是指应用某些外源激素或药物以及畜牧管理措施人工控制母畜个体或群体发情并排卵的技术。它主要包括诱导发情、同期发情和超数排卵等。

〔1〕诱导发情 指采用人工方法诱导单个母畜发情并排卵。在畜牧生产中常发现，有些母畜生长发育到初情期后仍没有发情表现，有些母畜在分娩后甚至在断奶后长时间不发情。为了提高母畜的繁殖效率，常常要对这些乏情母畜进行诱导发情处理。另外，即使发情周期正常的母畜，有时为了生产上和市场发展的需要，也要对其进行诱导发情处理。例如，生产上经常利用诱导发情技术使羊在乏情季节里表现发情。因此，合理运用诱导发情技术，对于提高家畜繁殖力和畜牧生产经济效益具有重要的意义。

诱导发情的基本原理：诱导发情是根据生殖激素对母畜发情的调控机理建立和发展起来的。母畜的发情活动直接受到生殖激素的调控，同时外界条件的改变也会对这一调控机制产生影响。目前，母畜的诱导发情主要采用激素制剂处理或改变饲养管理条件的方法，利用外源激素制剂或饲养管理因素对卵巢机能的直接或间接作用，诱导乏情母畜出现发情的生理活动，使卵泡发育成熟并排卵。

（2）同期发情 利用某些外源激素制剂，人为地控制并调整一群母畜的发情周期，使其在预定的时间内集中发情的技术称为同期发情。该技术可以促进人工授精技术和胚胎移植技术的推广，使其能够在畜群中集中和成批地开展。在畜牧业生产中，它还有利于家畜的批量生产和科学化饲养管理，使配种、妊娠、分娩和仔畜的培育等生产过程同期化，以降低饲养管理成本，提高生产效率。

同期发情的基本原理：在自然情况下，任何一群母畜，每个个体都随机地处于发情周期的不同阶段，如卵泡期或黄体期的早、中、晚各期。同期发情技术就是以卵巢和垂体分泌的某些激素制剂，有意识地干扰母畜的发情过程，暂时打乱它们的自然发情周期规律，继而将发情周期的进程调整到统一的步调之内，人为地造成发情的同期化。这种人为的干扰，就是使被处理的母畜卵巢按照预定的要求变化，使它们的机能处于一个共同的基础上。同期发情的核心问题是控制黄体期的长短，人工延长黄体期或缩短黄体期。如能使一群母畜的黄体期同时结束，就能引起它们同期发情。

（3）**超数排卵** 在母畜发情周期的适当时间，注射外源促性腺激素，使卵巢比一般情况下能有更多的卵泡发育并排卵的技术称为超数排卵，简称超排。超排是胚胎移植技术的重要组成部分，直接影响着胚胎移植技术的应用推广。由于超排可增加母畜排卵的数目，故可使单胎动物产双胎，提高单胎动物的繁殖率。另外，超排可以使母畜准确地按照预定的时间进行排卵。超排对于牛、羊等单胎动物效果明显，对于多胎动物意义不大。

超数排卵的基本原理：在自然情况下，母畜卵巢上约有99%的有腔卵泡发生闭锁而退化，只有1%能发育成熟并排卵。母畜在休情期时，往往有几个卵泡同时发育，但在卵泡生长发育过程中，个别卵泡迅速生长，形成优势卵泡，几乎剥夺了全部的促性腺激素，致使其他非优势卵泡因没有促性腺激素的调控而发生闭锁退化。因此，人为地注射外源促性腺激素可使非优势卵泡有机会生长发育、成熟并排卵，使母畜排出更多的卵子。

56. 如何计算母羊预产期？

母羊的妊娠期一般为150天左右。母羊妊娠后，为做好分娩前的准备工作，应推算产羔期，即预产期。推算办法是：配种月份加5，配种日期减2。如果配种月份加5超过12个月，将年份推迟1年，即把该年月份减去12，余数就是来年预产月。如1只母羊于2012年10月8日配种，预产月为（10+5）−12=3月，预产日为8−2=6日，这只母羊的预产期就是2013年3月6日。

57. 妊娠母羊有哪些生理变化？

母畜的妊娠是指从受精卵形成开始，经过胚胎和胎儿生长发育到胎儿产出为止的生理变化过程。母畜妊娠期间，由于胎儿、胎盘和黄体的存在，内分泌系统出现明显的变化，大量的孕激素与相对少量的雌激素的协调平衡是维持妊娠的前提条件。由于胎儿的逐渐发育及激素的相互作用，母畜在妊娠期间的生殖器官和整个机体都出现特殊变化。

（1）生殖器官的变化

①卵巢：卵巢上有妊娠黄体存在，其体积比周期黄体略大，触之质地较硬。妊娠黄体持续存在于整个妊娠期，分泌孕酮，维持母畜妊娠。

卵巢位置随着妊娠期进展及胎儿增大常往腹腔下沉，并且两侧卵巢距离靠近。

②子宫：随着妊娠的进展，胎儿逐渐增大，子宫也日益膨大。这种增长主要体现在孕角和子宫体。家畜怀单胎时，孕角和空角始终不对称。妊娠的前半期，子宫体积的增大主要是子宫肌纤维的增长；后半期由于胎儿的增大，子宫扩张，子宫壁变薄。妊娠末期，母羊扩大的子宫占据腹腔的右半部，致使右侧腹壁在妊娠末期明显突出。

子宫颈在妊娠期间收缩紧闭，几无缝隙。子宫颈内腺体数目增加，分泌的黏液浓稠，充塞在子宫颈内形成栓塞，称子宫栓，子宫栓被破坏时易引起流产。由于子宫重量增加且向一侧下沉，所以子宫颈口往往出现偏斜。

③子宫动脉：妊娠时，附着在子宫阔韧带上的通往子宫的血管变粗，动脉内膜增厚，且与肌层的联系疏松，血液流动时出现的脉搏由原来清楚的跳动变为间隔不明显的流水一样颤动，称妊娠脉搏。

④阴道与阴唇：妊娠初期，阴唇收缩，阴门紧闭，阴道干涩；妊娠中后期，阴道黏膜苍白、长度有所增加；妊娠末期，阴唇、阴道水肿且变得柔软。

（2）母体的变化

①妊娠前期，由于胎儿的发育及母体本身代谢强度的增加，孕畜体重增加，被毛光亮，性情温驯，行动谨慎、安稳。

②妊娠中后期，由于胎儿迅速生长，需要大量的营养物质，此时尽管母畜食欲旺盛，但仍入不抵出，母畜的膘情常有所下降。这时如果饲料中钙不足，常会导致母畜出现跛行。

③妊娠末期，母畜血流量明显增加，心脏负担加重，同时由于腹压增大，致使静脉血回流不畅，常出现四肢下部及腹下水肿（图2-4）。

图2-4 妊娠母羊

第二节　肉羊的繁殖季节与配种

58. 怎样选择肉羊的配种时期?

绵羊和山羊均为短日照季节性多次发情的动物,多为夏末和秋季发情,因品种及气候的不同也有常年发情的。公羊没有明显的配种季节,但精液的产生及其特征的季节性变化很明显,公羊的精液质量一般秋季最好,而春夏两季质量往往下降。

（1）**配种月份的选择**　绵羊和山羊适宜的配种月份应取决于最佳的产羔月份,主要根据有利于羔羊的成活和母仔健壮情况来决定。产羔月份最好选择在羔羊产下后有较好的生长发育条件,特别是有较好的营养条件。在1年产1次羔的情况下,产羔时间可分为两种,即产冬羔和产春羔。一般把7~9月配种、12月至翌年1~2月产的羔称为冬羔;把10~11月配种、翌年3~4月产的羔称为春羔。在南方还有春末夏初配种、秋末冬初产羔的,即4~6月配种、9~11月产羔。

（2）**不同季节产羔的利弊**

①产冬羔的优缺点:在这一段时期产的羔羊,断奶后即可吃上青草,生长发育较快,当年越冬能力强。但由于母羊的妊娠后期及哺乳前期处在严冬季节,水冷草枯营养不足,母羊本身处于维持状况,妊娠后期胎儿发育受影响,哺乳前期母乳又供给不足,若羔羊的合理补饲、防寒设备、管理等跟不上,羔羊可能冻死、饿死。羔羊成活率低、发育不良、断奶重小。

②产春羔的优缺点:此段时期,羔羊繁殖成活率中等,在靠天养羊的情况下最好。这是因为羔羊出生后1个月左右正值春暖花开,羔羊可以采食到幼嫩青草;母羊哺乳期仅第1、2个月需补饲,后期水草丰盛可能吃饱,泌乳有保证,羔羊断奶重较好。这一配种

产羔月份，在南方适合于海拔2 400米以上的高海拔地区。但要抓住时机排除不利因素，切勿秋配拖成冬配，使翌年产羔太晚，影响母羊抓夏秋膘，使生产力逐年降低；同时随着雨季的来临，阴湿、曝晒使羔羊易患肠道及寄生虫等疾病；羔羊断奶3～4个月后即进入严冬，育成阶段的发育将受到影响。

③产秋羔的优缺点：此时产羔率最高，繁殖成活率中等，靠天养畜的情况下断奶重中等。在低海拔地区，此产羔季节可以为哺乳母羊和羔羊准备足够需要的饲料，如胡萝卜、蔓菁、玉米青贮、优质的青干草、丰富的农副产品、部分精料等。在人工补给哺乳母羊及羔羊生长发育足够营养的情况下，羔羊可以安全越冬并获得理想的断奶重；断奶后很快进入青草季节，育成羊阶段有较好的发育条件；羔羊受肠道疾病及寄生虫危害较小；在抓夏秋膘时，母羊正好怀孕，食欲及消化率高，有利于胎儿发育及泌乳储备。在海拔在2 400米以下的养羊地区，本季节是最适宜的产羔月份。但应注意，配种时间一般不应迟于7月底，超过7月可考虑秋季配种。

59. 什么是羊的自然交配？自然交配有什么优缺点？

羊的配种方法有自然交配和人工授精两类。自然交配又分为自由交配与人工辅助交配两种。

（1）**自由交配** 自由交配是养羊业中最原始的配种方法，即繁殖季节将公、母羊混群放牧，任其自由交配（图2-5）。

优点：节省人工，不需要任何设备。如果公、母羊比例为1：（25～30），受胎率也相当高。

缺点：①由于公、母羊混群放牧，公羊可随时追逐母羊扰乱羊群，影响公、母羊采食和休息，影响公、母羊膘情及体质；②在一个发情期内配种次数过多，公羊体力过度消耗，如果公、母羊比例失调，也会存在母羊的漏配现象；③不能确定母羊的配种时间，无法推算预产期，难于对妊娠母羊加强妊娠后期饲养管理；产羔时间不一，年龄大小不一，给羔羊的管理造成很大困难；④如大群中放入多只公羊配种，后代亲缘关系无法了解，容易造成近亲繁殖及羔羊早配，影响正常选育工作的进程，更不利于选种选配；⑤混群放牧，育成母羊初次发情即有配上的可能，这将影响母羊本身和后代的发育；⑥自由交配，公羊的利用率低，公羊的饲养只数势必增加，从而加大了饲养成本，更不利于优良公羊的扩大利用。

图2-5　羊的自由交配

（2）人工辅助交配　人工辅助交配是在公、母羊分群放牧的基础上，将试出的发情母羊与指定的公羊进行本交（图2-6）。

图2-6　羊的人工辅助交配

优点：①配种公、母羊能详细记载耳号，亲缘关系清楚；②能进行选种、选配工作；③配种时间清楚，可计算出预产期，便于对妊娠后期母羊加强饲养管理；④节省公羊精力，较自由交配法多配母羊1倍左右。

缺点：对扩大利用优秀种公羊不利；本交不能避免疾病的传染。

60. 什么是羊人工授精？人工授精技术有什么优缺点？

羊人工授精是一种人为地利用器械采集公羊的精液，经过品质检查和一系列处理，再通过器械将精液输入发情母羊生殖道内，达到母羊受胎目的的配种方式。

（1）人工授精技术的优点

①最大限度地利用种公畜的潜在繁殖能力，大幅度减少种公畜的饲养头数，降低饲养管理费用。

②加快家畜品种改良速度，促进育种工作进程。

③克服公、母畜因体格相差过大而出现的交配困难，公、母畜不接触即可完成配种，可防止各种接触性疾病的传播。

④采用精液冷冻技术可以使母畜配种不受时间和地点的限制，有利于国际间动物遗传资源的交流。

（2）人工授精技术的缺点

①配种时需要有一定的设备条件，例如低倍显微镜、物理天平秤、烧杯、开膣器、输精器、输精房和精液处理室等。

②在进行授精前需要严格的消毒工作，还需要技术人员具备相应的技术。

③在给羊试情和输精工作中，需增加几个劳动力，这些都需投入一定数量的资金。

61. 人工授精的方法和步骤是什么？

（1）母羊的发情鉴定

①试情公羊配备：用试情公羊识别发情母羊的方法是最有效和

实用的办法，受到普遍的应用。选择体质健壮、性欲旺盛的公羊做试情公羊（图2-7），按照母羊数的20%～30%配备试情公羊。试情公羊要单圈饲养，只有在试情时才将试情公羊放入待试母羊群中，而不是将试情公羊长期关在一起或一同放牧。保持其良好的体况，劳逸结合。

图2-7　试情公羊

②试情：试情公羊要带上试情布，防止本交或无计划乱交配，影响后期的系谱记录。试情布每天试情后要及时清洗，以免形成硬块，擦伤阴茎。如发现试情公羊追逐的母羊站立不动，愿意接受爬跨，则表示该母羊正在发情。可以将该发情母羊抓出，送到授精室授精。如果母羊群体较大，人手不足，可以考虑给试情公羊安装自动打印器，被爬跨的母羊会被自动标记上墨迹，以备管理人员识别。

（2）器材和用具的准备与消毒

①假阴道、采精瓶的洗涤、灭菌和消毒：采精瓶和假阴道内胎通常用2%的碳酸氢钠刷洗。用清水冲干净后再用蒸馏水洗2次，采精瓶置于纱布罐内保存，干后用蒸汽灭菌待用。内胎洗完后要用纱布裹好。

操作者的手和长柄镊子先用75%的酒精棉消毒，假阴道内胎需用长柄镊子夹上96%的酒精棉球自胎的一端开始细致地一圈一圈擦至另一端消毒，再对外壳用酒精棉球消毒（图2-8）。注意将假阴道消毒后放入消过毒的盆内至酒精完全挥发干后再使用，器具残存的酒精对精液活力会造成不良的影响。

②输精器材的洗涤与消毒：输精器材需先用2%的碳酸氢钠清洗并用清水冲洗，之后用蒸馏水冲洗数次，用毛巾包好，进行蒸汽灭菌。使用前再取出并用生理盐水抽洗数次。需注意的是，在输完一只羊后，输精器的尖端要用75%的酒精棉球擦拭，再用灭菌器内的生理盐水棉球进行擦拭之后，才能给另一只母羊输精。开膣器通常用酒精火焰消毒。消毒之后的开膣器要置于消过毒的生理盐水中待用。

③其他器材的消毒：玻璃器材通常是用2%的碳酸氢钠溶液清洗干净，用清水冲洗之后再进行蒸汽灭菌。纱布、手巾、台布等用肥皂水洗干净，用清水冲洗两遍后进行蒸汽灭菌。外阴部的消毒布要用肥皂水洗干净后，用2%的来苏儿消毒，之后晾干备用。

图2-8　器材的准备与消毒

（3）药液与酒精棉球的制备

①75%酒精的配制：取75.76毫升99%的无水乙醇加入24.24毫升的蒸馏水，也可以直接购买75%酒精。

②0.9%生理盐水的配制：1000毫升的容量瓶中加入500毫升蒸馏水，再加入9克氯化钠，溶解后定容至1000毫升。配好后用滤纸过滤2～3次，进行蒸汽灭菌。

③2%碳酸氢钠的配制：取2克碳酸氢钠配成100毫升溶液即可。

④酒精棉球：将脱脂棉捏成直径2～3厘米的团块，加入75%的酒精浸泡即可。

（4）采精

①采精前的准备：采精室严禁吸烟，采精前不得使用挥发性药品，不要聚众围观、吵闹；技术人员应忌食葱、蒜，不要饮酒。将发情母羊保定在采精架上，将后躯清理干净。将公羊牵入采精室，清洁生殖部位，让其接近母羊但不爬跨，以促进其性欲的提高。

②采精操作：a.将台羊[①]拴系于采精架内。b.采精员蹲于台羊右侧，右手持假阴道。c.当公羊爬跨台羊，阴茎勃起，向前耸身时，采精员应迅速用左手轻轻握住阴茎包皮，将阴茎导入假阴道，要求采精员动作迅速敏捷。d.待公羊阴茎抽出，采精员把假阴道集精杯端向下，使精液流入集精杯（图2-9）。

③采精频率：应根据配种季节和公羊生理状态等实际情况而定。在配种期间，成年种公羊每只羊每天可采精1～2次，连续采精3～5天休息1天。一般不连续高频率采精，以免影响公羊采食、性欲及精液品质。

图2-9 羊的人工采精

———————————

① 台羊是指人工采精时诱导公羊爬跨射精的一个道具，可以是真羊，也可以是假的道具羊。——编者注

（5）精液品质检查

①肉眼观察：正常的精液呈乳白色、云雾状，无味或略有腥味（图2-10）。凡带有腐败臭味，呈红色、褐色、绿色的精液均不能用于授精。羊的射精量为0.5～2.5毫升，平均为1.5毫升。

图2-10　精液肉眼观察

②显微镜检查：通常用200～400倍的显微镜，并在温度为18～25℃的室内进行。方法是用清洁的吸管或玻璃棒，蘸取一小滴精液，滴在载玻片中央，再盖上盖玻片（注意不要有气泡），然后放在显微镜下检查（图2-11）。检查的内容有精液量、颜色、气味、密度、活力和形态等。在繁殖实际应用中，常检查精液的密度和活力（图2-12）。

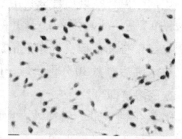

图2-11　精液显微镜检查　　图2-12　显微镜下运动的山羊精子

密度检查：在视野内看见精子之间的距离小于一个精子的长度，评为"密"；精子之间的距离约等于一个精子的长度，并能看到精子的活动，评为"中"；精子之间的空隙大，距离超过一个精子的长度，评为"稀"；视野中见不到精子，用"无"表示。用血球计数器检查，可以知道确切的精子数。

活力检查：一般用呈直线运动的精子所占的比率表示精子活力。目前主要用十级制评分法。

图2-13 精液的稀释

精子的活力评分以精子呈直线前进运动的百分率表示，100%的精子呈直线运动即为1.0；90%的精子呈直线运动即为0.9，以此类推。

（6）**精液稀释** 山羊精液精子密度很大。经检验合格后，在使用前还必须进行稀释（图2-13）才能应用、保存和运输。常用的精液稀释液及稀释方法有如下几种。

①鲜奶稀释液：将鲜羊奶或牛奶用7层纱布过滤后，装入烧杯中置于热水锅中煮沸消毒10～15分钟（或蒸汽灭菌30分钟），冷却后除去奶皮，然后稀释3～5倍，注入精液瓶内，混匀备用。这种稀释液通常可以稀释精液4～8倍。

②葡糖糖-卵黄稀释液：用蒸馏水50毫升、葡萄糖1.5克、柠檬酸钠0.7克、新鲜蛋黄10毫升，可以制成葡萄糖-卵黄稀释液。配制方法：将葡萄糖、柠檬酸钠放入蒸馏水中溶解后，滤过2～3遍，在水沸后蒸煮30分钟，取出降温至25℃，加入新鲜蛋黄10毫升，振荡溶解即可。

③氯化钠-卵黄稀释液：取0.9%的氯化钠溶液（生理盐水）90毫升，加入新鲜蛋黄10毫升，拌匀即可应用。

④氯化钠稀释液：直接用0.9%的氯化钠溶液充当精液稀释液。

（7）**精液运送** 大多数的输精点本身并不饲养种公羊，所需的精液每天由输精终点站定时运送。送往输精点的精液，经检验合格的精液应迅速包装运送。如果是近程的运送，并且用于立即输精的，不需特殊保温装置。

利用广口保温瓶运送精液。用双层集精瓶采集的精液不必倒出，盖上盖装入广口保温瓶中，在瓶底及四周垫以棉花以防碰碎。用灭菌的试管作为容器输送精液时，一定要装好封严，装入广口保温瓶内。双层集精瓶或小试管的外面应贴上标签，注明公羊号、采精时间、精液量以及等级。运送中要尽量缩短途中时间，并要防止产生剧烈的振动。

远程长时间运送精液的方法是：先将广口保温瓶用冷水浸一下，填装半瓶冰块，温度保持在0～5℃。为了防止温度突然下降和冰水混合物浸入容器内，可将容器放入垫棉花的大试管里，或者将装满精液的小试管用灭菌的玻璃纸包以棉花塞严，再用玻璃纸包扎管口后，包以纱布置于胶皮内胎中并直接放入广口瓶内。由于精子对于温度的变化非常敏感，所以对于精液的降温和升温都必须做缓慢的处理。精液送到取出后，置于18～25℃的室温下缓慢升温，经检查合格后即可用于授精。

（8）**输精**　输精前先把发情母羊固定在输精架内或由助手两腿夹住母羊头部，两手提起母羊后肢，面朝有阳光的方向。用纱布或毛巾将母羊的外阴擦净。预先用输精器吸入原精液0.1毫升（或稀释好的精液0.2毫升），注意不要吸入气泡。将消过毒的开膣器顺阴门裂方向合并插入阴道，旋转45°角后再打开开膣器，检查阴道及子宫

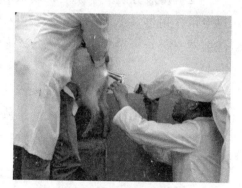

图2-14　羊的输精

颈口是否正常。如果正常，把输精器插入子宫颈口内0.5～1厘米处推入精液。输精结束后，缓慢抽出输精器，最后抽出开膣器（图2-14）。

注意：原精液的输精量，每只母羊为0.05～0.10毫升，稀释后的精液的输精量，每只母羊为0.10～0.20毫升，将精液注入子宫颈内。要求输入足量的精液，保证直线运动的精子数在7 000万以上。

为提高母羊的受胎率，一般给发情母羊输精2次，即在第一次输精后8～12小时再输一次。在实际生产中，通常每天早晚各对母羊群进行一次发情鉴定，上午发情下午输精，下午发情第2天早晨输精。授精母羊要做好标记和记录，以便于识别和管理。

62. 如何制作细管冷冻精液？

应用细管冷冻精液、配种不受时间、地点、种公羊缺乏、母羊发情不集中、交通不便等条件的限制，可根据母羊发情时间及时解冻精液配种，从而最大限度地提高优良种公羊的利用率，延长种公羊使用寿命，提高养羊业整体效益。其制作过程如下：

（1）**精液平衡** 对检查合格的新鲜精液进行等温稀释后，用10层纱布（或棉花）包裹，置于3～5℃的冷藏冰箱中平衡4小时。

（2）**精液分装** 平衡后的精液在3～5℃的环境下装管。通过专用注射器（把200微升取样枪头从中间剪开，将尖头部插入注射器头部）将精液迅速吸入0.25毫升的冻精细管内，封口（图2-15）。

（3）**冷冻** 使用程序化降温仪进行冷冻（图2-16），冷冻罐中事先倒入适量液氮，再将冷冻室放入液氮中预冷，然后用镊子夹取精液细管放入冷冻室内，细管全部放好后按仪器设置的程序执行。

图2-15 分装好的细管精液

图2-16 精液冷冻

63. 如何提高肉羊的繁殖率?

提高肉羊繁殖力（率），就是让母羊多产羔、产好羔。

（1）提高种公羊和繁殖母羊的饲养水平 营养条件对绵、山羊繁殖力的影响极大，丰富和平衡的营养，可以提高种公羊的性欲，提高精液品质，促进母羊发情和排卵数的增加。因此，加强对公、母羊的饲养，特别是在当前我国农村牧区的具体条件下，加强对母羊在配种前期及配种期的饲养，实行满膘配种，是提高绵、山羊繁殖力的重要措施。常用的方法就是在种公羊的配种季节，每天给每只种公羊饲喂1～2枚新鲜生鸡蛋，可提高种公羊的性欲和射精量。母羊在配种前短期补饲可以提高受胎率和双羔率，羔羊的初生重也会增加。

（2）选留来自多胎的羊作种用 母羊一般在第一胎时生产双羔，这样的母羊在以后的胎次产双羔的潜力比较大；特别是选择具有较高产双羔或多羔潜力的公羊，比选择母羊的效果更要好。

（3）增加适龄繁殖母羊比例，实行密集产羔 羊群结构是否合理对羊的增殖有很大的影响，因此，增加适龄繁殖母羊（2～5岁）在羊群中的比例也是提高羊繁殖力的一项重要措施。在进行肉用生产时，繁殖母羊的比例可保持在60%以上。另外，在气候和饲养管理条件较好的地区，可以实行羊的密集产羔，也就是使羊两年产三次羔或一年产两次羔。为了保证密集产羔的顺利进行，必须注意以下几点：

①必须选择健康结实、营养良好的母羊，母羊的年龄以2～5岁为宜，这样的母羊还必须是乳房发育良好、泌乳量比较高的。

②加强对母羊及其羔羊的饲养管理，母羊在产前和产后必须有较好的补饲条件。

③从当地具体条件和有利于母羊的健康及羔羊的发育出发，恰当而有效地安排好羔羊早期断奶和母羊的配种时间。

（4）**运用繁殖新技术** 科学试验和养羊业生产实践不断地证明，运用繁殖新技术，如羊人工授精技术、同期发情技术、超数排卵和胚胎移植技术等是有效提高绵、山羊繁殖力的重要措施之一。另外，可以对羊群进行基因检测，经检测后将携带多羔基因的公、母羊挑选出来，组成高产繁殖群，进行大规模的肉羊繁殖和生产。

（5）**抓好发情配种** 母羊的发情持续期比较短，精心组织试情和配种、抓准发情母羊、防止漏配是提高羊繁殖力和肉羊生产效率的关键。

第三节 产羔与接羔

64. 产羔前的准备工作有哪些?

（1）**准备分娩栏** 羔羊在初生时对低温环境特别敏感，分娩栏舍要保持地面干燥、通风良好、光线充足、没有贼风，避免羔羊出生时感到寒冷，分娩栏舍一般以温度5～15℃，相对湿度保持在50%～55%为宜。在冬季，地面应铺些干草，舍内应保持一定的温度，分娩栏舍附近应安排一间暖室，为初生弱羔和急救羔羊用，暖室温度以10～18℃为好，不要有贼风。

产羔栏数按照待产母羊数的10%设计、准备。

（2）**打扫和消毒** 在产羔前1周左右必须对接羔棚舍、饲料架、饲槽、分娩栏等进行修理和清扫，并用3%～5%的碱水或10%～20%的石灰乳溶液对墙壁和地面进行彻底的消毒。产羔母羊尽量单栏饲养，既避免其他羊干扰，又便于母羊认羔。在产羔期间还应消毒2～3次（图2-17）。

（3）**准备好接羔羊用具和药品** 如台秤、产羔记录本、产科器械、来苏儿、酒精、碘酒、肥皂、药棉、纱布、毛巾、盆、手电筒、工作服、耳号牌等都要在产羔前备好、备足。

图2-17 分娩栏消毒

65. 母羊临产有哪些预兆?

妊娠后期的母羊在临近分娩前,机体某些器官在组织学和外形上发生显著变化,母羊的全身行为也与平时不同。根据对这些变化的全面观察,可以推断临产时间,以便做好接产的准备。

(1)**乳房变化** 乳房在分娩前迅速发育,腺体充实。乳头增大变粗,整个乳房膨大,发红且有亮光。临近分娩时,可从乳头中挤出少量清亮胶液状液体或少量初乳。

(2)**外阴部变化** 临近分娩时,阴唇逐渐柔软、肿胀、增大,阴唇皮肤上皱襞展开,皮肤稍变红。阴道黏膜潮红,黏液由浓稠变为稀薄润滑。

(3)**骨盆变化** 骨盆的耻骨联合、荐髂关节以及骨盆两侧的韧带活动性增强,在尾根及其两侧松软、凹陷。用手握住尾根上下活动,感到荐骨向上活动的幅度增大。

(4)**行为变化** 母羊精神不安,食欲减退,回顾腹部,时起时卧,排尿频繁,不断努责(指膈肌和腹肌的反射性和随意性收缩)和鸣叫,腹部明显下陷,有的用前肢刨地。对有上述临产症状的母羊,应立即送入产房。

66. 母羊分娩过程有哪些阶段?

分娩是母羊借子宫和腹肌的收缩,将胎儿及胎膜(胎衣)排出体外的过程。分娩大体可分为开口期、胎儿排出期和胎衣排出期三个阶段。实际上开口期和胎儿排出期并没有明显的界限。

(1)开口期 开口期从子宫开始阵缩起,到子宫颈口完全开张,与阴道的界限消失为止。这一阶段的特点是只有阵缩,即子宫间歇性地收缩。开始时子宫收缩的频率低,间隔时间长,持续收缩的时间和强度低;随后收缩频率加快,收缩的强度和持续的时间增加,到最后则每隔几分钟即收缩一次。初产母畜表现不安、起卧频繁、食欲减退等;经产者表现不甚明显。

子宫颈的开张,一方面是因为松弛素和雌激素的作用使子宫颈变得松软;另一方面是因为子宫颈是子宫肌的附着点,子宫肌的收缩必然会压迫子宫颈开张。分娩时子宫内压力的升高也是促使子宫颈开张的原因之一。

(2)胎儿排出期 指从子宫颈口完全开张到胎儿排出为止(图2-18)。在这段时间,子宫的阵缩和努责共同发生作用。努责一般在胎儿进入产道后才出现,是排出胎儿的主要动力,它比阵缩出现晚,停止早。母羊烦躁不安、呼吸和脉搏加快,最后侧卧,四肢伸直,强烈努责。

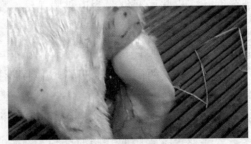

图2-18 胎儿排出

(3)胎衣排出期 指从胎儿排出后到胎衣完全排出为止。胎儿排出后，母羊稍加安静，几分钟后子宫恢复阵缩，但收缩的频率和强度都比较弱，有时伴有轻微的努责将胎衣排出。由于分娩过程中子宫强有力的收缩，胎盘中大量血液被排出，导致母体胎盘张力减小、胎儿胎盘体积减小、间隙加大，胎衣从而容易脱出。

67.　母羊难产如何处理？

母羊难产一般由以下几种情况引起：初产羊骨盆狭窄、阴道狭窄、阵缩及努责无力、胎儿过大、胎位不正等。对母羊难产的助产原则是早发现、早诊断、早处理、早助产，使羔羊顺利产出。

（1）**胎儿过大**　确定是胎儿过大后，应进行助产，需要对母羊阴门实施扩张术。由兽医或在兽医的指导下，用专用扩张器对难产母羊实施阴门扩张术。通常情况下，接羔人员可抓住胎儿的两只前腿，随母羊努责节奏，轻轻向下拉，母羊不努责时，再将拉出部分送进去，母羊再次努责时，再按同样的方法向外拉，如此反复三四次后，阴门就会有所扩张，这时，接羔人员一手拉住羔羊的两前肢，一手扶着羔羊的头顶部，另一人护住母羊阴门，伴随着母羊的努责缓慢用力，将胎儿拉出体外。

（2）**胎位不正**　下列几种情况都称为胎位不正。

①后位：也叫倒生，即胎儿臀部对着阴门口，后肢和臀部先露出。这种情况很难将其调整为正位生产，可顺着母羊的阵缩和努责，将胎儿送回子宫，让两后肢先出，接羔人员一手抓住胎儿两后肢，一手护住阴门，随着母羊努责节奏，将胎儿顺势缓慢用力拉出体外（图2-19）。

②侧位：有前左侧位和前

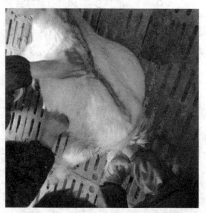

图2-19　后位助产

右侧位及后左侧位和后右侧位之分。前左右侧位是指胎儿头朝前，左肩膀或右肩膀先露出来，可随着母羊的阵缩和努责，将胎儿送回子宫调整为正位，自然或人工助产将胎儿产出。后左右侧位的，可随着母羊努责，将胎儿送回子宫调整为后位，再以后位的方法进行助产将胎儿产出。

③横位：即胎儿横在子宫里、背部或腹部对着阴门口，背部或腹部先露出阴门。横位的难产死亡率很高，必须马上进行处理。解决横位难产的办法是，随着母羊的阵缩和努责，将胎儿送回子宫，用手将胎儿推送回子宫，通过纠正，调整为正位或后位，再进行人工助产即可。

④正位异常：是羔羊正位的一种异常状态，分为俯位和仰位，这两种体位都具有肢前头后与头前肢后的形式。以俯位为例，肢前头后的形式有：胎儿两腿在前、头部向下埋于前肢下胸脯前（形式1），或头向后靠在背脊上（形式2）；头前肢后的形式有：胎儿头在前，前肢弯曲在胸下（形式3），或前肢向后举于头的后上方（形式4）。正常异位的助产原则是：伴随母羊阵缩，将胎儿推回子宫，纠正为正位，然后让其自然产出或伴随母羊努责人工助产。

68. 产后母羊如何护理？

母羊在分娩过程中，体能消耗过大，失去的水分多，新陈代谢机能下降，抵抗力减弱。此时，如果对母羊的护理不当，不仅会影响母羊身体的健康，还会造成缺奶甚至绝奶，使生产性能下降。对产后母羊的护理，要保持羊圈的干燥、清洁和安静，应注意保暖、防潮、避风和预防感冒。产羔后1小时左右，应给母羊饮1～1.5升温水或豆浆水，忌喝冷水，同时要饲喂少量的优质干草或者其他粗饲料。产后前3天尽量不喂精料，以免发生乳房炎。饲喂精饲料时，精料量要先少，再逐渐增多。随着羔羊吃初乳的结束，精料量可逐渐增至预定量。

69. 羔羊如何护理?

（1）**脐带处理** 新生羔羊的脐带应用碘酒涂抹或者进行浸泡处理，以免各种致病微生物通过脐带进入羔羊体内引起感染。脐带过长有拖地现象的，应在距羔羊腹部5～10厘米处切断脐带，再用碘酒浸泡一下，这样可以防止病菌感染，还可以使脐带迅速干燥。

（2）**羔羊的寄养** 羔羊出生后，如果母羊死亡，或母羊一胎产羔过多，便应给羔羊找保姆羊寄养。产单羔而乳汁多的母羊和羔羊死亡的母羊都可充当保姆羊。寄养配认保姆羊的方法是将保姆羊的胎衣或乳汁抹擦在寄养羔羊的臀部或者尾根；或将羔羊的尿液抹在保姆羊的鼻子上；也可将已死去的羔羊皮覆盖在需寄养的羔羊背上；或于晚间将保姆羊和寄养羔羊关在同一个栏内，经过短期熟悉，保姆羊便会让寄养羔羊吮吸母乳。

（3）**羔羊的护理** 羔羊产下后应尽早吃上初乳，人工帮助其吸吮母乳（图2-20），并训练羔羊迅速学会自己吮吸初乳（图2-21）。若母羊产后泌乳少或无乳，可采用人工补喂加水稀释的鲜牛奶或奶粉、米糊、豆奶等，注意定时、定量，或者找保姆羊哺乳。若是冬天产羔，由于天气寒冷，加上是枯草季节母羊营养不足，要给母羊补饲炒熟的黄豆粉、玉米粉、麦麸等，保证母羊的泌乳量；训练羔羊吃奶粉、炒熟的黄豆粉、玉米粉、麦麸等精料，补充营养；避免羔羊放牧时淋雨受凉，注意栏舍保温。

图2-20 帮助羔羊吮吸初乳　　　图2-21 羔羊吮吸母乳

70. 怎样提高初生羔羊的成活率?

（1）**抓膘复壮环节**　参加配种的母羊要进行编号登记，加强饲养管理。配种前，要做好母羊的抓膘复壮，为配种妊娠贮备营养。日粮配合上，以维持正常的新陈代谢为基础，对断奶后较瘦弱的母羊还要适当增加营养，以达到复膘（图2-22）。对高产母羊适当补饲精料，在配种前1个月进行短期优饲，达到满膘配种。

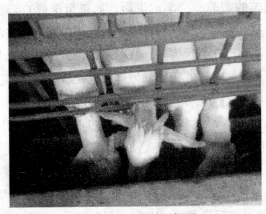

图2-22　母羊补饲复膘

（2）**胚胎发育环节**　按照胚胎生长发育规律，根据妊娠母羊不同时期的需要保证营养供应充足。妊娠前3个月内胚胎发育较慢，营养需求较低，妊娠后期的2个月中，胚胎生长较快，羔羊90%的初生重是在此期间增加的。所以，在母羊妊娠后期必须多补饲优质干草和精料，并注意蛋白质、钙、磷和维生素的补充。如此期间营养供应不足，会产生流产或早产等一系列不良后果。

（3）**产前准备环节**　对墙壁和地面进行消毒，做好保温和避风，产床铺以褥草。接产物品要准备齐全。对临产母羊进行消毒和清洗。贮备足够数量的优质干草、青贮饲料和多汁饲料等，供产羔母羊补饲，备足人工哺乳的代乳粉，安排好值班人员，以免羊发生难产时无人照顾和防止初生羔羊被压死或冻死。

（4）**接产护理环节** 羔羊产出后，要把口腔、鼻腔中的黏液掏出擦净，若助产，在剪断、结扎脐带后要用碘酒消毒。尽早让母羊舔干羔羊身体上的黏液（图2-23），或用柔软干草或毛巾将羔羊体表擦干。应尽早让羔羊吃初乳，对出生弱羔或母性不强的母羊所产羔羊，需要人工辅助哺足初乳。

图2-23 母羊舔干黏液

（5）**哺乳补饲环节** 母乳是羔羊生长发育所需营养的主要来源，产后3天，母羊精料应恢复正常，1周后应每天给母羊补精料1.0千克，增加优质牧草的喂量，确保母羊乳汁充足。母羊乳汁不足或无乳需进行人工哺乳（图2-24），要注意人工乳的温度、浓度，一定要定时、定量，定期查看羔羊粪便，以便调整人工乳的浓度。为了引诱羔羊尽早采食，出生1周以上的羔羊应进行饲料诱食（图2-25）。

图2-24 羔羊人工哺乳

图2-25 训练羔羊开食

（6）**疾病预防环节**　羊舍要搞好环境卫生，保持干燥、清洁、温暖。加强羊舍消毒，采用人工哺乳时喂奶器械必须清洗、消毒。另外，冬季舍温不能低于5℃。通过勤观察羔羊的精神、被毛等判断羔羊的发育情况。同时注意羔羊脐带有无出血及有无痢疾、便秘的发生，做好防疫工作（图2-26）。母羊产前45天左右注射三联四防苗。产后对母仔同时注射破伤风抗毒素，并对母羊注射盐酸环内沙星注射液。一般出生羔羊在7日龄和断奶后接种三联四防苗。断奶后接种口蹄疫疫苗，以后按成年羊免疫程序接种疫苗。

图2-26　羔羊免疫注射

71. 什么是肉羊频繁产羔体系？肉羊频繁产羔体系有哪些？

肉羊的频繁产羔体系是随着工厂化高效养羊，特别是肉羊及肥羔生产而迅速发展的高效生产体系。这种生产体系指导思想是：采用繁殖生物工程技术，打破母羊的季节性繁殖的限制，一年四季发情配种，全年均衡生产羔羊，充分利用饲草资源，使每只母羊每年所提供的羔羊胴体重量达到最高值。高效生产体系的特点是：最大限度发挥母羊的繁殖生产潜力，依市场需求全年均衡供应肥羔上市，资金周转期较短，最大限度提高养羊设施的利用率，提高劳动生产率，降低成本，便于工厂化管理。目前，频繁产羔体系在养羊生产中应用的较为普遍的是一年两产和两年三产体系。

（1）**一年两产体系** 理论上这个体系允许每只母羊最大数量地产羔，可使年繁殖率增加25%～30%，但在目前情况下，一年两产还不实际，即使是全年发情母羊群也难以做到，因为母羊产后需要一定时间进行生理恢复。小尾寒羊和湖羊的繁殖力较高，也仅有少数母羊可一年两产。

（2）**两年三产体系** 每2年产羔3次，平均每8个月产羔1次，有固定的配种和产羔计划。例如，5月配种，10月产羔；翌年1月再次配种，6月产羔；9月配种，2月产羔，如此循环进行。羔羊一般2月龄断奶，母羊在羔羊断奶后1个月配种。为了全年均衡产羔，繁殖母羊群可以分为8个月产羔相间的4个组，每2个月安排1次生产。这样每隔2个月就有一批羔羊上市。如果母羊在组内怀孕失败，2个月后参加下一组配种。

（3）**三年四产体系** 繁殖母羊群组间的产羔间隔为9个月，1年内有4轮产羔。从而构成三年四产体系。其做法是在母羊产羔后第4个月配种，以后几轮则是第3个月配种。即1月、4月、6月和10月产羔，5月、8月、10月和翌年的2月配种。

（4）**三年五产体系** 三年五产体系又称为星式产羔体系，是一种全年产羔的方案，由美国康乃尔大学的伯拉·玛吉设计提出的。繁殖母羊群组间的产羔间隔为7.2个月。对于一胎产单羔的母羊，1年可获1.67只羔羊，如一胎产双羔，1年可得3.34只羔羊。

（5）**随机产羔体系** 在有利条件下，如有利的饲料年份、有利的价格，进行1次额外的产羔。无论什么方式、什么体系进行生产，尽量不出现空怀母羊，即进行1次额外配种。此方式对于个体养羊生产者而言是一种很有效的快速产羔方式。

72. 母羊的繁殖力参数如何计算？

在肉羊的繁殖和育种过程中，往往需要对羊群的繁殖力进行评估，以便了解母羊群体的繁殖状况，从而对群体繁殖力的遗传进展、母羊群体结构、公羊的繁殖性能等有一个比较全面的认识。有关母羊繁殖群体的一些繁殖力参数计算如下。

（1）**能繁母羊比率** 能繁母羊比率主要反映羊群中能繁殖的母羊比例。能繁母羊主要是指10月龄（山羊）和1.5岁（绵羊）以上的母羊。能繁母羊比率＝（本年度终能繁殖母羊数/本年度终羊群总数）×100%。

（2）**空怀率** 空怀率＝（能繁母羊数－受胎母羊数）/能繁母羊数×100%。

（3）**受胎率** 受胎率＝受胎母羊数/已配种母羊数×100%。

（4）**产活羔率** 产活羔率＝出生活羔数/分娩母羊数×100%。

（5）**成活率** 成活率＝断奶成活羔羊数/出生活羔羊数×100%。

（6）**繁殖率** 繁殖率＝本年内出生羔羊数/年初能繁母羊数×100%。

以上各种繁殖力指标一般每个年度要统计一次。如果繁殖力指标下降较快，就要求育种者或生产管理者分析出具体原因。特别是在肉用山羊育种中，当一个育种群体的繁殖力指标没有按照育种计划改变时，首先就要对群体的饲养管理、繁殖技术等进行研究。其次是要对种公羊进行检查，因为育种群体的种公羊是经过严格的选择而确定的，一般有较高的育种值，是群体繁殖力提高的推动者，它的优劣对整个群体的遗传进展有较大的影响。对种公羊的检查包括：种公羊的饲养管理情况、繁殖生理状况、育种值、配种情况等。对于不理想的种公羊要及时淘汰。

第四节　肉羊频密繁殖新技术

73. 生殖激素有什么作用？

山羊的繁殖主要受到生殖激素的调节和影响，另外一些激素虽然与生殖活动没有直接关系，但通过影响羊的生长发育和新陈代谢机能，最终能间接影响羊的生殖活动和生殖机能，这类激类被称为次要生殖激素。生殖激素对山羊生殖活动的调节机制比较复杂，各种激素构成一个完整的调节网络，在这个网络中，各种激素的平衡和协调使山羊的繁殖活动能够正常进行。如果某个节点上的激素偏离了正常的生理范围，就将引起繁殖异常。

在肉羊的繁殖控制中，利用激素的特点可以给肉羊施用外源性的生殖激素，从而使肉羊的繁殖性能向人们希望的方向发展，通过生殖激素的合理应用，配合实施诱导发情、同期发情、超数排卵等生殖控制技术，给肉羊的育种和生产带来了极大的方便。

74. 诱导发情有哪些处理方法？

大多数山羊品种一年一产，产后有一个很长的乏情期。如果在乏情期进行诱导发情处理，就可以缩短产羔间隔期，使母羊2年产3胎。在生产中一般有如下处理方法：

（1）**使用孕激素制剂法**　给母羊注射孕酮制剂，埋植孕酮阴道栓（CIDR），第14天撤除CIDR同时肌内注射孕马血清促性腺激素（PMSG）500～1000国际单位。

（2）**公羊刺激法**　在母羊发情季节到来前数周，将公羊放入母羊群中，可刺激母羊很快结束乏情期。很多试验显示，公羊的生物学刺激对于母羊的生殖生理具有明显作用。

（3）**创造人工气候环境法**　在温带条件下，母羊的发情季节是在日照时间开始缩短的季节才开始的。春、夏季是母羊非发情季节，在此期间人工控制光照和温度，仿照秋季的光照时间和温度，也可引起母羊发情。

75. 如何进行同期发情处理？

同期发情技术就是利用某些激素人为地控制和调整母羊自然的发情周期，使一群母羊中的绝大多数按计划在几天时间内集中发情。母羊同期发情后，可以实行同期配种、同期产羔甚至同期断乳分群，均衡供应市场。这样可节约大量的人力、物力和资金，降低生产成本，为以后的分娩产羔、羊群周转以及商品羊的成批生产等一系列的组织管理带来方便，便于大规模集约化生产，创造更大的经济效益。另外，在胚胎移植过程中，为了使供体羊和受体羊在受精卵移植时生理状态同步，也需要应用同期发情技术，否则被移植的受精卵无法成活。

（1）**同期发情方式** 同期发情有两种方式：一种是促进黄体退化，从而降低孕激素水平；另一种方法是抑制发情，增加孕激素水平。两种方法所用的激素性质、作用各不相同，但都是改变母羊体内孕激素水平，达到发情同期化的目的。使用的相关药物的种类与作用机理如表2-1所示。

表2-1 同期发情相关的药物及作用机理

药物种类	药物名称	作用机理
发情抑制剂	如孕酮、炔诺酮、氯地孕酮、18-甲基炔诺酮等	提高母羊体内孕激素水平，通过负反馈抑制促性腺激素中的FSH和LH的分泌，暂时抑制卵泡的发育和成熟，使羊群中母羊的卵泡发育都处于相同的水平。然后群体突然停止用药，这种抑制作用被解除，从而达到同期发情的目的
增强卵巢活性制剂	如促性腺激素释放激素（GnRH）、促卵泡激素（FSH）、促黄体素（LH）、孕马血清促性腺激素（PMSG）等	诱导发情，促进排卵

（2）**常见处理方法** 在实际生产中常用到的是阴道栓塞法，其作用机理是将阴道孕酮释放装置（CIDR）或含有孕酮制剂的海绵栓放置于母羊阴道深处，使药液不断地释放入周围组织，经过一段时间后取出。这种处理方法安全可靠，应用广泛。第一个情期不受胎，还会正常出现第二、第三个情期，不至对母羊的最

终受胎造成影响，此法同期发情率可达90%以上，具体操作方法如下：

①放栓：可选用8月龄以上的后备母羊、断奶后未配种的母羊或分娩后20天以上的哺乳母羊。用围栏将用于同期发情处理的母羊集中到一起以方便抓羊。将母羊保定，用消毒溶液喷洒外阴部，用消毒纸巾擦净后，再用一张新的纸巾将阴门裂内擦净。从包装中取出阴道栓，在导管前端涂上足量的润滑剂。分开阴门，将导管前端插入阴门至阴道深部，然后将推杆向前推，使阴道栓留于阴道内（图2-27）。

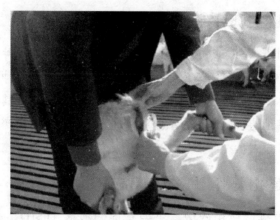

图2-27　放置阴道栓

②注射激素：放栓后第12天上午，在每只羊颈部肌内注射孕马血清促性腺激素（PMSG）250~300国际单位。

③撤栓：放栓后第13天下午，将母羊集中起来，拉住栓后的引线，缓缓用力将阴道栓撤出。

④发情鉴定：撤栓后第2天早上，将试情公羊放入母羊群中进行试情，及时将发情母羊转到一个单独的圈内。4~6小时后对母羊进行第一次配种或输精，间隔8小时进行第二次配种或输精。

（3）**注意事项**　为保障同期发情的效果，应注意以下事项：

①药物和相关装置是同期发情处理的关键环节之一，必须严格

避光。主要药物有：阴道孕酮释放装置（CIDR）或海绵栓、孕马血清促性腺激素、催产素等，这些药物必须低温（5℃）保存。户外处理时，避免阳光直射和持续高温。

②发情调控处理的母羊，必须保持较好的体况和膘情，否则会影响到处理母羊的受胎率。同时必须有40天以上的断奶间隔。

③在同期发情处理母羊的同时要注意公羊的保健。一只公羊一次采集的精液经稀释后，可配种50～100只母羊。稀释后的精液在普通条件下只能保存3天，生产中要安排好计划，确保同期发情，同期配种，合理利用种公羊。

76. 超数排卵有何作用？

羊在自然状态下以单羔为多，双羔率及多羔率随品种的不同而有很大的差异；同时供体羊通常都是通过选择的优良品种或生产性能好的个体，因此超数排卵可充分发挥其繁殖潜力，使其在生殖年龄尽可能多地留一些后代，从而更好地发挥其优良的生产性能，生产实践意义很大。

77. 超数排卵有哪些操作方法？

羊超数排卵所用的激素主要有促卵泡素（FSH）、孕马血清促性腺激素（PMSG）、前列腺素（PG）及其类似物、促黄体素（LH）、阴道孕酮释放装置（CIDR）、人绒毛膜促性腺激素（HCG）等。生产中使用的超数排卵方法有以下几种。

（1）FSH+PG法　在绵羊发情周期的第12或第13天，山羊发情周期的第16、17、18天中的任一天开始肌内注射FSH，以递减剂量连续肌内注射3天，每天注射2次（间隔12小时），总剂量200～350国际单位，在第5次注射FSH的同时肌内注射PG 0.2毫克。注射完最后一次FSH后24～48小时发情。配种或者输精2次（间隔12小时），同时注射LH 100～150国际单位。

（2）FSH+CIDR+PG法　在发情周期的任一天在供体羊阴道

内放入CIDR，此日为第1天，在放入的第14天开始肌内注射FSH，连续4天，共8次，在第7次注射FSH的同时取出CIDR，并肌内注射PG 0.2毫克。取出CIDR后24～48小时发情，配种或输精2～3次。

（3）PMSG法 在绵羊发情周期的第12或者第13天，在山羊发情周期的第16、17、18天中任一天，一次肌内注射PMSG 700～1500国际单位，出现发情后或配种的当天再肌内注射HCG 500～750国际单位。

用PMSG处理羊仅需注射一次，比较方便，但由于其半衰期太长，使发情期延长，使用PMSG抗血清可以消除半衰期长的副作用，但其剂量仍较难掌握。因此目前肉羊生产上多采用FSH进行超排，连续注射3～5天，每天2次。剂量均等递减，效果较好。

78. 胚胎移植技术有哪些优势?

胚胎移植也叫受精卵移植，是将来源于优秀种羊的受精卵移植到另一只低产母羊或者奶山羊的生殖道内相应的部位，使之继续生长发育直至分娩产出。

（1）**充分发挥优秀母羊的繁殖潜力** 正常情况下，一只健康的母羊繁殖年限为1.5～8.5岁，共能生产后代10只左右。而采用胚胎移植技术，一只母羊平均一次超数排卵可获合格胚胎7～8枚，可一次性生产优秀羔羊4～5只，这对老龄优秀母羊更有意义。

（2）**提高母羊产羔率** 羊具有两个子宫角，一般情况下70%～80%母羊产单羔，只有20%～30%的母羊产双羔。采用胚胎移植技术，可将胚胎移植到受体母羊的双侧子宫角，增加母羊产双羔的比例。

（3）**克服习惯性流产** 可以使优秀母羊克服因习惯流产等原因无法繁殖后代的弊端。通过胚胎移植，只要优秀母羊能正常排卵受精，就可以借腹怀胎生产出健康的后代。

79. 怎样进行羊胚胎移植?

羊胚胎移植的基本技术程序如图2-28所示。

(1)供体羊和受体羊的准备

①供体羊的要求：必须是优良的、种用价值高的个体，而且繁殖能力要正常。应对供体羊的生殖系统进行彻底检查，如生殖器官是否正常，有无卵巢囊肿、卵巢炎和子宫炎等疾病。有无难产史和屡配不孕史。此外，膘情要适中，过肥或过瘦都会降低受精率。

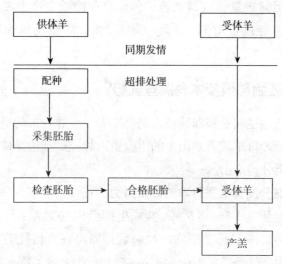

图2-28 羊胚胎移植技术流程

②受体羊的要求：最好是本地品种，数量较多，体型中等以上，繁殖能力好的健康青年母羊。

(2)受体羊进行同期发情处理 埋置孕酮栓后第13天注射PMSG，计量200国际单位，第15天撤出孕酮栓。

(3)供体羊的超数排卵与配种

①供体羊超数排卵：用T型孕酮阴道栓（CIDR）＋促卵泡素（FSH）法，即将供体羊阴道放置CIDR后第12天至第15天的早晨

6：00～6：30和晚上18：00-18：30期间，共8次注射FSH，每次剂量25国际单位，第15天撤出CIDR。在第8次注射FSH时即观察超排供体羊是否发情。

②供体羊的配种：超排母羊的排卵持续期可达10小时左右，且精子和卵子的运行也发生某种程度的变化，因此要严密观察供体的发情表现，用试情公羊扎好试情布，放入母羊群中试情（图2-29），每10只供体羊需1只健康试情公羊，当观察到超排供体母羊接受爬跨时，即可进行配种。

图2-29　供体羊配种

（4）**收集胚胎**　鲜胚在移植时，胚胎回收时间以3～7天为宜。若进行胚胎冷冻保存或以胚胎分割移植为目的时，胚胎回收时间可适当延长，但不要超过配种后7天。

①供体羊术前准备：

a.禁食禁水：应在手术前24小时停喂草料，前一天晚上不饮水，避免腹压过大导致手术困难或者生殖器官的损伤。

b.保定与麻醉：抓羊时要避免过度追撵造成应激，确认个体耳号后，两人分别抓起一侧的前后蹄，提起后将供体羊仰卧放在手术保定架上，将四蹄固定在保定架上（图2-30）。在手术部位剃毛消毒，避免手术中造成创口污染，并根据羊的体重计算麻醉药的使用量。

图2-30 羊只保定

② 器材与药品的准备：

a. 主要器材：手术台、剃须刀、创布、止血纱布、剪毛剪、手术刀柄、手术剪、止血钳、巾帕钳、持针器、肠钳（带乳胶管）、手术刀片、缝合线、缝合针、镊子、100毫米培养皿、35毫米培养皿、套管针、冲卵管、检胚管、5毫升注射器、20毫升注射器、恒温平台和体视显微镜等。

b. 药品：75%酒精、5%碘酊、苯扎溴铵、生理盐水、液体石蜡、双蒸水、青霉素、麻醉药、冲卵液和培养液等。

③冲洗输卵管收集胚胎：对供体母羊施行外科手术，在腹中线适当部位切开，待到腹腔打开，腹内脏器暴露后，再铺上一块消毒过的清洁创布。手术者将食指及中指由切口深入腹腔，在与盆腔和腹腔交界的前后位置触摸子宫角，用二指夹持，牵引至创口表面，先循一侧的子宫角至该侧的输卵管，在输卵管末端转弯处找到该侧的卵巢，不可直接用手去捏卵巢，也不要去触摸充血状态的卵泡，更不要用力牵拉卵巢，以免引起出血或被拉断。

观察卵巢表面的排卵点和卵泡的发育情况并做记录，如果卵巢上没有排卵点，该侧就不必冲洗。若卵巢上有排卵点、表面有卵排出，即可开始采卵。通常可采用冲洗输卵管法，该方法具有卵回收率高、使用的冲卵液少的优点。其操作方法如下：

先将冲输卵管的一端由输卵管伞的喇叭口插入2 ～ 3厘米深（用钝圆的夹子固定），冲卵管的另一端下接集卵皿。用注射器吸取37℃的冲卵液2 ～ 3毫升。在子宫角与输卵管相接的输卵管一侧，将针头沿着输卵管方向插入。控紧针头以防止冲卵液倒流，然后推压注射器，使冲卵液经输卵管流至集卵皿（图2-31）。

冲卵操作有一些需注意的事项：

a．针头从子宫角进入输卵管时必须仔细。要看清输卵管的走向，留心输卵管与周围系膜的区别，只有针头在输卵管内进退通畅时，才能冲卵。如果将冲卵液误注入系膜内，就会引起组织膨胀或冲卵液外流，导致冲卵失败。

b．冲洗时要注意将输卵管特别是针头插入的部位应尽量撑直，并保持在一个平面上。

c．推注冲卵液的力量和速度要持续适中，速度过慢或者停顿，卵子容易滞留在输卵管弯曲和皱襞内，影响取卵率；若用力过大，可能造成输卵管壁的损伤，可使固定不牢的冲卵管脱落和冲卵液倒流。

d．冲卵时要避免针头刺破输卵管附近的血管，把血带入冲卵液，给检胚造成困难。

e．集卵皿在冲卵时所放的位置要尽可能地比输卵管端的水平面低。同时，集卵皿中不要有气泡。

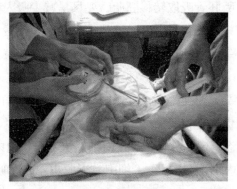

图2-31 冲 胚

④术后处理：冲胚完毕后，用25～30℃的生理盐水将内脏冲洗干净。供体羊创口采用三层缝合法，即肌肉连续缝合，针脚间距1厘米。在肌肉与皮肤间撒适量青霉素粉，以防创口感染。术后注射青霉素400万单位，每天1次，连续注射3～4天。

（5）胚胎的检查和鉴定

①胚胎检查：将回收到的冲洗液盛于玻璃器皿中，37℃静置10分钟，待胚胎沉降到器皿底部，移去上层液就可以开始检胚，检查胚胎发育情况和数量的多少（图2-32）。在配种后第7天回收的山羊胚胎约140微米大小。因回收液中往往带有黏液，甚至有血液凝块，常把卵裹在里面，卵由于不容易识别而被漏检；血液中的红细胞将胚胎藏住而不容易看到，可用解剖针或加热拉长的玻璃小细管拨开或翻动以帮助查找。按发育期胚胎分为桑葚胚（M）、致密桑葚胚（CM）、早期囊胚（EB）、囊胚（B）。

检胚室的温度保持在25～26℃，温度波动过大对胚胎不利，所以可将空调早些打开，门窗开后迅速关上，尽量保持检胚室内温度稳定。检胚杯要求光滑透明，底部呈圆凹面，这样胚胎可滚动到杯的底部中央，便于尽快地将卵检出。

在实体显微镜下看到胚胎后，用吸胚管把胚胎移入含有新鲜磷酸盐缓冲液的小培养皿中。待全部胚胎检出后，将胚胎移入新鲜的PBS中洗涤2～3次，以除去附着于胚胎上的污染物。洗涤时每次更换液体，用吸胚管吸取转移胚胎，要尽量减少吸入前一容器内的液体，以防止将污染物带入新的液体中。胚胎净化后，放入含有新鲜的并加有小牛血清的PBS中培养直到移植。在移植前如果贮存时间超过2小时，应每隔2小时更换一次新鲜的培养液。

②胚胎鉴定：胚胎鉴定的目的是选出发育正常的胚胎进行移植，这样可以提高移植胚胎的成活率。鉴定胚胎可以从以下几个方面着手：a.形态；b.匀称性；c.胚内细胞大小；d.胞内胞质的结构及颜色；e.胞内是否有空泡；f.细胞有无脱出；g.透明带的完整性；h.胚内有无细胞碎片。

图2-32 检 胚

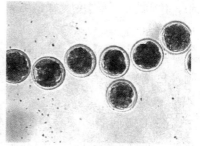

图2-33 胚胎鉴定

正常的胚胎，发育阶段要与回收时达到的胚龄一致，胚内细胞结构紧凑，胚胎呈球形。胚内细胞间的界限清晰可见，细胞大小均匀，排列规则；颜色一致，既不太亮也不太暗；细胞质中含有一些均匀分布的小泡，没有细颗粒；有较小的卵黄周隙，直径规则（图2-33）。透明带无皱缩和萎缩，泡内没有碎片。检胚时要用拨卵针拨动受精卵，从不同的侧面观察，才能了解确切的细胞数和胞内结构。

未受精卵无卵周隙，透明带内为一个大细胞，细胞内有比较多的颗粒或小泡；桑葚胚可见卵周隙，透明带内为一细胞团，将入射光角度调节适当时，可见胚内细胞间的分界；变性胚的特点是卵周隙很大，内细胞团细胞松散，细胞大小不一或为很小的一团，细胞界限不清晰。

处于第一次卵裂后期的受精卵，其特点是透明带内有一个纺锤状细胞。胞内两端可见呈带状排列的较暗的杆状物（染色体）；山羊8细胞以前的单个卵裂球具有发育为正常羔羊的潜力，早期胚胎的一个或几个卵裂球受损并不影响其以后的存活力。

胚胎按质量分为A级、B级、C级、D级，其中A、B和C级为可用胚胎，D级胚胎无利用价值。

a．A级胚胎：胚胎发育阶段与胚龄一致，胚胎形态完整，轮廓清晰呈球形，分裂球大小均匀，胚细胞结构紧凑，透明度好，无附着细胞和泡液。

b．B级胚胎：胚胎发育阶段和胚龄基本一致，胚胎轮廓清晰，色调和细胞密度良好，可见一些附着细胞和泡液，变形细胞占10%～30%。

c. C级胚胎：胚胎发育阶段与胚龄不太一致，胚胎轮廓不清晰，色调较暗，结构较松散，游离细胞和泡液较多，变性细胞占30%～50%。

d. D级胚胎：未受精卵、16细胞以下的受精卵、有碎片的退化卵、细胞变性等均属D级胚胎。

（6）**胚胎保存**　羊的胚胎保存可分为短期保存和冷冻保存。使用新鲜的胚胎，从冲卵到移植只要在1个小时或几个小时内就可以完成，这段时间保存在室温（25～26℃）环境里受胎率没有多大影响。羊冷冻胚胎保存试验虽有多种改进的方法，但基本程序是：添加低温保护剂并进行平衡；将胚胎装进细管里，放进降温器里，诱发结晶；慢速降温；投入液氮（−196℃）中保存；升温解冻；稀释脱除胚胎里的冷冻保存剂。目前羊的胚胎保存法主要有分段快速冷冻法、一步冷冻法、玻璃化冷冻法三种。其中分段快速冷冻法是目前最成熟的方法，需要专用的程序冷冻仪，步骤较为繁琐，但该方法冷冻的胚胎解冻后移植成活率高。其操作步骤为：

①胚胎的收集：收集方法如前所述，并将采得的胚胎在含有20%小牛血清的PBS中洗涤两次。

②加入冷冻液：洗涤后的胚胎在室温条件下加入含有1.5摩尔/升的甘油或二甲基亚砜（DMSO）的冷冻液平衡20分钟。

③装管和标记：胚胎冷冻处理后即可以装管。一般用0.25毫升的精液冷冻细管，将细管有棉塞的一端插入装管器，将无棉塞端伸入保护液中吸一段保护液（Ⅰ段）后吸一小段气泡，再在显微镜下仔细观察并吸取含有胚胎的保护液（Ⅱ段），然后再吸一个小气泡，再吸一段保护液（Ⅲ段）。把无棉塞的一端用聚乙烯醇塑料沫填塞，然后再向棉塞中滴入保护液和解冻液。冷冻后液体冻结时两端即被密封，在细管外标记供体号、胚胎数量、等级、冷冻日期等信息。

④冷冻和诱发结晶：快速冷冻时，要先做一个对照管，对照管

按胚胎管的第 Ⅰ、第 Ⅱ 段装入保护液。把冷冻仪的温度传感电极插入 Ⅱ 段液体中上部，放入冷冻室内，调节冷冻室和液氮面的距离，使冷冻室温度降至0℃并稳定10分钟后，将装有胚胎的细管放入冷冻室，平衡10分钟，然后调节冷冻室外至液氮面的距离，以1℃/分的速率降至−5～−7℃，此时诱发结晶。诱发结晶时，将试管用镊子提起，用预先在液氮中冷却的大镊子夹住含胚胎段的上端，3～5秒即可看到保护液变为白色晶体，然后再把细管放回冷冻室。全部细管诱发结晶完成后，在此温度下平衡10分钟。在此期间，可见温度仍在下降，在−9～−10℃时温度突然上升至−5～−6℃，接着缓慢下降。这种现象是因为对照管未诱发结晶，保护液在自然结晶时放出热量。10分钟后，温度可能降至−12℃左右，此时重新调节冷冻仪至液氮面的距离，以0.3℃/分的速率降至−30～−40℃后再投入液氮中保存。

⑤解冻和脱除保护剂：试验证明，冷冻胚胎的快速解冻优于慢速解冻，快速解冻可使胚胎在30～40秒内由−196℃上升至30～35℃，瞬间通过危险温区来不及形成冰晶，因而不会对胚胎造成大的破坏。

解冻的方法：预先准备30～35℃的温水，然后将装有胚胎的细管由液氮中取出，立即投入温水中，并轻轻摆动，1分钟后取出，即完成解冻过程。

胚胎在解冻后，必须尽快脱除保护剂，使胚胎恢复其冷冻前的形态，移植后才能继续发育。目前多用蔗糖液一步或两步法脱除胚胎里的保护剂。用磷酸缓冲盐溶液（PBS）配置成0.2～0.5摩尔/升的蔗糖溶液，胚胎解冻后，在室温状态下将胚胎放入这种液体中保持10分钟，在显微镜下观察，胚胎扩张至接近冻前状态，即认为保护剂已被脱除，然后移入PBS中准备检查和移植。

（7）移植胚胎

①移植的适宜时间：移植胚胎给受体时，胚胎的发育必须与子宫的发育一致，既要考虑供体和受体发情的同期化，又要考虑子宫

发育与胚胎的关系。由于供体羊提供的是超排卵，其单个卵子排出的时间往往有差异，因此，不能只考虑发情同期化。在移植前，需要对受体羊仔细进行检查，如果黄体发育到所要求的程度，即使与发情后的天数不吻合也可以移植，反之，就不能移植。

②移植时受体处理：在移植前应证实受体羊卵巢上有发育良好的黄体。可进行腹腔镜的检查，确定黄体的数量、质量及所处的位置，移植时不必再拉出卵巢进行检查。受体羊在手术前应饥饿20小时左右，并于手术前一日剃毛消毒。

③胚胎移植所需器械与药品：体视显微镜、手术台、剃须刀、剪毛剪、手术刀柄、止血钳、巾帕钳、持针器、手术刀片、缝合针、缝合线、创布、止血纱布、移植枪头和曲别针等；75%酒精、5%碘酊、苯扎溴铵、生理盐水和青霉素等。

④移植操作：首先利用内窥镜确定受体羊黄体发育情况，只有黄体发育良好的受体羊才适合移植（图2-34）。用移植器先吸一段1厘米长的保护液，再吸一段0.5厘米的空气，然后吸取胚胎。含胚胎的液柱不超过1.5厘米。将具有黄体一侧的子宫角取出，用消毒好的曲别针在子宫壁上扎一个孔，把装有胚胎的移植器从此孔插入子宫腔内，伸至子宫角尖端后将胚胎轻轻推出即可。移植液量限制在20微升以内。移植后要立即检查移植器中是否有胚胎遗留。确认没有遗留后，才能进行创口缝合。

图2-34 移植胚胎

80. 羊早期妊娠诊断的方法有哪些?

早期妊娠诊断技术是肉羊快繁生产管理上的一项重要内容,通过该项技术可以在母羊妊娠早期快速、准确地检测是否妊娠,这对于保胎、缩短胎次间隔、提高繁殖力和经济效益具有重要意义。

(1)**表观特征观察**　母羊妊娠后,在孕激素的制约下,发情周期停止,不再有发情表现,性情变得较为温顺。同时,甲状腺活动逐渐增强,妊娠羊的采食量增加,食欲增强,营养状况得到改善,毛色变得光亮润泽。但仅靠表观特征观察不能对母羊是否妊娠作出确切判断,还应结合其他方法来确诊。

(2)**触诊法**　待检查母羊自然站立后,用两只手以抬抱方式在腹壁前后滑动,抬抱的部位是乳房的前上方,用手触摸是否有胚胎胞块。抬抱时手掌要展开,动作要轻,以抱为主,还有一种方法是直肠-腹壁触诊。待查母羊用肥皂灌洗直肠排出粪便,使其仰卧,然后用直径1.5厘米、长约50厘米、前端圆如弹头状的光滑木棒或塑料棒作为触诊棒,使用时涂抹上润滑剂,经过肛门向直肠内插入30厘米左右,插入时注意贴近脊椎。一只手用触诊棒轻轻把直肠挑起来以便托起胎胞,另一只手则在腹壁上触摸,如有胞块状物体即表明已妊娠;如果摸到触诊棒,将棒稍微移动位置,反复挑起触摸2～3次,仍摸到触诊棒即表明未妊娠。

(3)**阴道检查法**　妊娠母羊阴道黏膜的色泽、黏液性状及子宫颈口形状均有一些和妊娠相一致的规律变化。第一,看阴道黏膜变化。母羊妊娠后,阴道黏膜由空怀时的淡粉红色变为苍白色,但用开膣器打开阴道后,很短时间内即由白色又变成粉红色。空怀母羊黏膜始终为粉红色。第二,看阴道黏液变化。妊娠母羊的阴道黏液呈透明状,而且量少而浓稠,能在手指间牵成线。相反,如果黏液量多、稀薄、颜色灰白则母羊为未妊娠。第三,看子宫颈变化。妊娠母羊子宫颈紧闭、色泽苍白,并有糨糊状的黏块堵塞在子宫颈口,人们称之为"子宫栓"。

（4）**免疫学诊断法**　妊娠母羊血液、组织中具有特异性抗原，能和血液中的红细胞结合在一起，将用其诱导制备的抗体血清和待查母羊的血液混合时，妊娠母羊的血液红细胞会出现凝集现象。如果待查母羊没有妊娠，就没有与红细胞结合的抗原，加入抗体血清后红细胞不会发生凝集现象。由此可以判定被检母羊是否妊娠。

（5）**孕酮水平测定法**　测定方法是将待查母羊在配种20～25天后采血制备血浆，再采用放射免疫标准试剂与之对比，判定血浆中的孕酮含量，判定妊娠参考标准为绵羊每毫升血浆中孕酮含量大于1.5纳克，山羊大于2纳克。

（6）**超声波探测法**　超声波诊断法是把超声波的物理特点和动物组织结构的声学特点密切结合的一种物理学诊断法。其以高频声波对动物的子宫进行探查，然后将其回波放大后以不同的信号显示出来。目前超声波在家畜早期妊娠诊断中应用相当广泛。到目前为止，关于用B型超声对动物进行妊娠监测的资料几乎涉及了所有与人类活动密切相关的哺乳动物。由于超声诊断有实时、直观和可靠性高的特点，其以图像记录的某些资料更便于以后论证和分析，超声诊断技术已较多地应用于哺乳动物胚胎工程和基因工程研究中的妊娠检查、孕期监测和超数排卵等方面。据报道，在山羊配种后33～80天期间，用B超仪对妊娠和未妊娠羊的诊断准确率可达到99%以上。B超仪用于山羊妊娠诊断不仅方便快捷，而且安全可靠。

第三章 羊场的建设与粪污处理

第一节 羊场建设前期工作

81. 羊场建设之前需要考虑的主要因素有哪些？

在羊场建设之前，首先应该明确资金投入计划，计划好基础设施建设投入费用、种羊购买投入费用和后期养殖过程中的周转费用，避免陷入有钱建圈舍而无钱买饲料的困境；其次考虑好养殖品种、养殖规模和养殖方式，为下一步羊场选址和基础建设规模提供依据。

82. 羊场建设之前需要了解的相关政策法规有哪些？

（1）耕地红线和基本农田红线　建场之前需要到当地国土资源管理和规划部门了解耕地红线和基本农田红线划定情况，在羊场选址时才能有的放矢避开耕地和基本农田。

（2）畜禽养殖禁养区划分　建场之前需要到当地畜牧和环保主管部门了解畜禽养殖禁养区、限养区和适养区的划定情况，在羊场选址时要避开禁养区和限养区。

（3）相关法律法规　建场前需要熟悉《中华人民共和国畜牧法》《畜禽规模养殖污染防治条例》和《中华人民共和国水污染防治法》等法律法规。

83. 规模化羊场建设审批程序是什么?

（1）**申请选址** 拟新（改、扩）建羊场的企业或个人，需要向所在地乡镇人民政府提出申请，提出拟建地址，详细阐明饲养品种、规模、养殖方式、粪污处理方式等，由乡镇人民政府审核后向区（县）政府提出选址申请，区（县）畜牧部门会同规划、国土、环保和安监等部门进行现场踏勘形成选址意见。

（2）**养殖场规划设计** 获得选址批准后，新（扩）建畜禽养殖场申请人自行或委托专业人员，按照所养品种的生物学特点、生活习性、规模养殖场建设规范和养殖业污染防治技术规范等进行规划设计，并编制规划平面图和施工设计图，报区（县）畜牧、安监、环保部门及乡镇人民政府审查备案。

（3）**环境影响评价** 规划设计通过审查以后，计划养殖规模达到一定数量（以当地畜牧和环保部门规定为准）的养殖场，需要向环保部门申请环境影响评价，通过环境评价以后方可开工建设。

（4）**修建** 养殖场申请经镇、街及有关部门批准后方可按照平面设计图修建，设计图在修建中不得随意更改。

（5）**申办《动物防疫条件合格证》** 养殖场建成后，要向区（县）畜牧部门申办《动物防疫条件合格证》，取得动物防疫条件合格证的养殖场方可开展养殖，没有取得的不能开展养殖。

第二节　　羊场的规划布局

84. 羊场选址对地势有什么要求?

羊喜欢清洁干燥的环境，羊场地势过低，地下水位过高，容易形成潮湿的环境，羊容易患体外和体内寄生虫病或者腐蹄病等；若地势过高，容易招致寒风侵袭，造成过冷环境，对羊群健康也不利，而且不便于道路修建。因此，建设羊场的场地应选择地势较高、透水透气性强、通风干燥的地方，不能在低洼涝地、河道、山谷、垭口及冬季风口等地建场，地势应选择坡度3%～10%的缓坡坡地，地下水位在2米以下，土质要坚实，即适宜建造房屋，又适宜饲草作物种植。

85. 羊场选址对风向有什么要求?

羊场应位于居民区的下风向，根据《动物防疫条件审查办法》，与居民区的距离一般保持500米以上，既要考虑卫生防疫，又要防止羊场有害气体和污水对居民区的侵害。建场之前，要考察当地的主导风向，可根据当地的气象资料和走访当地居民来确定。此外也要考虑由于当地环境引起局部空气温差从而造成的山谷风、河谷风等的影响，避免把羊场建设在形成空气涡流的地方。

86. 羊场选址对水电有什么要求?

羊场附近必须要有充足的清洁水源，水质条件良好，以保证全场的生活和生产用水。选址之前，应考虑当地有关地表水、地下水资源情况，了解是否有因水质问题而出现过某种地方性疾病的情况。一般可以选择城市自来水、河、塘、渠、堰的流水。水质应清澈透明，无色无臭，入口微甜无苦涩味。在没有上述水源的情况下，可以打井取用地下水。塘、渠、堰中的死水，因受细菌、寄生虫和有机物的污染最好不要作为常备水源，如果必须取用时，可设沙缸过滤、澄清，并用1%漂白粉液消毒后使用。不论什么水，水中的大肠杆菌、固形物总量、硝酸盐和亚硝酸盐的总量都要符合卫生标准。另外，必须了解羊场附近是否有屠宰场和排放废水的工厂，尽可能建场于工厂上游，水源下游。

87. 羊场选址对交通有什么要求?

为了保证饲草料和羊只运输进出方便，减少运输成本，同时考虑通信和能源供应条件，羊场最好建设在交通方便而又较为僻静的地方，可以避免噪声干扰。故羊场应避开主要交通要道，如公路和铁路干线、车站码头和人流密集、来往频繁的市场。根据《动物防疫条件审查办法》，一般选择距离主要交通干线和车站码头、市场500米以上，距普通道路100米以上的地方。羊场应设围墙与附近居民区、交通道路隔离，这样既有利于场内外物资的运输方便，又有利于安全生产。

88. 羊场选址对饲草料供应有什么要求？

肉羊以产肉为主，体格大、生长速度快，规模化养殖所需饲草饲料总量较多，因此要有充足的饲草饲料来源。饲料基地的建设要考虑羊群发展的规模，特别要注意贮备足够的越冬干草和青贮饲料，本着尽可能多的原则解决好饲草料供应问题。羊场距离饲料基地不能太远，交通要方便，能够尽可能地压缩运输成本。

89. 羊场选址对防疫有什么要求？

不在传染病和寄生虫流行的疫区建场，羊场周围的居民和牲畜应尽量少些，以便在发生疫情时进行隔离封锁。羊场周围3千米以内应无大型化工厂、采矿厂、皮革厂、肉品加工厂、屠宰场等污染源。羊场周围应有围墙或防疫沟，并要建立绿化隔离带。场址大小和圈舍间隔距离等都应该遵守卫生防疫要求。

90. 羊场如何分区规划？

羊场分区要符合羊群生产结构，要求：生活管理区、生产区、粪污处理及隔离区三区分开，净道、污道分开，羊舍布局符合生产工艺流程，即公羊舍、空怀及后备母羊舍、妊娠母羊舍、产羔舍、保育舍、育成羊舍、育肥舍分开，有运动场。

91. 羊舍建筑如何布局？

通常将羊场分为三个功能区，即生活管理区、生产区、粪污处理及隔离区（图3-1）。分区规划时，首先从家畜保健角度出发，以建立最佳的生产联系和卫生防疫条件，来安排各区位置，一般按主风向和坡度的走向依次排列顺序为：生活管理区→生产区→粪污处理及隔离区。

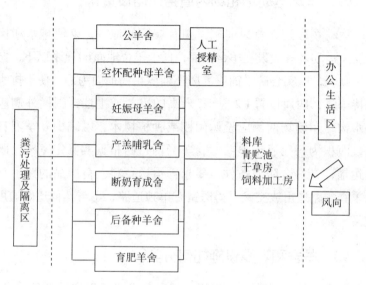

图3-1　羊场总体布局示意

（1）**生活管理区**　生活管理区应建设在场区常年主导风向上风处，管理区与生产区应保证有30米以上的间隔距离。管理区应建设饲料加工设施及仓库、工人食宿设施、兽医药品库、消毒室等。粗饲料库应建在地势较高处，与其他建筑物保持一定防火距离，兼顾由场外运入再运到羊舍两个环节。

（2）**生产区**　生产区应设在场区的下风位置，应建设公羊舍、空怀母羊舍、妊娠母羊舍、分娩羊舍、哺乳羊舍、育成羊（羔羊）舍、育肥舍、运动场、更衣室、消毒室、药浴池、青贮窖（塔）等设施。种羊舍建筑面积占全场总建筑面积的70%～80%。

（3）**粪污处理及隔离区**　粪污处理及隔离区主要包括隔离羊舍、病死羊处理及粪污储存与处理设施。粪污堆放和处理应安排专门场地，设在羊场下风向、地势低洼处。病羊隔离区应建在羊舍的下风、低洼、偏僻处，与生产区保持 500 米以上的间距；粪污处理房、尸坑和焚尸炉距羊舍 100 米以上。

92. 羊场运动场和场内道路如何设置？

运动场应选在背风向阳、稍有坡度的地方，以便排水和保持干燥。运动场一般设在羊舍南面，低于羊舍地面 60 厘米以下，向南缓缓倾斜，以实心砖平铺或混凝土铺成粗糙地面为好，便于排水和保持干燥，四周设置 1.2 ～ 1.5 米高的围栏或围墙，围栏外侧应设排水沟，运动场两侧应设遮阳棚或种植树木，以减少夏季烈日暴晒，面积为每只成年羊 4 米^2；羊场内道路根据实际定宽窄，既方便运输，又符合防疫条件，要求：运送草料、畜产品的路不与运送羊粪的路通用或交叉，兽医室有单独道路，不与其他道路通用或交叉。

93. 羊舍和附属设施如何分类？

羊舍和附属设施主要包括羊场办公及生活用房、人员消毒室、汽车消毒坑、羊舍（公羊舍、妊娠母羊舍、空怀配种母羊舍、产羔舍、育成羊舍、育肥羊舍）、隔离舍、药浴池或药浴喷淋房、运动场、草料贮藏及加工房、青贮窖、兽医室及人工授精室、干粪堆积发酵场、沼气池和牧草种植基地等。

第三节　羊舍环境

94. 气温对肉羊生产有哪些影响？

温度是影响羊健康和生产力的首要环境因素。绵羊的适合温度一般为 -3 ～ 23℃，山羊的适合温度一般为 0 ～ 26℃，这是羊对环境温度的一般要求，在此温度范围，羊的生产力、饲料利用率和抗病力都较高，饲养最为经济。

（1）温度过高则羊的散热发生困难，影响采食和饲料报酬。

（2）温度过低则不利于羔羊的健康和存活，同时饲料消耗在维持体温上的比例增加。

（3）高温对公羊的精液质量影响很大，公羊对高温的反应很敏感；同时高温对母羊生殖也有不良作用，尤其在配种后胚胎附植于子宫前的若干天内，很容易引起胚胎的死亡。

95. 适宜的羊舍温度范围是多少?

表3-1　不同阶段羊只的适宜温度

项目	温度（℃）	
	适宜范围	最适温度
成年羊	7～24	13
育成羊	5～21	10～15
初生羔羊	24～27	

96. 空气湿度对肉羊生产有哪些影响?

不同阶段羊只的最适相对湿度范围为50%～75%。一般情况下，干燥的环境对羊的生产和健康较为有利，在低温的情况下更是如此。只有在温度特别高时，过分干燥的环境（相对湿度在40%以下）才会对羊的生产和健康产生影响。

（1）高湿不利于羊的体热调节，会危害羊的健康和生产性能。

（2）高温、高湿的环境容易导致各种病原性真菌、细菌和寄生虫的繁殖，羊易患腐蹄病和内外寄生虫病。环境温度适中时，羊对环境湿度的适应范围相对较宽。

（3）绵羊最忌高温、高湿环境，而山羊忌低温、高湿环境。

（4）高湿条件下饲料、垫料容易腐败，从而引起羊的各种消化道疾病。

97. 羊舍通风的目的是什么?

由于羊只的呼吸和粪尿等物质的分解,羊舍空气中存在着二氧化碳、氨气、硫化氢等有害气体,还有灰尘和水汽。这些有害气体和灰尘对羊只的生长是不利的,要利用通风来排除。因此,通风的好坏对羊舍环境的卫生管理及羊的生长发育关系十分密切。

通风的目的:一是引进新鲜空气,排除舍内不良气体、灰尘和过多的水汽;二是在炎热气候条件下,加强气流活动以缓解高温的影响。

98. 羊舍通风的形式有哪些?

通风分为自然通风和机械通风。

(1)**自然通风** 自然通风是靠自然界风力造成的风压和舍内外温差形成的热力,使空气流动,进行舍内外空气交换。当舍内有羊只时,热空气上升,舍内上部气压高于舍外,而下部气压低于舍外,由于存在压力差,羊舍上部的热空气就从上部开口排出,舍外冷空气从羊舍下部开口流入,这就形成了下进上排的热压通风。热压通风量的大小取决于舍内外温差、进排风口的面积和进排风口间的垂直距离。温差越大,通风量越大;进排风口的面积及其之间垂直距离越大,通风量越大。当外界有风时,羊舍迎风面气压大,背风面气压小,则空气从迎风面的开口流入羊舍,舍内空气从背风面的开口流出,这样就形成了风压通风。自然界风是随机的,时有时无,在自然通风设计中,一般是考虑无风时的不利情况(图3-2)。

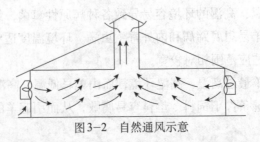

图3-2　自然通风示意

（2）**机械通风**　密闭式羊舍且跨度较大时，仅靠自然通风不能满足其需求，需辅以机械通风。机械通风的通风量、空气流动速度和方向都可以控制。机械通风可分为三种形式。

①负压通风：即用轴流式风机将舍内污浊空气抽出，使舍内气压低；则舍外空气由进风口流入，从而达到通风换气的目的。负压通风设备简单，投资少，通风效率高，在我国被广泛采用。其缺点是对进入舍内的空气不能进行预处理。

②正压通风：即将舍外空气由离心式或轴流式风机通过风管压入舍内，使舍内气压高于舍外，在舍内外压力差的作用下，舍内空气由排气口排出。正压通风可以对进入舍内的空气进行加热、降温、除尘、消毒等预处理，但需设风管，设计难度大，在我国较少采用。

③联合通风：即同时采用风机送风和排风，主要用于大型密闭式或无窗式羊舍。

无论正压通风还是负压通风都可分为横向通风（图3-3）和纵向通风（图3-4）。

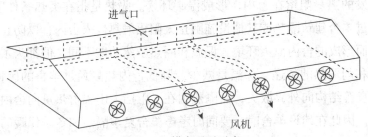

图3-3　横向通风示意

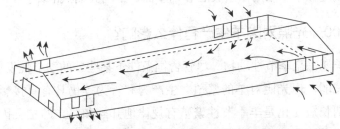

图3-4　纵向通风示意

横向通风：是指舍内气流方向与畜舍长轴垂直的机械通风，最大的不足在于舍内气流分布不均，气流速度偏低，死角多，换气质量不高。即负压风机可设在屋顶上，两纵墙上设进风口或风机设在两纵墙上，屋顶风管进风；也可在两纵墙一侧设风机，另一侧设进风口。

纵向通风：是指舍内气流方向与畜舍长轴平行的机械通风。即风机设在羊舍山墙上或靠近该山墙的两纵墙上，进风口则设在另一端山墙上或远离风机的纵墙上。纵向通风口舍内气流分布均匀，通风死角少，其通风效果明显优于横向通风。

无论采用什么样的通风方式，都必须考虑羊舍的排污要求，使舍内气流分布均匀，无通风死角，无涡风区，避免产生通风短路。同时，还要有利于夏季防暑和冬季保暖。

99. 在羊场建设过程中如何实现夏季隔热和冬季保温？

保温是指在寒冷条件下，羊舍能将羊本身产生的和有其他热源散发的热量阻留在舍内，形成温暖环境。隔热是指在炎热条件下，通过羊舍建筑隔热或其他设施阻止太阳辐射热传入舍内，以防止高温而形成的舍内凉爽环境。保温和隔热虽然功能不同，但都为了阻挡和削弱热的传递。保温是减少或降低舍内热量通过羊舍的屋顶、墙壁等结构向外界散失；而隔热则在于阻挡太阳辐射热量向舍内传递。因此在建设羊舍时，要同时考虑羊舍夏季隔热和冬季保暖的问题，由于屋顶冬季散失热量和夏季吸收热量多于墙体，因此，在屋顶建设过程中多采用双层夹芯彩钢屋面，中间夹隔热泡沫。

100. 光照对肉羊生产有什么影响？

羊属完全季节性动物。尽管舍饲条件下某些羊的季节性发情已明显减弱，但光照对羊的繁殖、生产力和行为等仍具有直接影响。光周期长短变化是羊季节性繁殖有规律地开始和终止的主要因素，在低纬度的热带和亚热带地区，因为全年日照比较恒定，母羊全年都能发情配种。利用人工光照处理，可以使本来为秋季发情的羊在春季配种，产秋羔。一般公羊的精液质量在秋季日照缩短时最高。另外光照时间的长短还影响肉羊采食时间的长短，从而影响肉羊的采食量和生长速度。为了满足肉羊常年发情繁殖和足够采食量的需要，一般需要保证每天14～16小时的光照时间。

101. 在羊舍建设中如何实现肉羊对光照的需求？

羊舍采光一般采用自然光照为主，人工光照为辅。羊舍采光值的大小，以光照系数表示，即窗户的采光面积与羊舍地面面积之比，一般以1：（10～15）。光线入射角不低于30°，窗户下缘距地面高度一般为1.3～1.5米。窗户与窗户之间的间距易小，以保证舍内采光的均匀性。

自然光照不足的情况下，还需要人工光照作补充，以保证每天14～16小时光照时间。一般用25～40瓦白炽灯、荧光管或节能灯，灯泡或灯管距地面2米左右，灯泡之间距离为其高度的1.5倍。

第四节 羊舍建筑

102. 羊舍建筑的基本要求有哪些？

（1）**建筑地点要开阔干燥** 羊舍必须建筑在干燥、排水良好的地方，羊舍要求处在生活办公区的下方，南面有较为宽阔平坦的运动场，侧面对着冬春季的主风方向。

（2）**布局要合理** 养羊区要与办公、生活区分开，圈舍应建在办公室或住房的下方。公羊舍建在下风处，距母羊舍200米以上；羔羊和育成羊舍建在上风处；成年羊舍建在中间；病羊隔离舍要在远离健康羊舍300米的下风向处。

（3）**面积要适宜** 羊舍建筑面积以羊的生产方向、品种、性别、年龄和气候条件不同而加以区别。羊舍建筑面积一般占整个羊场面积的10%～20%，面积过小会导致舍内拥挤、潮湿、空气混浊，过大不利于冬季保温并造成不必要的浪费。一般每只羊对舍内面积的要求：种公羊1.5～2.0米^2；成年母羊0.8～1.0米^2；育成羊0.6～0.8米^2；羔羊0.5～0.6米^2；羯羊0.6～0.8米^2；妊娠后期或哺乳母羊2.0～2.5米^2。产羔舍一般可按基础母羊总数的25%计算。房内应有取暖设备，保持产房有一定温度。

（4）**高度要适中** 羊舍高度根据羊舍类型及羊只数量决定。羊数多时，羊舍应适当高些，以保持空气新鲜，但过高不利于保温，且建筑费用大。一般舍顶高度为2.5米左右。南方地区的羊舍以防暑防湿为重点，羊舍可适当高些。一般农户羊只较少，圈舍高度可略低些，但不得低于2米。

（5）**门窗面积要适中** 肉羊合群性强，出入圈门易拥挤。一般门高1米，门的面积按照圈舍面积5%～6%计算。寒冷地区的羊舍，最好在大门外加设套门，以防冷风直接侵入。羊舍应有足够的光线，窗户面积一般占地面面积的1/15～1/10，以保证羊舍内的采光及卫生，窗应向阳，距地面1.3～1.51米，防止贼风直接吹袭羊体。南方气候高温、多雨、潮湿，门窗宜大开。

（6）**地面要干燥** 羊舍地面应高出舍外地面20～30厘米，以利排水。南方的羊舍一般采用高床漏缝式，楼台常用木条构筑，也可采用复合材料制成，木条间隙为1.0～1.5厘米，以便漏下粪尿，楼台与地面距离1.5～1.8米，便于清扫粪便。

（7）**要防潮保温** 羊舍要做到冬季保温，夏季防潮。一般羊舍冬季应保持在0℃以上，羔羊舍及产房在10℃左右。

（8）**建筑材料就地取材** 建造羊舍的材料，以经济耐用、就地取材为原则。土坯、石头、砖瓦及木材等都可用来做羊舍建筑材料，要因地制宜，就地取材，降低成本，提高效益。

103. 羊舍的建筑形式有哪些?

羊舍类型依所在地区气候条件、饲养方式等不同而异。

(1)按羊床在舍内的排列划分 有单列式（图3-5）和双列式（图3-6）。

图3-5 单列式密闭羊舍

(2)按屋顶样式划分 有单坡式、双坡式和拱形等。

单坡式羊舍跨度小，自然采光好，适于小型羊场和农户。

双坡式羊舍跨度大，保温力强，占地面积少，但采光和通风差。

(3)按羊舍墙体封闭程度划分 有封闭式、敞开式和半敞开式。

封闭式羊舍具有保温性能强的特点，适合寒冷北方地区采用，塑膜暖棚羊舍亦属此类。在山区多采取依山势而建的单列式密闭羊舍（图3-5），在平原地区多采用双列式密闭羊舍（图3-6）。

半敞开式羊舍具有采光和通风好的特点，但保温性能差，我国南北方普遍应用（图3-7）。

图3-6 双列式密闭羊舍　　　　图3-7 半敞开式羊舍

敞开式棚舍可防太阳辐射，但保温性能差，适合炎热地区，温带地区在放牧草地也设有，属凉棚作用。

104. 不同形式的羊舍各有什么特点?

（1）长方形羊舍　这是我国比较普遍、实用、建筑也较为方便的羊舍类型。运动场可根据分群饲养的要求再分隔成若干个小运动场，羊舍的面积根据羊群大小和利用方式而定。

（2）敞开式羊舍　敞开式羊舍三面有墙，一面无墙，有顶盖，无墙的一面向运动场敞开。墙上留有通风窗口，以利于夏季炎热气候时的防暑降温。为了防止夏季强烈的太阳辐射影响羊采食饲草料，在饲槽的上方搭建遮阳棚。

建造羊运动走道，羊舍及运动场地面最好为砖地面，有利于清洁和羊蹄的保护。羊在饲养员的驱赶下自动地围绕着花、木坛运动，增强羊的体质和健康。运动场内靠围栏设置饲草料饲喂槽架和饮水设施。羊平时采食和活动时在舍外运动场内，休息时在羊舍内。

（3）楼式羊舍（图3-8）　楼式羊舍是我国南方气候炎热、多雨潮湿地区主要推广的羊舍建筑。建筑材料可用砖、木板、木条、竹竿、竹片或金属材料等。

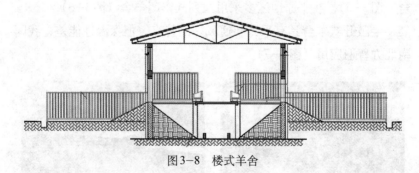

图3-8　楼式羊舍

羊舍为半敞开式，双坡式屋顶，双列式羊床，南北两面（或四面）墙高1.5米，冬季寒冷时用草帘、竹篱笆、塑料布或编织布将上墙面围住保暖。

圈底距地面高 1.3 ～ 1.8 米，采用漏缝地板，缝隙 1.5 ～ 2.0 厘米，以便粪尿漏下，清洁卫生，无粪尿污染，且通风良好，防暑、防潮性能好。漏缝地板下做成斜坡形的积粪面和排尿水沟，有利于粪尿的清洁和收集，节约用水。

运动场在羊舍的南面，面积为羊舍的 2 ～ 2.5 倍，运动场围栏高 1.3 ～ 1.5 米。楼梯设在南面或侧面的山墙处，双列式羊舍中间的走廊设食槽和饮水槽。

（4）吊楼式羊舍 南方草山草坡较多，为了方便羊群采食，可就近修建羊舍，主要用于小规模饲养。可因地制宜地借助缓坡建成吊楼，山坡坡度以 20°左右为宜，羊舍距地面高度为 1.2 米，双坡式屋顶，单列或双列式羊床，羊舍南面或南北面做成 1 米左右高的墙，舍内过道宽 2.0 ～ 2.5 米，食槽离地高度 0.2 米。铺设木条漏缝地板，缝隙 1.5 ～ 2.0 厘米，便于粪尿漏下。羊舍南面设运动场，用于羊补饲和活动（图 3-9）。

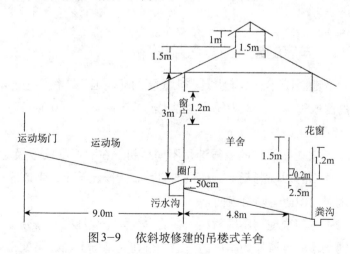

图 3-9 依斜坡修建的吊楼式羊舍

105. 羊舍地基和地面的建筑要求是什么？

地面、羊床、墙体、门窗和屋顶构成羊舍的基本结构。

承受整个建筑物的土层称地基。一般羊舍多用天然地基（直接利用天然土层），通常以一定厚度的沙壤土层或碎石土层较好。黏土、黄土和富含有机质的土层不宜用作地基。基础是指墙壁埋入地下的部分，它直接承受墙壁、门窗等建筑物的重量。基础应坚固、耐火、防潮，比墙宽，并成梯形或阶梯形，以减少建筑物对地基的压力。深度一般为50～70厘米。为防止地下水通过毛细管作用浸湿墙体，应在地坪部位铺设防潮层，如沥青等。

圈舍和运动场地面是羊只活动、采食、休息和排粪尿的主要场所，尤其在北方。因其与土层直接接触，易传热并且被水渗透，因此，要求地面坚实平整，不滑，便于清扫和消毒，并具有较高的保温性能。舍内地面比舍外地面应高40厘米，地面一般应保持一定坡度（1%～1.5%），以利于保持地面干燥。土质地面、三合土地面和砖地面保温性能好，但不坚固、易渗水，不便于清洗和消毒。水泥地面坚固耐用、平整，易于清洗消毒，但保温性能差，可在地表下层用孔隙较大的材料增强地面的保温性能，如煤渣、空心砖等。

106. 羊床的建设方法有哪些？

除了地面以外，羊床也是非常重要的环境因子，极大地影响着羊只的健康和生产力。为解决一般水泥羊床冷、硬、潮的问题，可选用下述方法：

（1）**按功能要求的差异选用不同材料**　在北方气候干燥地区，用导热性小的加气混凝土、高强度的空心砖修建羊床，走道等处用普通水泥，但应有防滑表面。

（2）**分层次使用不同材料**　在北方气候干燥地区，在夯实素土上，铺垫厚的煤渣作为羊床的垫层，再在此基础上铺一层聚乙烯薄膜作为防潮层，薄膜靠墙的边缘向上卷起，然后铺上导热性小的加气混凝土、高强度空心砖。

（3）**使用漏缝地板**　尤其在南方等炎热潮湿地区，漏缝地板具有保持圈舍内清洁、不污染饲料和减少腐蹄病等优点。漏缝地板条间距1.5~2厘米，以利粪尿漏下。离地面高度为1.5～2米，以利通风、防潮、防腐、防虫和除粪。

　　一般使用的材料有木材（图3-10）、竹子（图3-11）和复合型板材（图3-12）等，木材和竹子建设成本低但使用年限较短，使用1～2年后强度下降，被羊只踩踏后容易折断。而复合型板材漏缝地板采用树脂、纤维、石粉等天然材料通过高压压制而成，具有高强度、耐腐蚀、抗老化、便于清洗、边缘光滑不伤羊蹄、保温性能好等特点，使用寿命可达20年，缺点是建设成本较高。

图3-10　木条漏缝地板　　　　图3-11　竹制漏缝地板

图3-12　复合型板材漏缝地板

107. 羊舍墙壁的建筑要求是什么？

墙壁是羊舍建筑结构的重要部分，羊舍的保温、防潮、防贼风等性能的优劣在很大程度上取决于墙壁的材料和结构，据研究，羊舍总热量的30%～40%都是通过墙壁散失的。因此，对墙壁的要求是坚固，承载墙的承载力和稳定性必须满足结构设计的要求，保温性能好，墙内表面要便于清洗和消毒，地面或羊床以上1.0～1.5米高的墙面应有水泥墙裙。

我国常用的墙体材料是黏土砖，优点是坚固耐用、传热慢、消毒方便；缺点是毛细作用较强、吸水能力也强、造价高，所以为了保温和防潮，同时为了提高舍内光照度和便于消毒等，砖墙内表面要用水泥砂浆粉刷。墙壁的厚度应根据当地的气候条件和所选墙体材料的传热特性来确定，既要满足墙的保温和承载力要求，又要尽量降低成本和投资。

在有些地方，还可以使用土墙，其优点是造价低、保温性能好，但防水性能差、容易倒塌，只适用于临时羊舍。

近年来建筑材料科学发展很快，许多新型建筑材料如金属铝板、钢构件和隔热材料等已经用于各类畜舍建筑中。用这些材料建造的畜舍，不仅外形美观、性能好，而且造价也不比传统的砖瓦结构建筑高多少，是未来大型集约化羊场建筑的发展方向。

108. 羊舍门窗的建筑要求有哪些?

羊舍的门窗要求坚固结实，能保持舍内温度和易于出入，并向外开。

（1）门　门是供人和羊出入的地方，以大群放牧为主的圈舍，圈门宽1.5～2米、高1.0米为宜，分栏饲养的门宽0.8～1.0米。门外设坡道，便于羊只的出入，门的设置应避开冬季主导风向。饲养管理走廊门宽2.0～2.5米、高2.1米为宜，便于饲养人员和饲料推车的进出。

（2）窗　窗户主要是为了采光和通风换气。窗户的大小、数量、形状、位置应根据当地气候条件合理设计。面积大的窗户采光多、换气好，但冬季散热和夏季向舍内传热也多。窗户距地面

1.3 ～ 1.5米、高1米、宽1 ～ 2米，一般窗户的大小以采光面积对地面面积之比来计算，种羊舍为1：（8 ～ 10），育肥羊舍为1：（15 ～ 20），产羔舍或育成羊舍应小些，窗户的大小和数量，应根据当地气候条件确定。

109. 羊舍屋顶的建筑要求是什么？

屋顶的作用是防止自然因素的侵袭，如雨、雪等。屋顶直接受太阳辐射和空气温度的影响，通过屋顶传出和传入的热量占舍内热量的40%，从防暑降温看，敞开式较好，多用于炎热地区。屋顶坡度在寒冷积雪和多雨的地区应该要比较大，可采用高跨比1/5 ～ 1/2（H/L，H为屋顶高度，L为屋顶的跨度）。

110. 羊舍排水的建筑要求有哪些？

为了保证羊舍防疫要求，必须实行雨污分流。为了及时排出舍内的污水和尿液，羊舍内必须设置排尿沟，位置在漏缝地板下的承粪层，沿羊舍纵向排列，宽度一般30 ～ 40厘米，斜度1% ～ 1.5%。

第五节 羊场设施与设备

111. 羊场有哪些消毒设施？

（1）**药浴设施** 在羊场内选择适当地点修建药浴池（图3-13）。药浴池一般深1米，长10米，池底宽0.6米，上宽0.8米，以1只羊能通过而转不过身为度，入口一端是陡坡，出口一端筑成台阶以便羊只攀登，出口端并设有滴流台，羊出浴后在羊栏内停留一段时间，使身上多余的药液流回池内。药浴池一般为长方形，似一条狭而深的水沟，用水泥筑成。小型羊场或农户可用浴槽、浴缸、浴桶代替，以达到预防体外寄生虫的目的。

　　另外大型羊场还可以采用淋浴式（图3-14），修建密闭的淋浴通道，上、下、左、右分别安装4排喷淋管，使羊从通道通过全身能均匀地被药液浸透。

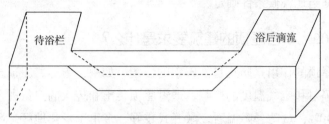

图3-13　药浴池建设示意

图3-14　移动式药浴喷淋车

　　（2）场区入口车辆消毒设施　车辆消毒设施分为全自动车辆消毒通道（图3-15）和消毒池（图3-16），以前在建设羊场的时候，通常都要求大门口通道处建一个大的消毒池，供进出养殖场的车辆消毒使用，这确实起到了一定的消毒防疫作用，但也暴露出很多问题：比如消毒药单一，主要以生石灰为主；消毒池大部分属露天的性质，池内的消毒液在夏季易污染、挥发，下雨冲淡药液等，无法保证消毒效果。进出羊场的运输车辆，特别是运羊车辆，车轮、车厢内外都需要进行全面的喷洒消毒，目前主要采用车辆专用智能消毒通道，让消毒更全面。

图3-15 全自动车辆消毒通道

图3-16 消毒池

（3）**更衣与消毒室** 凡进场人员，必须经门卫第一消毒室，先用消毒液洗手，然后更衣换鞋方可入场。因此在人员入场消毒通道旁需要设置更衣室（图3-17）。进入消毒通道后，地面需铺上防滑垫并用消毒药液浸泡1厘米深。一般采用紫外线、喷雾、臭氧这三种方法进行消毒。因为紫外线和臭氧对人体健康有较强的危害，所以现在一般都采用喷雾消毒的方法。

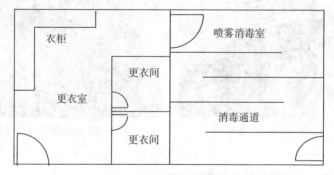
图3-17 更衣消毒室布局示意

112. 羊场有哪些饮水设施?

一般羊场可用水桶、水槽、水缸给羊饮水，大型集约化羊场一般采用自动饮水器，以防止致病微生物污染。

饮水槽一般固定在羊舍或运动场上，可用镀锌铁皮制成，也可用砖、水泥制成（图3-18）。在其一侧下部设置排水口，以便清洗水槽，保证饮水卫生。水槽高度以方便羊只饮水为宜。

羊场采用自动化饮水器（图3-19），其能适应集约化生产的需要，有浮子式和真空泵式两种，其原理是通过浮子的升降或真空调节器来控制饮水器中的水位，达到自动饮水的效果。浮子式自动饮水器具有一个饮水槽，饮水槽的侧壁后上部安装有一个前端带浮子的球阀调整器。使用中通过球阀调整器的控制，可保持饮水器内的水始终处在一定的水位，羊通过饮水器饮水，球阀则不断进行补充，使饮水器中的水质始终保持新鲜清洁。其优点是羊只饮水方便，可减少水资源的浪费，可保持圈舍干燥卫生，减少各种疾病的发生。

在冬季气温比较低的地区，可以采用恒温加热自动饮水器，根据羊身体要求，保证饮水温度恒定在20～25℃，减少饮水温度过低造成的应激和发病率。

图3-18 饮水槽　　　　　图3-19 恒温自动饮水器

113. 羊场有哪些饲喂设施？

羊场的饲喂设施包括饲槽及草架等。

（1）饲槽　通常有固定式（图3-20、图3-21）、移动式（图3-22）和悬挂式三种。

固定式长条形饲槽：适用于以舍饲为主的羊舍。一般将饲槽固定在舍内或运动场内，用砖头、水泥砌成长条形，可平行排列或紧靠四周墙壁设置。双列对头羊舍内的饲槽应建于中间走道两侧，而双列对尾羊舍的饲槽则设在靠窗户走道一侧。单列式羊舍的饲槽应建在靠北墙的走道一侧，或建在沿北墙和东西墙根处。设计要求上宽下窄，槽底呈半圆形，大致规格一般为上宽40厘米，深20~25厘米，槽底距地面的高度为20～40厘米，其中断奶育成羊饲槽底距地面的高度为20～25厘米，成年羊饲槽底距地面的高度为30～40厘米。槽长依羊只数量而定，一般可按每只成年羊30厘米，每只羔羊20厘米计。

固定式圆形饲槽：适合于去角的山羊。饲槽中央砌成圆锥形，饲槽围圆锥体绕一周，在槽外沿砌一带有采食孔、高50～70厘米的砖墙，可使羊分散在槽外四周采食。

图3-20　固定式金属饲槽　　　　　图3-21　固定式水泥饲槽

图3-22　移动式饲槽

移动式长条形饲槽：主要用于冬春舍饲期妊娠母羊、泌乳母羊、羔羊、育成羊和病弱羊的补饲。常用厚木板钉成或用镀锌铁皮制成，制作简单，搬动方便，尺寸可大可小，视补饲羊只的多少而定。为防羊只践踩或踏翻饲槽，可在饲槽两端安装临时性的能随时装拆的固定架。

悬挂式饲槽：适于断奶前羔羊补饲用。制作时可将移动式长条形饲槽两端的木板改为高出槽缘约30厘米的长方形木板，在长方形木板上面各开一个圆孔，从两孔中插入一根圆木棍，用绳索拴牢圆木棍两端后，将饲槽悬挂于羊舍补饲栏上方，离地高度以羔羊采食方便为准。

羔羊哺乳饲槽：适宜于哺乳期羔羊的哺乳。做成一个圆形铁架，用钢筋焊接成圆孔架，每个饲槽一般有10个圆形孔，每个孔放置搪瓷碗1个。

（2）草架　羊爱清洁，喜食干净饲草，利用草架喂羊可防止羊践踏饲草，减少浪费，还可减少羊只感染寄生虫病的机会。草架的形式有靠墙固定的单面草架和安放在饲喂场的双面草架，其形状有三角形、U形、长方形等。草架隔栅间距为9～10厘米，有时为了让羊头伸入栅内采食，可放宽至15～20厘米。草架的长度按每只成年羊30～50厘米、羔羊20～30厘米计算。制作材料为木材、钢筋。舍饲时可在运动场内用砖石、水泥砌槽，钢筋做栅栏，兼做饲草、饲料两用槽。

114. 羊场有哪些冬季保温设施？

成年羊舍的温度一般要保证在0℃以上，分娩后的哺乳羔羊和断奶羔羊，由于热调节机能发育不全，对寒冷抵抗能力差，对舍温的要求较高，必须借助供热保温设备来实现保温。因此，目前羊场常用的供热保温设备大多是针对羔羊的，主要供分娩舍和保育舍使用。

目前羊场供暖常采用集中供暖和局部供暖两种方式：

（1）集中供暖　由一个集中供热设备，如锅炉、燃烧器、电热器等，通过煤、油、煤气、电能等燃烧产热加热水或空气，再通过管道将热介质输送到羊舍内的散热器，散热器放热加温羊舍的空气，保持舍内适宜的温度。目前多采用热水供暖系统，该系统包括热水锅炉、供水管路、散热器、回水管路及水泵等设备。

（2）局部供暖　常用电热地板、热水加热地板、电热灯等设备。由于各地气候不同，羊场建造形式、规模大小及管理水平不同，因此羊舍采用的保暖增温措施也不一样。

①塑料大棚：这是农户养羊普遍使用的设施，投资少，使用方便。

②热风机：也叫畜禽空调，是将锅炉的热量通过风机吹到羊舍，舍内温度均匀，干净卫生，价格较空调便宜得多，被许多大型羊场使用。

③红外线保温灯：目前红外线保温灯被广泛采用（图3-23）。方法是将红外线灯吊挂在羔羊躺卧的圈舍地面或保温间内给羔羊保温取暖，并可根据羔羊所需的温度随时调整灯的吊挂高度。此法设备简单，保温效果好，并有防治皮肤病的作用。

④电热保温板：电热保温板（图3-24）的外壳采用机械强度高、耐酸碱、耐老化、不变形的工程塑料制成，板面附有条棱以防滑。该产品结构合理、安全省电、使用方便、调温灵活、恒温准确，在湿水情况下不影响安全，适用大型工厂化养羊场。

图3-23　简易红外线保温灯　　　　图3-24　电热保温板

⑤远红外加热羔羊保温箱（图3-25）：保温箱大小根据需要设计，用远红外线发热板接上可控温度元件，并将它们平放在箱盖上。保温箱的温度根据羔羊的日龄来进行调节，为便于消毒清洗，箱盖可拿开，箱体材料使用防水材料。

⑥自制泡沫板保温箱：箱体内、外层用胶合板，内、外层之间用泡沫夹心，热源为白炽灯，以高度、白炽灯大小调节箱内温度，其保温效果也较好。

图3-25　远红外加热羔羊保温箱

115. 羊场有哪些饲草料贮藏方式？

羊场饲草料主要有干草料和青贮料。

（1）干草棚　主要以通风防潮为主，保证贮存的干草不发生霉变，草棚容积大小按每只羊1米³估算（图3-26）。

图3-26　干草房

（2）青贮设施　羊场青贮设施的种类有很多，主要有青贮窖、塔、池、袋、箱、壕及平地青贮。按照建设用材分有：土窖、砖砌、钢筋混凝土，也有塑料制品、木制品或钢材制作的青贮设施。但是不管建设成什么类型，用什么材质建设，都要遵循一定的设计原则，以免青贮窖效果差，饲料霉变或被污染，造成饲料的浪费和经济的损失。

116. 青贮设施建设有哪些原则？

（1）**不透空气原则** 青贮窖（壕、塔）壁最好用石灰、水泥等防水材料填充、涂抹，如能在壁裱衬一层塑料薄膜更好。

（2）**不透水原则** 青贮设备不要靠近水塘、粪池，以免污染水渗入。地下式或半地下式青贮设备的底面要高出历年最高地下水位0.5米以上，且四周要挖排水沟。

（3）**内壁保持平直原则** 内壁要求平滑垂直，墙壁的角要圆滑，以利于青贮料的下沉和压实。

（4）**防冻原则** 地上式的青贮塔在寒冷地区要有防冻设施，以防止青贮料冻结。

117. 青贮设施有哪些类型？

青贮设施包括青贮窖、青贮壕、青贮塔，规模大的羊场可建青贮塔、地上青贮壕等，规模小的场可建青贮窖或用塑料袋青贮。

（1）**青贮窖** 一般分为地上式（图3-27）、半地下式（图3-28）和地下式三种。南方因为地下水位较高，以地上式长方形青贮窖为好。长方形青贮窖窖底要有1%～3%的坡度，坡度向渗水孔方向微倾，以便于排水。窖四周用实心砖砌成，并用水泥砂浆将窖壁打磨光滑、平整。这种窖坚固耐用，内壁光滑，不透气、不漏水，青贮易成功，养分损失小。窖深以2～3米为宜，窖的宽度应根据日需要量决定，即每日从窖的横截面掘进20厘米以上为宜；窖的大小以集中人力2～3天装满为宜；大型窖应用拖拉机等机械碾压，一般宽度应大于其轮胎间距2倍以上，最宽不超过12米。

图3-27　大型地上式青贮窖

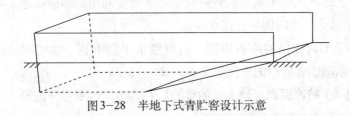

图3-28　半地下式青贮窖设计示意

（2）**青贮壕**　通常挖在山坡一边，底部应向一端倾斜以便排水。修建青贮壕，可以在距羊舍较近处，地势高、地下水位低的地区一般采用地下式，地下水位高的地区一般采用地上式，建筑材料一般采用砖混结构或钢筋水泥结构。

开口宽度和深度根据羊群饲养量计算，每天取料的掘进深度不少于20厘米（一般1米³窖可以青贮玉米秸秆500～600千克，甘薯秧700～750千克），其长度可根据青贮数量的多少来决定，把长宽交接处砌成弧形，底面及四周加一层无毒的聚乙烯塑料膜。薄膜用量计算：（窖长+1.5米）×2。装填时高于地面50～100厘米，仔细用塑料薄膜将料顶部密封好，上面用粗质草或秸秆盖上再加20厘米厚的泥土封严，窖的四周挖好排水沟，顶部最好搭建防雨棚。

（3）**青贮塔**　用砖和水泥等制成的永久性塔形建筑（图3-29）。塔呈圆形，上部有顶，以防止雨水淋入。在塔身一侧每隔

2米高开一个约0.6米×0.6米的窗口，装时关闭，取空时敞开。青贮塔高12～14米，直径3.5～9米，原料由顶部装入，顶部装一个呼吸袋。此法青贮料品质高，但成本也高。

国外多采用钢制的圆筒立式青贮塔，一般附有抽真空设备，此种结构密闭性能好，厌氧条件理想。用这种密闭式青贮塔调制低水分青贮料，其干物质的损失仅为5%，是当前世界上保存青贮饲料最好的一种设备，国外已有定型的产品出售。

（4）**青贮塑料袋** 塑料袋要求厚实，每袋贮30～40千克，堆放时，每隔一定高度放一块30～40厘米的隔离板，最上层加盖，用重物镇压（图3-30）。

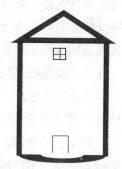

图3-29 青贮塔建设示意

图3-30 袋装青贮

118. 羊场兽医室有什么建筑要求和设备配置？

兽医室建在羊舍和隔离舍之间，便于发现病情及时治疗。兽医室需要配备必要的消毒、干燥设备，如医疗器械、手术室、药品柜和疫苗存放柜等，室外安装保定架。有条件的大型羊场还应该配备必要的血清分离、病毒细菌培养等疫病快速诊断设施设备。

119. 人工授精室怎样布局和配置设备？

人工授精室包括采精室、精液处理室、洗涤消毒室、精液保存室和授精室，布局见图3-31。

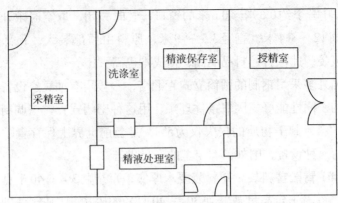

图3-31　人工授精室布局

（1）**采精室**　应宽敞、清洁、防风、安静、光线充足，其面积为20～30米^2。温度控制在20～25℃，最好安装空调，以使公羊性欲表现和精液不受影响。采精室最好与处理精液的实验室只有一墙之隔，隔墙上安装两侧都能开启的壁橱，以便从实验室将采精用品传递到采精室和采集的精液能尽快传递到实验室进行处理。

采精室要配备假台畜或保定架，地面要略有坡度，以便进行冲刷，水泥地面不要提浆压光，以保持地面粗糙，防止公羊摔倒。采精室还应配备水槽、防滑垫、水管、扫把、毛刷等用品，用以清扫冲刷地面。

（2）**精液处理室**　精液处理室内装备精液检查、稀释和保存所需要的器材以及各项纪录档案，一般占地15～20米^2。相当于药品生产要求的无尘车间的标准，室内温度控制在22～24℃，相对湿度控制在65%左右，地板、墙壁、天花板、工作台面等必须是易清洁的瓷砖、玻璃等材料，以真正达到无尘环境，实验室的位置很重要，应直接同采精室相连，以便最快地处理精液，也可用一窗口来连接人工授精实验室和采精室以便于减少污染，窗口正中间置一紫外线灯，可消毒灭菌，以使精液处理室内保持无菌状态。

精液处理室不允许其他人员出入，以避免将其鞋子和衣服上的病原带入实验室，室内也禁止吸烟，窗户应装不透光的窗帘，以防止紫外线照射对精子造成伤害。人工授精实验室配制低倍显微镜、恒温版、精液质量分析仪、程序冷冻仪等设备。

（3）**洗涤消毒室**　洗涤消毒室是处理人工授精所用器材和药品的地方，占地面积10～15米²。装配不锈钢水槽、冷热水龙头、器械消毒盒干燥设备、普通冰箱等。

（4）**精液保存室**　占地面积15～20米²，用于精液的常温和冷冻保存，配备4℃冰箱、−20℃冰柜和液氮罐等设备。

（5）**授精室**　主要用于对母羊人工授精操作，占地面积20～30米²。

120. 羊场栅栏如何设置？

羊场栅栏种类有母仔栏、羔羊补饲栏、分群栏、活动围栏等。栅栏可用木条、木板、钢筋、铁丝网等材料制成，一般高1.0米，长1.2米、1.5米、2.0米、3.0米不等。栏的两侧或四角装有挂钩和插销，折叠式围栏中间以铰链相连。

（1）**母仔栏**　为便于母羊产羔和羔羊吃奶，应在羊舍一角用栅栏将母仔围在一起。可用几块各长1.2米或1.5米、高1米的栅栏或栅板做成折叠式围栏。一个羊舍内可隔出若干小栏，每栏供1只母羊及其羔羊使用。

（2）**羔羊补饲栏**　用于羔羊的补饲。将栅栏、栅板或网栏在羊舍、补饲场内靠墙围成小栏，栏上设有小门，羔羊能自由进出，而母羊不能进入（图3-32）。

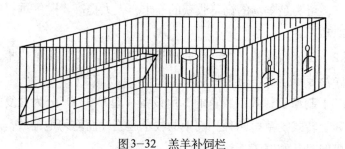

图3-32　羔羊补饲栏

（3）**分群栏** 由许多栅栏联结而成，用于规模肉羊场的羊只鉴定、分群、称重、防疫、驱虫等事项，可大大提高工作效率。在分群时，用栅栏在羊群入口处围成一个喇叭口，中部为一条比羊体稍宽的狭长通道，通道的一侧或两侧可设置3～4个带活动门的羊圈，这样就可以顺利分群，进行有关操作。

（4）**活动围栏** 用若干活动围栏可围成圆形、方形或长方形活动羊圈，适用于放牧羊群的管理。

（5）**磅秤及羊笼** 羊场为了解饲养管理情况，掌握羊只生长发育动态，需要经常地定期称测羊只体重。因此，羊场应设置小型地磅秤或普通杆秤（大型羊场应设置大地磅秤）。磅秤上安置长1.4米、宽0.6米、高1.2米的长方形竹、木或钢筋制成的羊笼，羊笼两端安置进、出活动门，这样，再利用多用途栅栏围成连接到羊舍的分群栏，把安置羊笼的地秤置于分群栏的通道入口处，可降低抓羊时的劳动强度，方便称量羊只体重。

121. 羊场饲草料收割机械有哪些类型?

（1）**通用型青饲收获机** 舍饲饲养肉羊必须准备足够的饲草料，青贮饲料是必不可少的。制作青贮可使用联合收割机，在作业时用拖拉机牵引，后方挂接拖车，能一次性完成作物的收割、切碎及抛送作业，拖车装满后用拖拉机运往贮存地点进行青贮。如采用单一的收割机，收割后运至青贮窖再进行铡切和入窖。如收割的牧草用于晒制干草，则使用与四轮拖拉机配套的割草机、搂草机、压捆机等，可满足羊场的饲草收获的需求，大大提高青贮等饲料制作的效率和质量。

（2）**玉米收获机** 能一次完成玉米摘穗、剥皮、果穗收集、茎叶切碎及装车作业，拖车装满后运往青贮地点贮存。

（3）**割草机** 收割牧草的专用设备（图3-33），分为往复式割草机和旋转式割草机两种。割下的牧草应连续而均匀地铺放，尽量减少机器对其的碾压、翻动和打击。

图3-33 大型割草机

（4）**搂草机** 按搂成的草条方向分成横向和侧向两种类型。横向搂草机操作简便，但搂成的草条不整齐、损失较大；侧向搂草机结构较复杂，搂成的草整齐、损失小，并能与捡拾作业相配套。

（5）**压捆机** 分为固定式和捡拾捆机两种类型。按压成的草捆密度也可分为高密度（200～300千克/米³）、中密度（100～200千克/米³）、低密度（100千克/米³以下）压捆机。其作用是将散乱的牧草和秸秆压成捆，方便贮存和运输。

122. 羊场饲草料加工机械有哪些类型?

（1）**铡草机** 又称切草机。其作用是将牧草、秸秆等切短，便于青贮和利用。大、中型铡草机一般采用圆盘式，小型多为滚筒式。小型铡草机适宜小规模养殖户使用，主要用来铡切干秸秆，也可铡切青贮料；中型铡草机可铡切干秸秆与青贮料，故又称为秸秆青贮饲料切碎机。

（2）**粉碎机** 主要有锤片式、劲锤式、爪式和对辊式四种类型。粉碎饲料的含水量不宜超过15%。

（3）**揉碎机** 揉碎是介于铡切与粉碎之间的一种新型加工方式。秸秆尤其是玉米秸秆，经揉搓后被加工成丝状，其结节的结构完全被破坏，并被切成8～10厘米的碎段，适口性得到改进。

（4）**压块机** 秸秆和干草经粉碎后送至缓冲仓，由螺旋输送机排至定量输送机，再由定量输送机、化学添加剂装置、精饲料添加装置完成配料作业，通过各自的输送装置送到连续混合机。同时加入适量的水和蒸汽，混匀后进入压块机成形。压制后的草块堆集密度可达300～400千克/米³，可使山羊采食速度提高30%以上。

（5）**制粒设备** 秸秆经粉碎后通过制粒设备，加入精饲料和添加剂，可制成全价颗粒料。这种颗粒料营养全价、适口性好、采食时间短、浪费少，但加工费贵。全套制粒设备包括粉碎机、附加物添加装置、搅拌机、蒸汽锅炉、压粒机、冷却装置、碎粒去除和筛粉装置。

（6）**烟化机** 烟化机多用于淀粉尿素烟化。把经混合后的原料送到挤压烟化机内，加工成烟化颗粒，然后干燥粉碎。成套设备包括粉碎机、混合机、挤压烟化机、干燥设备、输送设备等。

（7）**TMR饲料搅拌机** TMR（全混合日粮）饲料搅拌机是把切断的粗饲料和精饲料以及微量元素等添加剂，按羊群不同饲养阶段的营养需要混合的新型设备。TMR饲料搅拌机带有高精度的电子称重系统，可以准确地计算饲料，并有效地管理饲料库。TMR饲料搅拌机不仅能够显示饲料的总重，而且能够准确称量一些微量成分的重量（如氮元素添加剂、人造添加剂和糖浆等），并将它们充分搅拌混匀从而生产出高品质饲料，保证羊只采食的每一口日粮都是精粗比例稳定、营养浓度一致的全价日粮。

（8）**袋装青贮装填机** 将切碎机与装填机组合在一起，操作灵活方便，适用于牧草、饲料作物、作物秸秆等青饲料的青贮和半干青贮。青贮袋由无毒塑料制成，重复使用率为70%。这种装填机尤其适用于潮湿多雨地区。

123. 羊场消防设施和设备如何配置？

各功能区域主要建筑物周围均设置运输消防共用的道路，并在主要建筑物周围形成环行消防通道，满足扑救条件。羊场应设置消防水源，消防水源应由给水管网、天然水源或消防水池供给，水压大于0.5帕。室外地下消火栓沿道路靠近路口设置，保护半径不大于150米，间距不超过120米。室内配置灭火器若干。

第六节 羊场粪污无害化处理与资源化利用

124. 羊粪的特点是什么？

羊粪与其他粪污不同，新鲜羊粪外表层呈黑褐色黏稠状，羊粪内芯呈绿色的细小碎末，臭味较浓，并具有保持完整颗粒的特性。羊粪中有机质含量较高，可达30%～40%，适合好氧堆肥处理，氮、钾含量可达1%以上，作为有机肥料可提高土壤肥力，改良土壤。

125. 羊粪污对土壤有哪些影响？

（1）**有利影响** 土壤的基本功能是具有肥力，能提供植物生长发育所必需的水分、养分、空气和热能等条件，即可以供作物生长；另一个基本功能是可以分解有机物质。这两方面构成了土壤自然循环的重要环节。

羊粪便用于土壤施肥的有利面在于：能够施用于农田作为肥料培肥土壤，粪浆也为土壤提供必要的水分，经常施用羊粪也能提高土壤抗风化和水侵蚀的能力，改变土壤的空气和耕作条件，增加土壤有机质和促进作物有益微生物的生长。

（2）**不利影响** 羊粪便对土壤既有有利面也有不利面，在一定条件下两个方面可能相互转化。不利面在于：羊粪过度施用会危害农作物、土壤、地表水和地下水水质。在某些情况下（通常是新鲜的羊粪）羊粪中含有的高浓度的氮能会烧坏作物，大量使用羊粪也能引起土壤中溶解盐的积累，使土壤盐分增高，植物生长受影响。

磷是作物生长的必需元素，磷在土壤中以溶解态、微粒态等形式存在，自然条件下在土壤中含量为0.01%～0.02%。羊粪便中的磷能以颗粒态和溶解态两种形式损失，大多数磷易于被侵蚀的土壤部分所吸附。磷通常存在于土壤上表层几厘米的地方（特别是少耕条件的土壤），在与地表径流作用最为强烈的土壤上表面几厘米处可溶解态的磷的含量也十分高。当按作物对氮需求的标准进行施用羊粪时，土壤中磷的含量会迅速上升，磷的含量超出作物所需，土壤中的磷发生积累。这种情况引发的后果是：一方面打破了在区域内土壤养分的平衡，影响作物生长，且通过复杂的生物链增加了区域内动物、植物产品磷的含量；另一方面，土壤中累积的磷会通过土壤的侵蚀和渗透作用进入水体，使水体富营养化。

此外，使用高密度的羊粪也能导致土壤盐渍化，高的含盐量在土壤中能减少生物的活性，限制或危害作物的生长，特别是在干燥气候下危害更明显。羊粪便也能传播一些野草种子，影响土壤中正常作物的生长。羊粪便常包含一些有毒金属元素如砷、钴、铜和铁等，这些元素主要存在于粪便固液分离后的固体中。在土壤中过多施用羊粪便可能导致这些元素在土壤中的积累，对植物生长产生潜在危害作用。羊粪便也含有大量的细菌，细菌随羊粪便进入土壤后，在土壤中一般能存活几个月。

126. 羊粪污对空气的污染和危害有哪些?

羊粪尿中所含有机物大体可分成含碳化合物和含氮化合物，它们在有氧或无氧条件下分解出不同的物质。碳水化合物在有氧条件下分解释放热能，大部分分解成二氧化碳和水；而在无氧条件下，化学反应不完全，可分解成甲烷、有机酸和各种醇类，这些物质略带臭味和酸味，使人产生不愉快的感觉。而含氮化合物主要是蛋白质，其在酶的作用下可分解成氨基酸，氨基酸在有氧条件下可继续分解，最终产物为硝酸盐类；在无氧条件下可分解成氨、硫酸、乙烯醇、二甲基硫醚、硫化氢、甲胺和三甲胺等恶臭气体，这些气体不但危害羊群的生长发育而且也危害人类健康，加剧空气污染。

一般来说，散发的臭气浓度和粪便的磷酸盐及氮的含量是成正比的，家禽粪便中磷酸盐含量比较高，羊粪便比其他动物粪便含量低，因此羊场有害气味比其他动物场少，尤其比鸡场少，挥发性气体及其他污染物质有风时可传播很远，但随着距离的加大，污染物的浓度和数量会明显降低。在恶臭物质中，对人畜健康影响最大的是氨气和硫化氢。硫化氢含量高时，会引起头晕、恶心和慢性中毒症状；人长期在氨气含量高的环境中，可引起目涩流泪，严重时双目失明。由于甲烷与氨气对全球气候变暖和酸雨贡献较大，因而近年来畜禽粪便中的这两种气体研究较多。甲烷、二氧化碳和二氧化氮都是地球温室效应的主要气体，据研究，甲烷对全球气候变暖的增温贡献大约为15%，在这15%的贡献率中，养殖业对甲烷的排放量最大。畜禽废物是最大的氨气源，氨挥发到大气中，增加了大气中的氮含量，严重时构成酸雨，危害农作物。

127. 羊场粪污对水体的污染和危害有哪些?

在某些地区，当作物不需要额外养分时，高密度羊粪便成为一个严重问题。羊粪便中除养分外，还含有生物需氧量、化学需氧量、固体悬浮物、氨态氮、磷及大肠菌群等多种污染指标。羊粪便主要用于土壤，土壤通常有好的吸收、贮存、缓慢释放养分的能力。然而，持续地运用过量养分，导致土壤的贮存能力迅速减弱，养分寻找新的途径进入河流、湖泊。另外，羊粪便还可通过渗透或废水直接排放进入水体，并逐渐渗入地下，污染地表水和地下水。排入水体中的粪便总量超过水体自然净化的能力时，就会改变水体的物理、化学性质和生物群落组成，使水质变坏，并使原有用途受到影响，不仅污染河水水质，而且殃及井水，给人畜的健康造成危害。地下水污染后极难恢复，自然情况下需300年才能恢复，造成较持久污染。

羊粪中的氮主要以氨态氮和有机氮形式存在，这些形式很容易流失或侵蚀地表水。自然情况下，大多数地表水中总的氨态氮超过标准约0.2毫克/升将会毒害鱼类，氨态氮的毒性随水的酸性和水温而变化，在高温碱性水条件下，鱼类毒性条件是0.1毫克/升。如果有充足的氧，氨态氮能转变成硝态氮，进而溶解在水中，并通过土壤渗透到地下水。同时，水体中过多的氮会引起水体富营养化，促使藻类疯长，争夺阳光、空间和氧气，威胁鱼类、贝类的生存，限制水生生物和微生物活动中氧的供给，危害水产业；影响沿岸的生态环境，也影响水的利用和消耗。人若长期或大量饮用硝态氮超标的水体，可能诱发癌症。

羊粪便中磷通常随雨水流失或通过土壤侵蚀而转移到地表水区域，磷是导致水体富营养化的重要元素。磷进入水体使藻类和水生杂草不正常生长，水中溶解氧下降，引起鱼类污染或死亡。

羊粪便中含有机质达到24%～27%，比其他畜禽粪便含量高。有机质主要通过雨水流失到水体，使水体变色、发黑，加速底泥积累，有机质分解的养分可能引起大量的藻类和杂草疯长；有机质的氧化能迅速消耗水中的氧，引起部分水生生物死亡，如在水产养殖环境中，经常因氧的迅速耗尽引起鱼死亡。此外，由于羊粪便含有机质较高，用羊粪水灌溉稻田易使禾苗陡长、倒伏，稻谷晚熟或绝收；用于鱼塘或注入江河会导致低等植物（如藻类）大量繁殖，威胁鱼类生长。

羊粪便中还含有大量源自动物肠道中的病原微生物和寄生虫卵，这些病原微生物和寄生虫卵进入水体，会使水体中病原种类增多、菌种和菌量加大，且出现病原菌和寄生虫的大量繁殖和污染，导致介水传染病的传播和流行。特别是在人畜共患病时，会引发疫情，给人畜带来灾难性危害。另外，羊粪便中激素和药物残留对水体的潜在污染也不容忽视。

128. 羊场常用清粪方式有哪些?

羊场常用清粪方式主要包括人工清粪和机械清粪两种。人工清粪的羊舍承粪层需要建成30%～50%的斜面，以便粪便能够自动落入排粪沟，方便清理。机械清粪的承粪层建成平面，距离圈舍地面0.5～0.8米高，向圈舍的一端倾斜1%～1.5%，安装自动刮粪装置。

129. 羊场粪污常用的无害化处理技术和利用方法有哪些?

虽然羊粪容易对人体健康、空气、水源和土壤环境等造成污染、产生危害，但羊粪是家畜粪肥中养分最浓，氮、磷、钾含量最高的优质有机肥，如能采用农牧结合、互相促进的处理办法，因地制宜进行无害化处理利用，做到既处理了羊粪，又保护生态环境，则可对维持农业生态系统平衡起到重要作用（图3-34）。

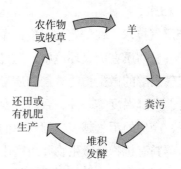

图3-34　堆肥发酵还田循环利用模式

（1）**腐熟堆肥处理技术**　羊粪中富含粗纤维、粗蛋白质、无氮浸出物等有机成分，将这些物质与垫料、秸秆、杂草等有机物混合、堆积，将相对湿度控制在65%～75%，创造适宜的发酵环境，微生物就会大量繁殖，此时有机物会被分解、转化为无臭、完全腐熟的活性有机肥。高温堆肥能提高羊粪的质量，在堆肥结束时，全氮、全磷、全钾含量均有所增加，堆肥过程中形成的特殊高温理化环境能杀灭羊粪中的有害病菌、寄生虫卵及杂草种子，达到无害化、减量化和资源化的目的，从而有效解决羊场因粪便所产生的环境污染问题。堆肥的优点是技术和设施较简单、使用方便、无臭味，而且腐熟的堆肥属迟效肥料，牧草及作物使用安全有效。

堆积发酵方法：

①条形堆腐处理膜：在敞开的棚内或者露天将羊粪堆积成长条状，高1.5～2米，宽1.5～3米，长度视场地大小和粪便多少而定，进行自然发酵，根据堆内温度人工或者机械翻堆，堆制时间需3～6个月，堆制过程中用泥浆或塑料薄膜密封，特别是在多雨地区，堆肥覆盖塑料薄膜可防止粪水渗入地下污染环境。

②大棚发酵槽处理：修筑长60～80米、宽8～10米、高1.5～2米的水泥槽，将羊粪置入槽内并覆盖塑料薄膜，利用机械翻堆，堆腐20～30天即可启用。

③密闭发酵塔堆腐处理：修筑圆柱形密闭发酵塔，直径一般3～6米，高10～15米。

（2）羊粪生产沼气技术 在一定的温度、湿度、酸碱度和碳氮比等条件下，羊粪有机物质在厌氧环境中，通过微生物发酵作用可产生沼气，参与沼气发酵的微生物的数量和质量与产生沼气的关系极大。一般在原料、发酵温度等条件一致时，参与沼气发酵的微生物越多，质量越好，产生的沼气越多，沼气中的甲烷含量越高，沼气的品质也越好。羊粪有机物经微生物降解产生沼气，同时可杀灭粪水中的大肠杆菌、蠕虫卵等。沼气可用来供热、发电，发酵的残渣可做农作物的肥料，因而生产沼气既能合理利用羊粪，又能防止环境污染，是规模化羊场综合利用粪污的一种最好形式。但在发酵过程中，羊粪不易下沉，容易漂浮在发酵液上面，不能分解，在生产实际中应注意解决这一技术问题。

（3）制成有机肥处理技术 利用羊粪中的有机质和营养元素，使其转化成性质稳定、无害的有机肥料。还可根据不同农作物的吸肥特性，添加不同比例的无机营养成分，制成不同种类的复合肥或混合肥，为羊粪资源的开发利用开辟更加广阔的市场空间。制成有机肥能够突破农田施用有机肥的季节性，克服羊粪运输、使用、储存不便的缺点，并能消除其恶臭的卫生状况。在制作有机肥时应控制粪便含水率、调节粪便的碳氮值、调节粪便的酸碱度。

（4）作为其他能源处理技术 将羊粪的水分调整到65%左右，

再进行通气堆积发酵，这样可得到高达70℃以上的温度，然后在堆粪中放置金属水管，通过水的吸收作用来回收粪便发酵产生的热量，用于畜舍取暖保温。还可以将羊粪中的有机物在缺氧高温条件下加热分解，从而产生以一氧化碳为主的可燃性气体。

（5）生物学处理羊粪技术　羊粪是生产生物腐殖质的基本原料。将羊粪与垫草混合堆成高度为50厘米左右的粪堆，浇水、堆藏3～4个月，直至酸碱度达到6.5～8.2，粪内温度达到28℃时，引入蚯蚓进行繁殖。蚯蚓具有很强的分解有机物的能力，在新陈代谢过程中能吞食大量有机物，消除有机废物的同时可以产生出多种副产品，不但具有环保价值，而且具有经济价值。

130. 羊场产生的其他废弃物如何处理和利用？

肉羊养殖产生的废弃物除了羊粪以外，还有尿液、尸体及相关组织、垫料、过期兽药、残余疫苗、一次性使用的畜牧兽医器械以及包装物和污水等废弃物。

废水（包括清洗羊体和饲养场地、器具等产生的废水）和尿液不得排入敏感水域和有特殊功能的水域，应坚持种养结合的原则，经沼气池或化粪池等无害化处理后尽量充分还田，实现废水资源化利用。

尸体及相关组织、垫料、过期兽药、残余疫苗、一次性使用的畜牧兽医器械及包装物因含有大量病原体，只有及时经无害化处理，才能防止各种疫病的传播与流行。严禁将其随意丢弃、出售或作为饲料。根据疾病种类和性质不同，尸体及相关组织按《畜禽病害肉尸及其产品无害化处理规程》（CB 16458）的规定，采用适宜方法处理。处理方法主要是销毁，即将废弃物用密闭的容器运送到指定地点焚毁或深埋。对危险较大的传染病（如炭疽、气肿疽等）的羊的尸体、残余疫苗、医疗器械，应采用焚烧炉焚毁。对焚烧产生的烟气应采取有效的净化措施，防止烟尘、一氧化碳、恶臭等对周围大气环境造成污染。不具备焚烧条件的养殖场应设置两个以上安全填埋井。填埋井应为混凝土结构，深度大于3米，直径1米，井口加盖密封。进行填埋时，在每次投入废弃物后，应覆盖厚度大于10厘米的熟石灰。井填满后，须用黏土压实并封口。或者选择干燥、地势较高，距离住宅、道路、水井、河流及羊场或牧场较远的指定地点，挖深坑掩埋废弃物。

第四章 肉羊饲草料生产及其加工配制

第一节 常用青绿多汁饲料栽培及加工

131. 肉羊常用青绿饲料来源有哪些?

青绿饲料指天然含水量较高的绿色植物,是可以用作饲料的植物新鲜的茎叶,主要包括天然牧草、人工栽培牧草、野生杂草和农作物的茎叶等。

我国的草原幅员广阔,地形复杂,草地类型多,牧草种类复杂,多数位于北方和高海拔地区。禾本科草原牧草有羊茅、鸭茅、羊草、冰草、无芒雀麦、野燕麦、老芒麦、披碱草、草地早熟禾等。豆科牧草有胡枝子、苜蓿、草木樨、野豌豆等。其他牧草有梭梭、扁穗草、嵩草、薹草(苔草)等。豆科类牧草蛋白质含量高,禾本科牧草产量大,各有优势。不同的草地类型,由于其生态环境有差异,其中的饲草植物营养成分各有千秋。天然草地中除有毒植物外,大部分都能够被羊所采食,是肉用羊青绿饲料的来源之一。

除广阔的北方草原外,我国南方主要分布零星草地、林间草地和灌丛草地,其天然可利用青绿饲料来源于野生杂草。野生杂草种类繁多,禾本科的野草,有毒植物较少,适口性好,富含糖类,但纤维素含量较高。豆科牧草营养成分高,但是多数为有毒植物,需要慎重选择。

除天然的青绿饲料来源外,人工可选择种植的牧草种类繁多,例如禾本科的有鸭茅、多花黑麦草、苏丹草、象草、杂交狼尾草、牛鞭草、高丹草等；豆科主要有紫花苜蓿、黄花草木樨、红车轴草、白车轴草、紫云英、沙打旺等。经过人工选育的饲草，生物量大、枝叶繁茂、再生能力强、适口性好，一般比野生杂草营养价值高，并可以进行多次刈割。就营养而言，禾本科牧草富含糖类，蛋白质含量一般都在8%～12%，粗纤维含量随着生长发育而逐渐增加，主要利用时期为抽穗期以前；豆科类牧草营养价值高，富含蛋白质和钙，如紫花苜蓿幼嫩时，其干物质中蛋白质高达26.1%，且利于消化吸收，是肉羊育肥不可缺少的优质饲料。

132. 青绿饲料有什么特点？

青绿饲料（青饲料）是一种营养丰富，并且营养物质含量全面，能够为肉羊肌体提供全价的营养物质，又是山羊喜欢采食、适口性好、消化率高的一种优质饲料。青饲料基本含有山羊所需的营养物质，它更有精料不能完全代替的特性。给羊饲喂青绿料，母羊的繁殖性能正常，发情整齐；公羊性欲旺盛，精液质量好；羔羊、青年羊生长发育迅速；成年羊的产奶量高，毛皮质量好，体重增长迅速，体质好，疾病少，所以青饲料是羊的基础性饲料，它对肉羊有很好的效能性作用。

（1）**蛋白质**　青饲料中蛋白质含量一般比较高，禾本科牧草与蔬菜类饲料的粗蛋白含量在1.5%～3%，豆科青饲料在3.2%～4.4%，如果按干物质计算，前者粗蛋白含量高达13%～15%，后者可高达18%～24%。由于青饲料都是植物的营养器官，一般含赖氨酸较多，故其蛋白质品质优于谷类籽实。另外在幼嫩的饲草中含有1/3的非蛋白含氮化合物，这些非蛋白含氮化合物的主要成分为氨基酸和酰胺，有助于肉羊蛋白质的合成、增长肌肉。

（2）**糖类**　青饲料中含有占干物质4%～30%的可溶性糖类，其中包括果聚糖、葡萄糖、果糖和蔗糖等，还含有20%～30%的纤维素和10%～30%的半纤维素，这两种多糖类物质可视为糖类的重要来源。而糖类又是肉羊的能量来源，充足的糖类能够保证肉羊的能量需要。

（3）**脂肪** 青饲料中还含有占干物质4%的脂肪，而脂肪是肉羊需要的高效能源物质，也是山羊需要的高能营养物质。

（4）**维生素** 青饲料中还含有丰富的胡萝卜素，胡萝卜素是维生素A的前体；还含有其他维生素，是多种维生素的主要来源。

（5）**矿物质** 青饲料含有丰富的钙、磷等矿物质，可以引起未成熟的青年母羊发情，有良好的育肥效果。

133. 如何选择合适的栽培牧草品种?

（1）**根据养殖品种选择** 不同的肉羊品种在采食特性、营养需要等方面都有一些差异，引种时首先要考虑那些适宜养殖品种的牧草。一般来说，山羊对于粗纤维的消化率比绵羊高3.7%左右，采食能力也比绵羊强，山羊可以扒开地面积雪寻找草吃，还能扒食草根。在山羊与绵羊混群放牧时，山羊总是走在前面抢食，绵羊则慢慢地走在后面吃草。在青草季节，山羊喜食嫩树叶，绵羊喜食豆科、禾本科牧草；在枯草期，山羊以吃落叶为主，绵羊以吃杂草和落叶为主。

所以养殖山羊可选择一些灌木型、生物量大和纤维素较高的牧草品种，例如豆科的马棘和多花木蓝，禾本科的高丹草和皇竹草等。而绵羊则适合一些枝叶嫩、纤维素含量较低的牧草品种，例如豆科的白三叶和苜蓿等，禾本科的鸭茅等。

（2）**根据地理气候条件选择** 牧草的生长需要一个适宜的气候条件和区域范围，违反自然规律种植牧草，其生长力就会下降甚至不能生长。

寒冷地区可选择种植耐寒的紫花苜蓿、聚合草、草木樨、黑麦草、无芒雀麦、串叶松香草、沙打旺等牧草。

干旱地区可种植耐旱的紫花苜蓿、苏丹草、沙打旺、籽粒苋、羊草、无芒雀麦、披碱草等。

炎热的地区可种植串叶松香草、苏丹草、苦荬菜等，但不宜种植无芒雀麦、披碱草、白三叶、红三叶、聚合草等。

温暖湿润的地区可种植黑麦草、苏丹草、饲用玉米、白三叶、红三叶、串叶松香草、苦荬菜、聚合草、象草等。

（3）根据土壤地质状况选择 牧草与其赖以生存的土壤关系密切，引种牧草需要充分考虑当地的土壤地质状况。碱性土壤可考虑引种耐碱的紫花苜蓿、黑麦草、串叶松香草、沙打旺、草木樨、苏丹草、羊草、无芒雀麦、披碱草等；酸性土壤可引种耐酸的白三叶等；贫瘠的土壤可引种耐贫瘠的沙打旺、紫花苜蓿、草木樨、无芒雀麦、披碱草、马棘等；土壤湿度大的可选种白三叶、红三叶、草木樨、披碱草等，但紫花苜蓿、羊草、聚合草等不宜种植。

（4）多种牧草互补性选择

①禾本科与豆科牧草搭配混播：采用这种方法播种，两类牧草的根系和叶片分布不同，吸收的养分也有差异，禾本科牧草还可利用豆科牧草根瘤菌提供的氮素，因此可显著提高牧草的产量。同时，在饲养肉羊时，还可防止因采食单一豆科牧草而发生臌气病。常用的混播组合有：苇状羊茅＋白三叶或紫花苜蓿，黑麦草＋三叶草、苏丹草＋红三叶、无芒雀麦＋紫花苜蓿、草木樨＋黑麦草等。

②不同生长季节的牧草搭配选种，实现长年供草：在温暖的春季可选择利用黑麦草、红三叶、白三叶、紫花苜蓿等，在炎热的夏季可选择利用苏丹草、串叶松香草、苦荬菜等，在寒冷的冬季可选择利用冬牧-70黑麦，或青贮饲料及干草。

（5）结合当地资源开发选择 我国各地农业资源丰富，利用潜力巨大，如果在种植牧草时考虑结合当地的资源开发，往往可以避免不必要的建设，产生事半功倍的综合开发效益。

在野生青草丰富、利用方便的地区，可减少或不必人工种植牧草；可利用野生青草主要为禾本科时，可适当种植一些豆科牧草；可利用野生青草主要为豆科时，可适当种植一些禾本科牧草；需对紫云英、马铃薯茎叶、南瓜蔓、西瓜蔓等含糖类较少的原料进行青贮时，可种植饲用玉米、黑麦草、苏丹草等富含糖类的牧草以备混合青贮。

134.　常用禾本科牧草有哪些?

（1）**青贮玉米**　一年生禾本科粮饲兼用的高产作物。秆直立且粗壮，大多青贮玉米品种株高3米左右。须根，基部节上具气生根。叶互生于茎节，长80～120厘米。耐旱抗倒伏，抗大小斑病，长势强，喜水肥。

其主要用于生产新鲜秸秆，在精耕细作和水肥条件充足的条件下，每亩[①]鲜产可达5 500～7 000千克。青贮玉米的最佳收割期为籽粒乳熟末期至蜡熟前期，此时产量最高。青贮玉米的糖分含量高，青贮后适口性较好，消化率高，饲用价值高，乳熟期干物质粗蛋白质含量10.2%。

青贮玉米一般用于青贮，也可青饲，适宜于牛、羊等草食牲畜的养殖。一般在4月土壤温度达到12℃时再播种，或者育苗移栽。每亩用种量1.5～2.5千克。青贮玉米适宜用于与冷季型一年生牧草轮作。

（2）**苏丹草**　一年生暖季禾本科高粱属草本植物（图4-1）。须系发达，入土深，可达2米。茎直立，较细，高2～3米，直径0.5～1.0厘米，茎节圆形。分蘖力强，每株15～25个。叶长50～80厘米，表面光滑。喜温暖湿润，耐旱力强，不耐寒、涝。一年可割草2～3次，亩产鲜草4 000～6 000千克。

苏丹草产量稳定，草质好、营养丰富，其蛋白质含量居一年生禾本科牧草之首，抽穗期干物质中粗蛋白质含量可达15.3%。苏丹草用于调制干草，青贮、青饲或放牧。苏丹草做青饲料时饲用价值很高，尤其是饲喂奶牛可维持高产奶量。苏丹草茎叶产量较高，含糖量丰富，可与高粱杂交，杂交后植株高大，鲜草产量更高。一般在4月土壤温度达到12℃时再播种，每亩用种量1.5～2.0千克。

---

① 　亩为非法定计量单位。1亩≈0.067公顷。

图4-1 苏丹草

（3）**多花黑麦草** 一年生禾本科草（图4-2）。根系发达致密，分蘖多，茎干粗壮，可高达1.5米。叶片长35～45厘米，叶量大。花序长35～50厘米，每小穗有小花16～21朵，芒长5～10毫米。生育期229～236天，再生力强，抽穗期、成熟期整齐一致。耐瘠、耐酸、耐盐碱、耐寒，抗病性强，适应性广，各种土壤均可种植。多花黑麦草产量高、品质好，每亩可产鲜草6 000～8 000千克，在良好水肥条件下，每亩鲜草产量可达10 000千克/亩，每亩种子产量80～120千克。

图4-2 多花黑麦草

草质优良，拔节期含粗蛋白质16.17%，粗纤维20.5%。各种畜禽及鱼类均喜采食，适口性好，消化率高。一般秋播，每亩播种量2千克，青饲、青贮均可；适宜用于粮草轮作，或作为草山草坡改良先锋植物。

（4）**饲用高粱**　一年生禾本科高粱属饲草（图4-3）。秆较粗壮，直立，高2.0～4.5米。基部节上具气生根。叶片线形至线状披针形，长60～120厘米，叶量大。单株分蘖4～6个，多者可达20～30个，再生力强。种子千粒重0.02～0.03千克。耐瘠、耐盐碱、耐热，

图4-3　饲用高粱

抗病性强，适应性广，西南中低海拔地区均可种植，在重庆地区生育期150～200天。产量高，每亩可产鲜草6～90吨，在良好水肥条件下，每亩鲜草产量可达11吨。

饲用高粱营养价值较高，抽穗期干物质中粗蛋白质含量12.5%。饲用高粱适口性好，一般用于青饲、青贮，可用于生产优质干草、草粉，适宜于牛羊等草食牲畜的养殖。一般在4月土壤温度达到12℃以上时再播种，单播每亩播种量1.0～1.50千克。饲用高粱适宜于单播，或与拉巴豆混播。

（5）**鸭茅**　多年生疏丛型禾本科牧草（图4-4）。叶量丰富，适应性强，营养价值高。成熟植株株高115～135厘米。生育期245～264天。喜温凉湿润气候，抗旱、抗寒、抗病、耐瘠薄、耐阴，各种土壤均可种植，尤其适宜于西南丘陵、山地温凉湿润地区种植。海拔600～2 500米为最适种植地区。抽穗期刈割较佳，一年可刈割3～4次，每亩产鲜草6～8吨。

图4-4　鸭　茅

鸭茅营养生长期草质极优，拔节始期粗蛋白质含量为17.68%、粗纤维28%，适口性好，再生性好，饲用价值高，放牧或刈割以后，可迅速恢复。鸭茅叶质柔软，牛、羊、兔、禽等均喜食，幼嫩时可用以喂猪。基叶繁多，叶片扁长而柔软。鸭茅可作用放牧或制作干草，也可收割青饲或制作青贮料，与三叶草共生性极好，以收干草为目的时，可与红三叶混播；若放牧利用，则与白三叶、紫花苜蓿、多年生黑麦草、高羊茅等混播为宜。种子繁殖，每亩播种量1～1.5千克。条播行距25～30厘米。温暖湿润地区一般宜秋播，鸭茅种子细小，苗期生长缓慢，播种前整地需精细，轻耙地表后镇压，施用氮肥可大幅度提高产量。

（6）**牛鞭草**　多年生禾本科草（图4-5）。根系发达致密，分蘖多，具平卧或直立的主秆，植株高矮不定，高的可达1米以上，矮的不超过40厘米。茎叶颜色有白灰色、绿色、紫色之分。具有微扁的总状花序，总状花序单独顶生或1～3枚成束腋生，小穗有1～2朵小花，小花一朵无柄，一朵有柄，同生于穗轴各节。生长周期长、生长速度快、再生力强，耐热、耐酸碱能力强，对病虫害有一定的抗性，具有较强的侵占性，结实率低，主要以无性繁殖方式生长，能在沙壤至黏壤的不同类型的土壤上生长。

图4-5　牛鞭草

牛鞭草产量高、品质好，在良好水肥条件下，种植年可刈割5～6次，再生力强，年产鲜草可达9吨/亩。草质优良，拔节期的粗蛋白质含量可达12%～14%。青饲为主，其茎叶饲喂牛、羊、兔、鱼，均表现良好的适口性，采食率在90%以上，消化率高。用生长健壮的茎段（带2～3个节的茎段）做种苗进行扦插繁殖，每亩种茎用量为150千克。牛鞭草以5~9月栽插为宜。牛鞭草适于建立人工草地，并作为草山草坡改良植物。

135. 常用豆科牧草有哪些？

（1）**紫花苜蓿**　多年生豆科牧草（图4-6）。高60～100厘米，茎直立或斜生，绿色或浅紫色，茎粗0.2～0.5厘米，多分枝。紫花苜蓿具有产量高、品质优、适口性好、适应性强等优良特性，茎秆细嫩柔软，营养含量高而平衡，是各类畜禽喜食的上等饲料，故有"牧草之王"的美誉。

紫花苜蓿喜中性土壤，酸碱度6～7.5为宜；干物质中粗蛋白质含量15%～26.2%，赖氨酸含量1.05%～1.38%；鲜草产量4 500～7 500千克/亩，干草产量1 500～2 000千克/亩，最高产量可达2 500千克/亩。

紫花苜蓿适宜在地势高燥、平坦、排水良好、土层深厚、中性或微碱性沙壤土或壤土中生长，不宜在低洼易涝和积水地方种植。播种前应结合整地，每亩施入农家肥3 000 ～ 5 000千克、过磷酸钙50千克做底肥。紫花苜蓿一年四季均可播种，在6月底以前播种一般均可安全越冬。

（2）白三叶　多年生草本（图4-7），叶层一般高15 ～ 25厘米。主根较短，侧根和不定根发育旺盛。株丛基部通常可分枝5 ～ 10个，茎匍匐，长15 ～ 70厘米，多节，无毛。叶互生，小叶倒卵形至倒心形，长1.2 ～ 3厘米、宽0.4 ～ 1.5厘米，先端圆或凹，基部楔形，边缘具钢锯齿，叶面具V形斑纹或无。茎为匍匐茎，可生长不定根，形成新的株丛，是耐践踏的放牧型牧草。花序呈头状，含花40 ～ 100余朵。全生育期为298天左右，喜温暖湿润的气候，不耐旱，喜于阳光充足的旷地，具有明显的向光性运动。在我国种植第一年亩产鲜草750 ～ 1 500千克，第二年亩产鲜草3 000 ～ 3 500千克。

图4-6　紫花苜蓿　　　　　　　图4-7　白三叶

适口性优良，为各种畜禽所喜爱。白三叶干物质中粗蛋白质含量为28.7%，矿物质含量为11.8%，干物质的消化率一般都在80%左右。白三叶春秋均可播种，播种量每亩0.25 ～ 0.5千克。白三叶草多用于混播草地，适于建立人工草地，它也是温暖湿润气候区进行牧草补播、改良天然草地的理想草种之一。

（3）红三叶　多年生草本植物，一般株高30 ～ 50厘米（图4-8）。适宜年降水量600毫米以上，≥10℃的年积温的丘陵、平坝或山地。喜凉爽湿润气候，最适生长温度为20～25℃。不耐热，夏季高温生长不良。耐阴能力强，喜湿润环境，抗旱能力与土层厚薄有关，土层深厚的地方抗旱能力强。耐水淹，适宜酸碱度为5～7。排水通畅、土质肥沃，并富于钙质的黏壤土适宜种植。耐盐碱能力差。开花期含粗蛋白质22.4%～24.9%、粗脂肪3.0%～3.7%、粗纤维20.0%～37.1%、无氮浸出物38.5%～39.9%，年固氮量7～14千克/亩。注意在红三叶比例较大的草场放牧家畜有患鼓胀病的危险。耐牧性较差，适于调制干草或采用加盐半干青贮法制作青贮料。

适于条播或与黑麦草、鸭茅等混播。西南地区一般在5月下旬至6月中旬雨季来临后播种，其他地方春播、秋播均可。单播用种量0.6～1千克/亩，混播用种量0.2～0.4千克/亩。种子硬实率一般为10%～20%。

图4-8　红三叶　　　　　　　　图4-9　野豌豆

（4）**野豌豆**　一年生草本植物（图4-9），主根肥大，侧根发达，根上着生粉红色球状根瘤和根蘖枝，根蘖枝条数2～8个，分枝多，每株10～100个；茎斜生或攀缘，长可达140厘米，茎叶深绿色，茸毛稀少，叶为偶数羽状复叶；花1～3朵生于叶腋，花梗短；花冠蝶形，呈紫色或红色；荚果条形稍扁，呈黄褐色，内含圆球形、黑褐色或黑色种子7～12粒，易裂，种子千粒重0.05～0.07千克。喜温凉湿润气候，耐寒、耐旱、耐瘠薄；再生能力强，生长速率快，可刈割2～3次，亩产干草654千克，亩产种子57千克。

野豌豆产量稳定，草质好、营养丰富，适应性强，固氮作用明显。初花期干物质中粗蛋白质含量可达21%，含粗纤维21.0%、中性洗涤纤维（NDF）33.5%、酸性洗涤纤维（ADF）24.7%、粗灰分9.9%、钙1.23%、磷0.24%。草质柔嫩，适口性好，为各种家禽、家畜所喜食。野豌豆可青饲，也可调制干草或青贮料。野豌豆是良好的绿肥牧草植物，可与水稻、烤烟轮作，或作为生荒地的先锋植物，有良好的抑制杂草和培肥作用。秋播、条播或者撒播，播种量5千克/亩，行距30厘米。野豌豆也可在冬闲田与多花黑麦草混播，增加土地复种指数并对后作的增产效果明显。

（5）多花木兰　多年生豆科灌木（图4-10），生于山坡草地灌丛中、水边和路旁。生育期为176～215天，高80～220厘米，茎直立。适宜于亚热带、暖温带中低海拔广大地区栽培种植。多花木兰生长速度快，根系发达，固土力强，抗旱、耐瘠，对土壤要求不严，在酸碱度4.5～7.0的红壤、黄壤和紫红壤上均生长良好，能改良土壤、增加土壤肥力，是优良的水土保持植物。多花木兰蛋白质含量高，嫩枝和叶片质地柔软，具有甜香味，适口性好。

多花木兰适宜春播，在春季温度超过18℃时即可播种。同时，由于其种子有较硬的外壳，所以其发芽率较低，宜采用机械摩擦法或者将其置于70℃热水中浸泡5～10秒进行种子预处理。条播或者育苗移栽均可，条播行距0.5～0.8米，每亩播种量2～2.5千克，浅表覆土少量。

图4-10　多花木兰

136. 种植牧草如何收割才能获得较高产量和营养价值?

由于不同生育时期的牧草产量不同,质量也有很大差异。一般情况下,随着生长阶段的延长,牧草的粗蛋白质含量也就随之降低,而不易消化的粗纤维含量则会显著增加。牧草刈割时期一般是根据饲喂需要来确定,同时考虑牧草本身的生长情况,刈割太早,牧草产量低,不利于牧草再生;刈割晚,牧草草质粗老,营养下降。确定最适刈割期,既不能只根据产量,也不能只看质量,而应把两者结合起来。禾本科牧草一般在初穗期进行刈割,豆科牧草多在花前或抽穗前刈割,这样既能获得较高的产量,同时牧草营养也最为丰富。

刈割次数与程度要注意适度,不能过分的刈割和过多的刈割。过分的刈割是指牧草刈割时留茬太低,如同刮地皮一样刈割利用,破坏了牧草的生长点,不利于牧草的再生;过多的刈割就是增加了牧草的刈割次数,这样所造成的后果必然是牧草地的衰退。正确的刈割一般留茬高度为5 ~ 10厘米,一、二年生牧草根据其生长一般每年刈割3 ~ 4次,多年生牧草一年最多5 ~ 6次。

137. 什么是草田轮作? 草田轮作有什么好处?

简单地说,草田轮作就是引草入田,将牧草与作物在一定的地块、一定的年限内,按照一定的顺序进行轮换种植的一种合理利用土地的耕作制度。如利用苜蓿、三叶草、黄花草木樨等豆科牧草和多花黑麦草、牛鞭草、扁穗雀麦等禾本科牧草进行单播或者混播,以促进土壤团粒结构形成以及土壤肥力的恢复和提高,并给畜牧业提供优良饲料。

草田轮作能够不断提高土壤肥力和农作物产量;能够为牲畜提供大量的优质饲草、饲料,促进农牧结合,增产增收;能够减少化肥投入,减轻杂草和病虫害,节省劳力,提高土地产出率和劳动生产率;能够充分利用土壤地力、地上空间和水热条件。

138. 草田轮作有哪几种形式及具体搭配方法是什么?

（1）**传统的草田轮作** 一种通过耕地的休闲、轮歇、压青等，恢复地力后再种植农作物的轮换形式，该轮作方式由来已久，沿用至今，是现代草田轮作的雏形。它的好处是普及面广、年限短、周期快，缺点是不够科学，收益很低。

（2）**密集农业的草田轮作** 一种通过对牧草间、混、套、复、单等填闲耕作，在小范围内充分利用时间和水热条件，达到既增加土壤肥力，又增加收入的先进而科学轮作形式。这种轮作方式集中在灌溉地区，如河套地区和西辽河平原灌区等。具体的轮作形式有：

①间种轮作：两种不同的作物或牧草隔行种植，定期轮换。

②混种轮作：将两种以上的牧草或作物的种子按比例均匀地掺合在一起，同时播种。有一、二年生牧草与作物的混种，也有多年生豆科牧草与作物的混种。

③套种轮作：在作物没有收获之前就播种牧草。如玉米间种小麦，小麦套种草木樨。一般玉米两行或四行，小麦六行或两行。

④复种轮作：在作物收获后进行翻耕、平整土地（也有不翻地的）再种植牧草或作物。

⑤单种轮作：在小块土地上种植高产优质牧草，几年后再轮种作物。如小麦套种紫花苜蓿，紫花苜蓿5年后再轮种大田作物。

（3）**经典草田轮作的作物–牧草搭配模式** 根据不同种植区域，总结出如下的几个经典草田轮作的作物–牧草搭配模式：

①南方水稻种植区冬季填闲轮作：水稻–绿肥系统，水稻–黑麦草系统等。

②南方旱作区冬季填闲轮作：玉米–紫云英系统，玉米–箭舌豌豆系统，玉米–（2/3豆科牧草+1/3禾科牧草）系统，烤烟/小麦–箭舌豌豆系统等。

③北方地区填闲轮作：春小麦–箭舌豌豆/燕麦系统，燕麦–

马铃薯系统等。

④北方纯农作区草田轮作：冬小麦－绿肥系统，冬小麦－绿肥－棉花系统，棉花－冬小麦－绿肥－冬小麦系统，冬小麦－草木樨－玉米系统，冬小麦－（2/3玉米+1/3草木樨）－大豆系统等。

139. 常见牧草病害有哪些？如何防治？

（1）**禾本科锈病**　由禾秆锈菌导致的，其表现为植株地上部分均可感染，以茎秆和叶鞘感染最为严重，病部出现较大的长圆形疱症，以后出现黄褐色粉末状孢子堆，后期变黑褐色（图4-11）。较高的温、湿度容易导致锈病的发生，易导致饲草适口性差、利用率低，可引起家畜中毒。防治方法是在发病期内每7～10天喷施一次药物，主要药物有粉锈宁、萎锈灵、吡锈灵、代森锌、甲基硫菌灵等。

（2）**豆科白粉病**　其主要危害植株的叶片、叶柄、茎秆和荚果等，病部出现白色粉霉状斑（图4-12）。白粉病在发病初期病斑小，后扩大呈不规则形病斑，互相连合，病部表面被白粉覆盖，中间为淡黄至褐色小点。该病易在日照充足、多风、土壤和空气湿度中等、较高海拔等条件下发生；一般在利用不及时、建植时间较长的草地上发生。可用甲基硫菌灵、苯来特喷施，硫黄粉（每亩2.5千克）撒施。

图4-11　禾本科锈病

图4-12　植株白粉病

140. 常见牧草虫害有哪些？如何防治？

（1）**草地黏虫** 黏虫发生的数量和危害程度，受气候条件、食物营养、生产活动及天敌的影响很大。雨水多的年份，天敌少的新建草地、种群单一草地，尤其禾本科为主的草地易发生。

通过物理、化学和生物方法对草地黏虫进行捕杀或中断繁殖。在蛾子数量较多时，用酸甜气味的诱捕剂（如糖醋液＋杀虫剂）诱杀成虫，也可用诱捕灯诱杀成虫，但安装诱捕灯成本较大；诱捕剂和诱捕灯配合使用，效果更佳。从产卵初期开始，在草地上插设草把，每隔3～5天带出草地烧毁，并更换新草把，至产卵结束。用敌百虫、辛硫磷、溴氰菊酯等药剂喷施，喷施剂量可根据虫害发生程度做适当调整。也可以在虫害发生初期，采用增大家畜放牧密度、牧鸡等方法控制小范围虫害，以预防虫害大规模暴发。

（2）**蚜虫** 蚜虫最易在适宜温度（16～23℃）、湿度（相对湿度60%～70%）下暴发。全国各地蚜虫都非常常见，尤其在苜蓿田中。

常采用药剂杀灭的方法进行防控，可用马拉硫磷乳液、乐果乳液、辛硫磷乳液、敌百虫、西维因等药物单独或配合喷施，必要时可加大剂量。

141. 如何防治杂草？

在草地建植前，通过喷施灭生性除草剂、人工拔除、火烧、翻耕等方式除掉杂草；播种期间，对拟播种牧草种子进行种子检疫，防止杂草进入；在播种后至出苗前，喷施灭生性化学除草剂，杀死生长的杂草；幼苗期，主要通过人工拔除杂草；成坪期，通过喷施选择性除草剂、人工拔除、机械刈割、生物防治等方法去除杂草。

142. 如何保证肉羊养殖过程中一年四季青饲料不中断？

要养好肉羊，就要有充足的饲料，因此必须广开饲料来源，保证肉羊饲料常年不中断。在解决肉羊饲料来源问题上，广大牧民在实践中积累了丰富的经验。他们的措施是：广泛收集、种植放养和加工贮存。就是在天然野草生长旺季，收集大量野草、树叶，进行加工贮存，同时还可因地制宜，种植一些高产青饲料。加工贮存方式，大体有三种：一是晒干贮存，将夏秋季节羊吃不完的大多数青绿饲料晒成青干草，供羊利用；二是制成青贮料，将优质青草等进行青贮，在冬季代替青料喂羊；三是窖藏部分新鲜的青饲料和多汁饲料，以备补料之用。

实践证明，为合理解决羊的饲料来源，还要做好三项工作。

一是充分利用自然资源，广泛收集饲料：绿色的野草和树叶，既受羊的喜爱，又富含营养，应充分利用。在牧地多、草质好的地区，应划区轮牧。要保护好草山草坡，改良好草场。还要抓紧时机收集饲草，进行加工调制。在牧地少、草质差的地区，除延长羊的放牧时间外，也应将树叶、野草收集回来喂山羊。群众的经验是："下地不空手，回家不空篓""突击采集与经常收集相结合"。

二是农牧结合，大搞饲料生产：适当种一些豆科牧草，既培养了地力，又提供了蛋白质、维生素饲料，从而促进农牧双丰收。

三是及时加工贮藏：充分利用农副产品，特别是植物的秸秆、叶蔓和秕壳。这类饲料历来就是饲养山羊的粗饲料，应在收集粮食作物的同时，积极收集这类饲料，应将其充分加工利用起来。若要干贮应尽快晒干和堆好；若要青贮应尽早调制，以保存更多的养分。

143. 青贮饲料有什么优点?

将新鲜的青绿饲料铡碎后在密闭无氧的条件下，通过微生物发酵和化学作用而调制成的饲料称青贮饲料。青贮饲料具有以下好处。

（1）保持青绿多汁饲料的营养　青贮饲料是肉羊冬春季节维生素、矿物质及蛋白质的重要来源，优质青贮饲料一般营养损失不超过15%，并能够大量地保存胡萝卜素。

（2）改善饲草品质　收完种子的玉米秸秆青贮同玉米秸秆相比，粗纤维含量下降了，而粗蛋白质含量却增加了。

（3）改善饲草适口性　青贮饲料具有酸香味、适口性好、易消化吸收的特点，并有轻泻作用。有些植物晒干后气味特殊、质地粗硬，如马铃薯秧、蒿属等，青贮后适口性会有很大程度的改善。

（4）原料易得　制作青贮饲料的原料广泛、成本低。

（5）方便贮藏　青贮饲料单位容积贮量大，需要的贮藏空间较小。如1米³的青贮料重为450～700千克，其中干物质150千克，而1米³干草仅重50～70千克（干物质60千克左右）。青贮过程几乎不受风吹、日晒、雨淋等的影响，也不会发生火灾事故。在冬春季节肉羊饲草料缺乏时，青贮是提供多汁饲料最便宜的方式。

（6）消灭病菌　青贮发酵后，可使其中所含的病菌、虫卵和杂草种子失去生活力，可减少对农田的危害。

144. 常见的青贮原料有哪些？

大多数的禾本科鲜草均可用于青贮，常用的有青贮玉米、黑麦草、牛鞭草、苏丹草和王草等，常见的农作物青贮原料有玉米和高粱的植株。

一些动物不愿意采食的杂草、野菜和树叶等，青贮后可以变成肉羊喜爱的饲料，如向日葵、菊芋、蒿草等。

豆科牧草由于糖分含量低、蛋白质含量高，不容易青贮。一般的豆科牧草有红三叶、白三叶、紫云英、苜蓿、沙打旺等，只有降低水分或与其他易于青贮的原料混贮或添加富含糖类的饲料或加酸，青贮才能成功。

145. 如何确定羊场青贮窖大小？

羊场应建多少个青贮窖，每个青贮窖容积要建多大，主要根据饲养的山羊数量、原料等来决定。生产上还要根据机具、人力和每天取用青贮数量来决定。在生产中使用较多的是长方形青贮窖。

确定羊场青贮窖大小的方法如下：

（1）**计算青贮料的量**　按每只成年羊每天消耗3千克计算，每只成年羊每年消耗青贮料大约为1 000千克；未成年羊按500千克计算。

所需青贮料量（千克）＝成年羊数（只）×1 000（千克/只）＋未成年羊数量（只）×500（千克/只）。

（2）**计算青贮窖的容积**　每立方米青贮料重量随着青贮原料、压实程度不同而有所差异，一般叶菜类、紫云英、甘薯块根等为700～750千克/米^3，牧草、野草600千克/米^3，青贮玉米500千克/米^3，青贮玉米秸450～500千克/米^3。

所需青贮窖池容积（米^3）＝青贮料量（千克）/500（千克/米^3）。

（3）**确定青贮窖的尺寸**　青贮窖的高度一般为2～3米，适宜宽度取决于每天消耗的青贮料量，长度由饲喂青贮料天数来决定，以每天取料的挖进量不少于15厘米为宜，窖的开口宽度一般为2～3米。

146. 制备青贮饲料的关键因素有哪些?

制作青贮饲料的主要过程包括：青贮原料的刈割→原料水分调节→切碎→装填→压实→密封。

（1）**原料选择**　优质的青贮原料是制作优良青贮饲料的基础。青贮的质量除了受到原料品种、种类的影响外，收割的时期、有无病虫害也是直接关系到青贮成败和品质的关键。适时的收割时间能够使得饲草的水分和糖类含量相当，营养成分最好，有利于乳酸菌发酵。

（2）**水分控制**　水分调节是制备青贮饲料的关键环节，通常青贮原料的含水量为70%～80%或者更高，要调制出合适的青贮饲料，就必须要对原料的含水量进行调节。水分过高的原料，应该先晾晒凋萎，使得其水分含量达到青贮标准再进行青贮。有的地区由于雨水过多，空气湿度大，可利用干草进行调节。

（3）**原料加工**　青贮原料切碎的目的是便于青贮的压实、增加饲料密度和利于乳酸菌的生长发育，可以显著提高青贮的品质。通常对于肉羊来说，玉米和向日葵等粗茎植物可切成0.5～2厘米，禾本科和豆科牧草及菜叶鲜嫩多汁饲料可切成2～3厘米。

（4）**装窖要求**　切碎的原料应该层层压实，注意青贮发酵池边缘地区不能有空隙，压得紧实利于造成厌氧环境，利于乳酸菌发酵。原料装填完成后，应立即覆盖青贮窖，做到不透气、不渗水，阻止空气和雨水渗入。青贮饲料一般经过40～50天的密封发酵即可开窖使用。

147. 怎样判断青贮原料的水分？

青贮原料的含水量是青贮成败的关键因素之一。一般制作青贮饲料时，适宜的含水量为70%左右。

生产中常采用"手抓法"来判断粗略的含水量：将铡碎的原料（1～2厘米）在手里紧握成团，半分钟后把手松开，若料团不散开，且有较多的汁液渗出，含水量大于75%；若草团不散开，但渗出的汁液很少，含水量为70%～75%；若草团慢慢散开，无汁液渗出，含水量为60%～70%；若草团很快散开，含水量则低于60%。

调整方法：若青贮料含水量较高（75%～85%），可加入干草、秸秆、谷物等含水量较低的草料或稍加晾晒，以降低含水量；若含水量低于60%，可加水调整含水量，或与嫩绿新割的草料混合装填。

148. 常用于青贮制备的添加剂有哪些？如何使用？

在青贮原料中加入适当的添加剂是为了更有效地保存青饲料的品质和提高其营养价值。

青贮的添加剂可分为四类：第一类是乳酸菌发酵促进剂；第二类是不良发酵抑制剂；第三类是好氧性变质抑制剂，主要用于防止青贮饲料的二次发酵；第四类是营养性添加剂，是指为了改善青贮饲料营养价值，以便更好地满足家畜营养需要的青贮添加剂。

（1）**乳酸菌发酵促进剂** 该类添加剂包括富含糖类的原料、乳酸菌和酶制剂三种，主要用于提高原料中可溶性糖的含量，给乳酸菌创造良好的发酵条件。作为原料的添加，根据主原料的含糖量而定，可添加糖蜜或者粉碎的玉米、高粱和麦类，一般添加糖蜜量为原料重量的1%～3%，碎谷物添加量为3%～10%。添加乳酸菌是为了让原料中的乳酸菌能够迅速繁殖，一般每100千克青贮中添加乳酸菌培养物0.5升或者菌剂0.45千克。

（2）**不良发酵抑制剂** 能抑制微生物的生长，目前生产中普遍应用的是甲酸和甲醛。通常含糖量少、不易青贮的原料可适当添加甲酸。生产过程中，一般禾本科草料甲酸的添加量为0.3%，豆科饲草为0.5%，混播饲草为0.4%。甲醛是常用的消毒剂，它的添加量根据青贮原料的蛋白质来定，通常0.1千克粗蛋白质添加甲醛4～8克，或是按照原料干物质的1.5%～3%添加甲醛溶液。

（3）**好氧性变质抑制剂** 主要是抑制青贮的二次发酵，包括丙酸、乙酸、山梨酸等。一般生产中用的是丙酸，其对抑制青贮饲料的好气性变质非常有效，通常添加量为0.1%～0.2%。

（4）**营养性添加剂** 主要用于改善青贮饲料的营养价值，对青贮发酵一般不起作用。生产当中常用于蛋白质含量较少的禾本科饲草的青贮过程，添加尿素可以起到补充蛋白质的作用。

149. 常见杂蔬和树叶类饲料有哪些？饲喂需要注意什么？

农田作物来源广泛，例如玉米、高粱植株、甘薯的茎叶（图4-13）、油菜植株、蚕豆植株、白菜、甘蓝等。多数树木的叶子及其嫩枝和果实均可作为山羊的饲料来源，例如优质的紫穗槐叶、洋槐树叶（图4-14）、松针等，它们还是羊的蛋白质和维生素的很好来源。青嫩的树叶易于消化，营养成分高。由于该类饲料一般为生产过程中的边角料或树叶，最重要的是做好清洗工作，同时保持饲料的新鲜度，以防在饲养过程中饲料细菌含量超标导致羊群出现痢疾等病症。

图4-13 甘薯叶

图4-14 洋槐树叶

150. 水生饲料的具体类型有哪些？如何饲喂？

水生植物包括空心莲子草（水花生）、水浮莲、水葫芦、绿萍等（图4-15、图4-16），其细嫩多汁，营养成分较高，生长快、产量高，且不占用耕地，可在农民家中闲塘或者河流流域中收集。但由于其水分含量高，通常可达90%左右，以及其特殊的生长环境，该种饲料在饲喂中易感染寄生虫，通常最好制备为干草后利用。

图4-15 空心莲子草

图4-16 水浮莲

151. 根茎类饲料有哪些？如何饲喂？

根茎类饲料是家畜植物性饲料中多汁饲料的块根类饲料和块茎类饲料的总称，主要有胡萝卜、白萝卜、甘薯、马铃薯、饲用甜菜等（图4-17、图4-18）。根茎类饲料体积大，含水量高达75% ~ 90%；适口性好，能刺激羊的食欲，有机物质消化率高；粗纤维和粗蛋白质含量低；矿物质含量中钙含量比禾本科高，缺少磷、钠，含丰富的钾；维生素含量因种类不同差别较大；干物质中富含淀粉和糖，是冬季不可缺少的多汁饲料，也是肉羊冬春季补充胡萝卜素的重要来源。该类饲料在鲜用或者单独饲喂时，由于干物质及养分不能满足羊日常营养需要，必须与其他饲料配合使用。

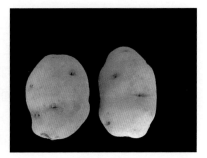

图4-17 萝卜 | 图4-18 马铃薯

152. 天然牧草的采收和贮存方法有哪些？

天然牧草通常在养羊的过程当中采取放牧策略利用。但如果草场质量佳，产草量大，可以采取两种方式：一种是在生长旺盛期收割，经过晾晒制备为干草打捆堆砌保存，以备冬季饲养使用；二是在秋冬交替时，待牧草凋萎以后作为干草刈割贮存。二者根据养殖户自身饲草贮存空间和饲喂方式不同择优选择，前者饲草采收营养价值和产量都比后者高，但是需要大规模的贮存场地，后者反之。

153. 羊容易误食的有毒杂草有哪些？

羊采食有毒植物通常发生在肉羊的放牧过程中，幼羊和青年羊在放牧时由于采食经验不足，易采食白头翁、藜芦、大戟、狼毒、毒芹、岩黄芪等幼苗或者植株，这些幼苗或植株极易引起中毒。同时，一些有毒的叶子，例如野桃树叶、苦杏树叶、蓖麻叶、大麻叶等，特殊的有毒农作物幼苗，例如高粱幼苗、荞麦，在采食过多时也都会出现中毒症状，在饲养过程中应加以防范。

第二节 肉羊用粗饲料特点及生产

154. 干草有什么特点？

干草是指青草或青绿饲料作物在结籽前收割干燥后的饲草。这种饲草由于由青绿植物制成，同时在干制后仍保留一定的青绿颜色，所以也称为青干草。

干草具有营养物质丰富而全面、消化率高、适口性好等特性。

155. 如何制备干草？

青干草是用来饲喂山羊的一种主要饲料。特别是天然牧草缺乏的地区和野草生长少的冬季，用青干草喂山羊是解决饲料缺乏的一种有效措施。青干草不仅可以用作山羊的维持饲料，还可作为山羊的生产饲料。在生长中的青年山羊，繁殖中的公、母山羊和泌乳中的母山羊的日粮中使用优质干草，都有较好的效果。所以制作大量优质干草，以保证全年饲料均衡供应，应是稳步发展山羊业的重要措施。

青干草的调制一般多采用自然干燥的方法，包括田间干燥法、架上晒草法和褐色干草等。

（1）田间干燥 该方法就是将青草刈割以后，即可在原地或另选一地势较高处将青草摊开晒，每隔数小时将晒草适当翻晒，以加速水分蒸发，待含水量降到50%左右时，就可把青草堆集成1米高的小堆，任其在小堆内逐渐风干，并在小堆外层盖以塑料布以防恶劣天气的影响，待天晴时，再倒堆翻晒，直到干燥为止。在田间晒制干草，可根据当地气候、牧草生长、人力和设备条件的不同而采取平铺晒草、小堆晒草或者两者结合等方式进行，以能更多地保存青饲料中的养分为原则。

（2）**架上晒草** 雨多地区或逢阴雨季节的晒草宜采用草架上干燥的方法。草架以轻便坚固，并能拆开为佳。在架上晾晒的青草要放成圆锥形或屋脊形，要堆得蓬松些，厚度不超过70～80厘米，离地面应有20～30厘米的距离，堆中应留通道，以利空气流通，外层要平整并保持一定倾斜度，以便排水。在架上干燥时间需1～3周，根据天气而定。

（3）**褐色干草** 晒草季节如遇阴雨连绵，可将已割下的青草平铺风干，使含水量减到50%左右，然后分层堆积3～5米。为防止发酵过度，应逐层堆紧，每堆撒上占青草重量的0.5%～1%的食盐，调制褐色干草需30～60天过程才可完成。也可适时把草堆打开，使水分蒸发。

156. 如何鉴定干草的品质？

干草的品质主要通过以下几个方面来进行衡量，其中包括：干草的含水量，干草的植物成分，收割时牧草的发育时期，干草的含叶量和羊不能采食的牧草所占的比重，干草的颜色和气味，茎的松软程度，草屑和其他夹杂物等。干草的含水量直接决定着干草品质的好坏，而其他因素实际上与干草的适口性、营养物质的含量是相关的，在很大程度上与羊对干草的消化率也是相关致的。

生产实践中由于受条件限制，通常通过感官来鉴定干草的品质（表4-1）。

表4–1 干草品质鉴定

牧草类别	等级		
	一级	二级	三级
豆科	颜色鲜绿、灰绿，味芳香，无发霉、结块，无沙土，含水量17%以内	颜色淡绿、黄绿，无发霉、结块，含水量17%以内	颜色黄褐、暗褐，无味，无发霉、结块，含水量17%以内
豆科与禾本科	颜色鲜绿、灰绿，味芳香，无发霉、结块，无沙土，含水量17%以内	颜色淡黄色，无味，无发霉、结块，含水量17%以内	颜色暗绿色，无味，无发霉、结块，含水量17%以内
禾本科	颜色黄绿，无发霉、结块，无沙土，含水量17%以内	颜色暗绿，无发霉、结块，含水量17%以内	颜色黄褐，无发霉、结块，含水量17%以内

157. 干草应该怎样贮存?

（1）**堆垛** 将干草在草棚内压实堆垛保存。在室外选择地势干燥、平坦、取送方便的地方，按照干草的多少，堆垛成圆形或长方形，底层铺设10厘米厚的麦秸，草垛高3米左右，顶部呈尾顶状，上方加麦草10厘米或盖塑料薄膜，用泥抹封顶。

（2）**打捆** 有条件时，将干草打成捆，在室内或室外加盖堆放。

158. 哪些植物秸秆可以用来喂羊?

秸秆是指农作物收获种子以后的植株残留体，包括其中的茎秆、枯叶、种壳等。按照原料的不同，可以分为谷物秸秆、油料作物秸秆、豆类秸秆和其他秸秆。

（1）**谷物秸秆** 玉米秸秆营养价值高，适口性好，比较适合于养羊；水稻和小麦秸秆由于质量差，能量低，适口性也差，羊不喜食。

（2）**油料秸秆** 主要是油菜、花生、芝麻和向日葵类秸秆，油料秸秆的粗蛋白质含量较高，粗脂肪仅仅稍低于豆秸，十分适合养羊。但是由于油料秸秆有较重的异味，可以选择适当处理，例如粉碎添加进日料中或者青贮后再进行饲喂。

（3）**豆科秸秆**　种类较多，相较于禾本科秸秆来说其蛋白质含量较高，豆科秸秆中又尤其以蚕豆秧最好，其粗蛋白质含量可以达到14.6%。

159. 如何处理和高效利用秸秆？

由于秸秆纤维素高、粗蛋白质低、维生素和矿物质缺乏以及消化率低等特点，将其直接利用的效果并不理想，通过物理、化学和生物的方法调制以提高秸秆的消化率是改善秸秆饲料发展的唯一途径。秸秆饲料的加工方法主要包括三大类：物理处理法、生物处理法和化学处理法。

（1）**物理处理法**　利用水、机械和热力等作用，使得秸秆软化、破碎、降解，便于家畜咀嚼和消化利用。常用方法有切短、粉碎、揉碎、浸泡、蒸煮、热膨化和制作成为成形的颗粒饲料。

（2）**生物处理法**　利用微生物活动来处理秸秆饲料，主要方法有秸秆黄贮和真菌处理。生产中主要运用手段多为秸秆黄贮，其处理方法与青贮类似。

（3）**化学处理法**　包括氨化处理、碱化处理、生化发酵处理、氧化处理和酸化处理。由于处理过程中会使用强酸、强碱等化学物质，一般生产中不太推广。

第三节　**肉羊用精饲料**

160. 加工副产品类廉价饲料有哪些？

（1）**糠麸类饲料**　主要是谷物的加工副产品，主要由将实中的种皮、糊粉层和胚三部分组成，它的营养成分与谷物的加工过程有关系，一般种皮比例越大，营养价值越低。但糠麸是B族维生素的良好来源，较高的粗纤维也有助于肠道蠕动。米糠是羊的好饲料，但由于其粗脂肪含量较高，过量会引起腹泻，饲喂中应注意。

（2）植物蛋白性饲料　主要包括饼粕类和糟渣类。

饼粕类饲料是豆科和油料作物的籽实制油后的副产品。由压榨法制油后的产品为油饼；用溶剂浸提油后的产品为油粕。饼粕类饲料含有较高的蛋白质，一般为30%～45%，且品质优良，脂肪含量高，有效能也高；无氮浸出物一般低于谷实类；其他成分含量较相应的籽实高，富含B族维生素，但缺乏胡萝卜素和维生素D。该类饲料包括：大豆饼粕、棉籽饼粕、菜籽饼粕、花生饼粕、胡麻饼、葵花籽饼粕、芝麻饼粕。

酒糟因经过高温蒸煮、微生物菌种糖化、发酵，所以晒干后质地柔软、卫生、适口性好，其中啤酒糟又称为麦糟，是啤酒生产中的最大的一宗下脚料。需要注意的是，酒糟中残存乙醇、游离乳酸等，长期大量饲喂易引起乙醇中毒。

161. 如何存放加工副产品类饲料？

不同类型的加工副产品，由于水分、糖分含量和所含菌群的不同，对于存放管理有着不同的要求。

（1）糠麸类饲料应放置于阴凉干燥处，控制所处环境温度在较低水平，含水量不应超过14%。同时，由于其营养价值较高，也比较易生虫，应采取密封保存。一般条件下（非冷藏环境）最长保质期为1个月。

（2）饼粕类饲料由于缺乏细胞膜的保护作用，营养物质易外漏，易感染虫、菌，因此保管时要注意防虫、防潮和防霉。最好进行冷藏保存，入库前要切实做好消毒工作。垫糠干燥、压实，厚度不少于20厘米，同时控制含水量在5%左右。

（3）酒糟则需要密封保存，以防其再次发酵。密封保存的酒糟一般能保存半个月左右。开封的酒糟,应该根据气温和保存环境在1～3周内用完。

162. 如何选择优质的高蛋白类饲料?

在配制山羊特别是奶用山羊的日粮时,经常将籽实类饲料作为能量和蛋白质的补充饲料。常用的籽实有禾本科的玉米、燕麦、高粱、稻谷等;豆科有大豆、蚕豆、豌豆等。

禾本科籽实饲料无氮浸出物含量高,占干物质的71.6%～80.3%,而且其中主要是淀粉,能量含量高,故又称能量饲料。禾本科籽实是山羊,特别是奶用山羊日粮中主要能量饲料来源。禾本科籽实的蛋白质含量占8.9%～13.5%(占干物质),在蛋白质中,某些必需氨基酸,特别是赖氨酸与蛋氨酸的含量分别为0.31%～0.69%、0.16%～0.23%。禾本科籽实脂肪含量少,矿物质中缺乏钙,含量一般都低于0.1%,而磷的含量可达0.31%～0.45%。谷实中所含的磷,有相当一部分属于肌醇六磷酸盐(植物盐)。禾本科籽实含丰富的B族维生素和维生素E,缺少维生素A和维生素D。

豆科籽实饲料蛋白质含量丰富,一般为20%～40%,且蛋白质品质好,特别是赖氨酸含量比较高,蚕豆、豌豆分别为1.80%与1.76%,是山羊日粮蛋白质的主要来源。但是,豆科籽实热能含量较禾本科籽实低。豆科籽实的磷含量高于钙,缺乏胡萝卜素。所以使用豆科籽实作为山羊日粮配合饲料时,应该与富含热能和维生素的饲料搭配饲喂。此外,常用豆科和油料作物籽实制油后的副产物作为羊日粮蛋白质的主要来源,如大豆饼粕、菜籽饼粕、棉籽饼粕、花生饼粕、芝麻饼粕、葵花籽饼粕等。

在生产实践中,禾本科籽实与豆科籽实搭配喂饲只能起到营养互补的作用。但要提高饲料的利用价值,就要注意对这类饲料的调制,增加其适口性和消化性,提高这类饲料的转化效能。

第四节 肉羊用饲料添加剂

163. 肉羊用饲料添加剂有哪些?

肉羊的饲料添加剂是生产中为了补充或平衡饲料营养,提高饲料的适口性和利用率,促进羊的生长和预防疾病,在饲料的加工、贮存、调配、饲喂过程中添加的微量或少量的物质。肉羊用饲料添加剂一般分为两大类:营养性添加剂和非营养性添加剂。

用于补充和平衡羊必需的营养,维持其生理功能的添加剂称为营养性添加剂,主要包括矿物质类添加剂、非蛋白氮添加剂、维生素类添加剂、氨基酸添加剂等。本身无营养价值,但可以维持羊的健康,提高饲料及畜产品质量的一类添加剂称为非营养性添加剂,主要包括瘤胃代谢调控剂、瘤胃缓冲剂、中草药添加剂、饲料贮存、调味及着色剂等。

164. 肉羊饲料中为什么要添加非蛋白氮添加剂?

肉羊是反刍动物,有4个胃,其中最大的瘤胃中共生有大量的细菌和纤毛虫。它们能够有效地利用非蛋白氮中的氮素,合成大量的优质菌体蛋白。菌体蛋白进入真胃和小肠中被消化酶分解成氨基酸,经肠道壁吸收,成为动物蛋白质营养的重要来源。菌体蛋白的化学成分与大豆蛋白相似,消化率可以达到74%。在饲料中添加少量的非蛋白氮饲料,不仅能够节省大量的饼粕等蛋白质饲料,还能大幅度降低饲料成本。非蛋白氮饲料主要有尿素、尿素盐砖、异丁基二脲、磷酸脲、羟甲基脲、淀粉尿素等。

165. 如何使用非蛋白氮添加剂?

(1)饲喂量 生产实践中通常将尿素作为反刍动物的非蛋白氮

添加剂。尿素用量一般占日粮干物质的1%，或占混合精料的2%，不超过蛋白质需要量的1/3，以每日每头添加量计：6个月以上青年山羊6～8克，成年山羊10～15克。

（2）**注意事项**　非蛋白氮添加剂使用不当容易引起动物中毒，将尿素作为添加剂要注意以下问题。

①在使用非蛋白氮的时候，需要严格掌握添加量，一般在粗蛋白质含量较低（不超过10%～12%）的日粮中添加，替代蛋白质的效果较好。

②日粮中应该含有充足的可溶性糖类，如玉米等谷物类饲料；补充钴和硫元素。

③饲喂方式：需要增加饲喂的次数和延长每日饲喂的持续时间。尿素不能单独饲喂，要与精料和粗料充分混匀，拌料饲喂；也不能放入水中饮用，饲喂尿素后半小时之内不能饮水。

④饲料忌用生豆饼、豆类，它们富含尿素酶，易使非蛋白氮在瘤胃中迅速分解从而引起中毒。

⑤羔羊的瘤胃发育不全，不能饲喂尿素；对生病的羊和体质瘦弱的羊，不宜饲喂尿素；在羊过度饥饿时，不要立刻喂尿素。

⑥尿素必须持续使用才能有理想的效果，如果因故中断，再喂时仍需慢慢适应，用量由少到多，经10～15天增加到规定用量，不可超量。

（3）**中毒处理**　添加剂量过大、浓度过高、和其他饲料混合不匀，或食后立即饮水都会引起尿素中毒。主要症状表现为发病较快、表现不安、呻吟磨牙、口流泡沫性唾液；瘤胃急性膨胀，蠕动消失，肠蠕动亢进；心音亢进，脉搏加快，呼吸极度困难；中毒严重者站立不稳，倒地，全身肌肉痉挛，眼球震颤，瞳孔放大。羊一旦发生尿素中毒，应迅速给其静脉注射10%～25%的葡萄糖溶液，每次用量100～200毫升。给中毒羊灌服0.5～1.0千克食醋，也有良好的急救效果。

166. 常用的矿物质和维生素添加剂有哪些?

矿物质是草食牲畜不可缺少的营养物质,它们构成体组织、调节体液渗透压和酸碱平衡,是体内酶的激活剂,影响机体能量、糖类、蛋白质和脂肪代谢等。而维生素是维持机体健康的一类有机化合物,它是一类调节物质,在物质代谢中起重要作用。

(1)**矿物质添加剂** 羊常用的矿物质添加剂包括常量矿物质添加剂和微量元素添加剂。

常量矿物质添加剂主要用于补充钙、磷、钠、钾、氯、镁、硫等常量元素。由于羊主要采食植物性饲料,所以应该直接补充食盐改善饲料的适口性,增加食欲,一般占其风干日粮的1%为宜。山羊在生长发育过程中通常缺少钙的摄入,可以运用石粉、贝壳粉、蛋壳粉和碳酸钙进行补充。为了保证饲料正常的钙磷比,含磷矿物质饲料一般配合补钙进行,这类添加剂主要包括骨粉和磷酸钙盐。对于早春放牧以及将玉米作为主要饲料补加非蛋白氮饲喂的羊,常需要补充镁,一般将氧化镁、硫酸镁和碳酸镁作为镁补充饲料使用。饲草中一般硫和钾都超过了羊正常摄入所需标准,不需要单独补充该类矿物饲料。

微量元素添加剂主要有硫酸铜、硫酸锌、硫酸锰、氯化钴、碘化钾和亚硒酸钠等。微量元素添加剂应根据饲料种类和地区的水土环境进行使用。在不同的环境里,微量元素在饲料中的变化具有较大的差异。应查清饲料所缺元素的基础再确定添加种类和计量。

(2)**维生素添加剂** 羊常用的维生素添加剂有:维生素A乙酸酯微粒、维生素D_3微粒、维生素E粉和羔羊代乳品用维生素预混剂,应根据需要和使用说明添加使用。

167. 如何改善肉羊的胃动力和吸收功能?

瘤胃是反刍动物的第一胃,是降解纤维素物质能力最强的天然发酵器,促进肉羊的瘤胃功能能够使得肉羊拥有良好的消化吸收能力。促进肉羊肠胃代谢功能的添加剂主要分为三类：矿物添加剂、瘤胃代谢调控剂和瘤胃缓冲剂。

（1）**矿物添加剂** 主要有麦饭石、膨润土和沸石。麦饭石是具有健胃保肝、调节新陈代谢、增强免疫力的一种药物，主要成分是氧化硅和氧化铝，含有54种矿物质元素，18种家畜所需的常量和微量元素，对大肠杆菌的吸附可以达到99.99%。膨润土主要可以吸收体内的有毒物质、肠道中的病原微生物，通常在精料中按1%～3%比例添加。沸石属于碱金属，主要含有氧化硅和氧化铝，还含有25种对家畜有益的元素，能够吸附胃肠道中的有害气体，并将吸附的铵离子缓慢释放，供反刍家畜利用、合成菌体蛋白，增加家畜蛋白质生成和沉积。

（2）**瘤胃代谢调控剂** 主要包括聚醚类抗生素、卤代化合物。属于聚醚类抗生素的莫能菌素是其中具有代表性的一种，其作用在于增强能量转化率，提高丙酸产量，减少甲烷气体生成引起的能量损失；减少蛋白质在瘤胃中降解脱氨损失，增加瘤胃蛋白数量。生产上主要用莫能霉素（又名瘤胃素）。

（3）**瘤胃缓冲剂** 主要有碳酸氢钠、氧化镁和乙酸钠。在日粮中添加各种缓冲物，以增加瘤胃内碱性蓄积，使瘤胃内环境更适合微生物生长，改变瘤胃发酵，增强食欲，提高养分消化率，并且促进乙酸的形成和抑制丙酸合成。使用该类缓冲剂应注意，当喂食酸性青贮饲料或精料超过日粮总营养50%～60%时应饲喂缓冲剂。夏季羊采食量低，大量饲喂青草，粗纤维含量低于干物质20%～22%时，饲喂缓冲剂效果明显。同时，添加碳酸氢钠和乙酸钠时，应相减少食盐的喂量，以免钠摄入过多，同时注意补充氯。

第五章　肉羊的饲养管理

第一节　肉羊的消化特性

168. 肉羊最重要的消化特点是什么?

肉羊最重要的消化特点是反刍。反刍是肉羊消化饲草饲料的一个过程。肉羊瘤胃容积很大,能在短时间内大量采食,将未经咀嚼的食物咽下,进入瘤胃,当肉羊停止采食或休息时,瘤胃内被浸软、混有瘤胃液的食物会自动沿食管成团逆呕到口中,经反复咀嚼后再吞咽入瘤胃,而后再咀嚼吞咽另一食团,如此反复,称之为反刍。反刍是周期性的,在正常情况下,在采食后40～70分钟即出现第一次反刍,每次持续40～60分钟,每个食团一般咀嚼40次左右,反刍次数的多少、反刍时间的长短与采食饲料种类有密切的关系。

169. 肉羊消化道的结构有何特点?

(1) 胃　肉羊属于反刍动物,具有复胃结构,胃分为瘤胃、网胃、瓣胃和皱胃,其形状和功能各不相同(图5-1)。前三个胃胃壁黏膜无腺体组织,统称为前胃;皱胃又称为真胃,胃壁黏膜有腺体,其功能与单胃动物相同。

①瘤胃:呈椭圆形,是四个胃中容积最大的一个,内壁有无数密集的小乳头。其功能是贮藏在短时间内采食的未经充分咀嚼而咽下的牧草,待休息时反刍;内有大量的能够分解消化食物的微生物。

②网胃：呈球形，内壁有许多网状格，其作用与瘤胃相似。

③瓣胃：体积小，其内壁形成许多新月状的瓣页，对食物起机械压榨作用。

④皱胃：又称真胃，呈圆锥形，胃壁光滑，腺体组织丰富，分泌胃液（主要是盐酸和胃蛋白酶）对食物进行化学性消化。

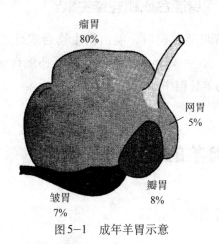

图5-1　成年羊胃示意

（2）小肠　肉羊的小肠细长曲折，长度约25米，相当于体长的26～27倍，是羊消化吸收营养物质的主要器官。胃内容物进入小肠后，经各种消化酶进行化学性消化，分解的营养物质被小肠吸收。未被消化吸收的食物在小肠的蠕动下进入大肠。

（3）大肠　大肠比小肠短，其主要功能是吸收水分和形成粪便，同时也有消化吸收的功能。食物在大肠微生物和各种酶的作用下，继续消化吸收，未被消化吸收的部分形成粪便排出体外。

170. 肉羊的消化道能合成蛋白质吗?

肉羊的消化道能合成一定量的蛋白质。肉羊的瘤胃存在大量的细菌和原虫，是一个复杂的生态系统。一方面，饲料中的蛋白质经过瘤胃微生物分泌的酶的作用，被分解为肽、氨基酸和氨；另一方面，日粮有机物发酵产生挥发性脂肪酸（VFA）和能量（ATP），它们分别作为碳架和能量合成微生物蛋白（MCP）。在能源充足和具备碳架的条件下，微生物利用蛋白质在瘤胃内的分解产物作为含氮的原材料将其合成微生物蛋白质。微生物蛋白质含有各种必需氨基酸，且比例合适，容易吸收，生物学价值高。

171. 肉羊自身能合成哪些维生素？

肉羊的瘤胃机能正常时，能由微生物合成维生素B_1、维生素B_2、维生素B_6、维生素B_{12}、泛酸和烟酸，还能合成维生素K。因此，身体健康的羊日粮中一般不添加这些维生素。

第二节　肉羊的常规管理技术

172. 如何抓羊？

在称重、配种、防疫、交易时，都需要抓羊。抓羊时，先将羊群圈于舍内或围于运动场的一角，动作要快、准，出奇不备，迅速抓住后腿或飞节上部（图5-2、图5-3）。

图5-2　抓羊方式一

图5-3　抓羊方式二

173. 怎样保定肉羊？

通常是用两腿膝关节夹紧羊的肩部，双手紧握两只角或头部，使其不能前进，也不能后退（图5-4）。

图5-4 保定羊

174. 怎样给肉羊编号？

一般是用耳号钳将购置的塑料或金属耳号牌钉在羊耳朵上（图5-5、图5-6）。用记号笔把羊个体编号写在耳标上或使用已经有编号的耳号牌（图5-7），在靠近耳根软骨部、避开血管，先用碘酒消毒，然后打挂。另外，需在记录本上详细记录羔羊出生的年、月、日、初生重、母羊编号等信息。小规模散养户，编号可在羔羊出生后1～3天内在其背部临时打号，10～20天内打永久号。规模化羊场可在出生后就打永久号。编号的目的在于区分个体，记录生长发育、生产性能，为遗传育种、选种选配打下基础。

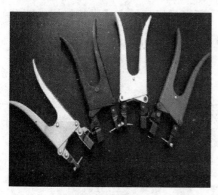

图5-5 普通耳号钳

图5-6　耳号牌佩戴位置

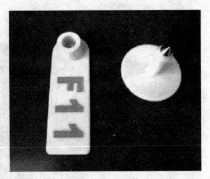

图5-7　耳号牌

图5-8　电子耳标和电子阅读器

电子耳标内置芯片，需配合电子阅读器使用（图5-8）。电子耳标稳定、不易脱落，可远距离读写，有助于畜牧业信息化管理，能对种畜繁育、疫情防治、肉类检疫等情况进行有效追踪和溯源。

除了用耳牌号对羊进行标记，还可采用耳缺方式进行标记，即在羊的左右耳朵边沿剪缺口，不同的位置代表不同的数字（图5-9）。

图5-9　耳缺编号示意

175. 怎么对肉羊进行修蹄?

对于舍饲羊群，每季度或半年修蹄一次，长期不修蹄可能会影响行走，容易引起腐蹄病、姿势变形，甚至导致种公羊因不能交配而失去种用价值。特别是舍饲肉用种羊，定期修蹄尤其重要。

修蹄一般在雨后进行，此时蹄质变软容易修理。修蹄工具可用修蹄刀、果树刀。修蹄时，羊呈坐姿保定，背靠操作者；要一层层往下削，一次不可切削得过深；削至可见淡红色的微血管为止，不可伤及蹄肉。先修前蹄，再修后蹄。修理后的蹄，底部平整、形状方圆、站立自然。修蹄最好在专业人员的指导下进行。

176. 怎样对肉羊进行药浴?

为驱除体外寄生虫、预防疥癣等疾病的发生，羊群需要在春秋两季各进行一次药浴（图5-10）。

图5-10　正在药浴的羊

（1）**药浴方式**　根据药液利用方式，可分为池浴、淋浴和喷雾三种药浴方式。

（2）**药浴步骤**

①合理选择药浴所需的药品。尽量选择高效低毒药物，且是正规厂家生产的合格药物；了解药物的成分，提前准备好特效解毒药和对症治疗药物。配制药液一定要按照药浴规定的有效浓度

准确配制。

②在进行药浴前8小时停止饲喂，但药浴前1～2小时一定要保证足够的饮水，以免羊因口渴误饮药液而中毒。

③在正式进行药浴前，要做小规模药浴试验，待观察确认安全后方可进行大群的药浴。羊在进入药浴池后应用工具将羊头部压入药液中2～3次，使药液可以浸泡羊的整个身体。药浴要从健康羊开始，最后再药浴疥癣羊。

④药浴结束后一定要仔细观察羊群的反应，饲养员和管理人员要加强巡视工作，当天夜晚也要多次巡视观察羊只的状况，个别羊在2～3天后仍有中毒现象出现。禁止妊娠母羊和2月龄以内羔羊进行药浴，有外伤和病羊也不能进行药浴，以免流产和中毒。

（3）注意事项

①药浴最好选择在天气晴朗、无风、暖和的时候进行。

②工作人员必须采取安全的防护措施，以免接触药物引起中毒。

第三节　种羊的引进

177. 什么是引种？为什么需要引种？

引种是将外地优良品种、品系或类型引进本地，经过风土驯化后直接应用于生产。

与育种一样，引种也是养羊生产中重要的组成部分。引种能定向改造本地品种品系组成，提高羊群整体质量，增加产品数量和改善产品质量；能取代本地经济价值不高的品种，使品种资源朝着更合理的方向发展；能充实育种材料，是育种亲本重要的来源。与育种相比，引种的时间短、见效快且资金耗费少。因此，在当地没有能基本满足生产及市场需求的品种时，可以考虑引种。

178. 引种需要遵循哪些原则?

（1）**气候相似理论原则** 引种需根据畜种的适应性和牧业气候相似理论进行。多年来大量高原地区和平原地区家畜的引种试验证明，平原地区的家畜不能引入超过海拔3 000米的高原地区，3 000米以上高原地区的家畜一般也不宜引入平原地区，若一定要进行引种工作，可采取不同海拔高度的逐级风土驯化工作。

（2）**适应区域经济发展** 任何畜禽的引种都是为了满足当地畜禽生产的需要，以提高经济效益为最终目的，因此，引种时不可不顾社会区域经济发展的需要而盲目引种。如在没有屠宰加工和市场需求不大的地区建立育肥场，会造成育肥羊出售困难。

（3）**引种配套资金充足** 引种数量的多少应由引入品种的目的、引入后的使用方法、能提供引种资金的多少以及引种单位的饲养管理条件、水平等因素决定。

（4）**对供种单位的信誉进行调研** 从境外引种时，大多是先付款，或者先支付大部分费用后，供种单位才供货。因此，对供种单位或中介单位的信誉了解十分重要，稍有不慎，引种方只能苦不堪言。

（5）**慎重考虑引进品种的经济价值** 引种时需理性面对媒体的炒作和供种单位的宣传，不可盲目听信他人说教，应加强考察了解、正确评估品种价值。

（6）**因地制宜选择引入品种** 从引种单位的地理环境，特别是地形地貌、气候和饲草资源的实际出发，引什么品种，引绵羊还是山羊，应慎重做出决定，因为不是所有的品种都能在同一地域很好地生长繁殖。如北方地区，饲草资源丰富，地域广阔而平坦，但气候寒冷，适合引进较耐寒的绵羊品种或绒山羊；山区因地形因素适合引进善于登山的山羊品种；半山区和丘陵地带如果气候条件适宜，引进品种余地较大；南方地区，一般高温高湿，毛用羊很难适应。

179. 种羊引进的前期准备工作有哪些?

首先要制订引种计划,要确定引种数量、品种、公母比例;其次是考察种源地的疫病流行情况,杜绝从疫病流行区域引种;再次是对所引进的品种的特性、生产性能、饲养管理、系谱等做全面的了解,所引种羊个体外貌要符合品种特征。

180. 引种时要注意哪些问题?

(1)**要从有资质的养殖场引进** 应从有信誉的大型种羊场或良种繁殖场引进,地方良种应从中心产区引进。严格按照《中华人民共和国畜牧法》《种畜禽管理条例》等法律法规的规定,从非疫区引进。所引进的种羊场必须拥有种畜禽生产经营许可证、动物防疫条件合格证和动物出境检疫合格证,引进的种羊要有检疫合格证、系谱档案及生长发育卡。不宜到集市上选购种羊,一方面不易选到合格种羊,羊只也易传播疾病;另一方面,有些不法羊贩或羊主为谋取私利,在羊只上市前给羊只饲喂含盐浓度较高的水或食物,羊只大量饮水从而体重增加,致使一些种羊引进后突然死亡,造成经济损失。

(2)**鉴别年龄** 种羊一般都有有效的使用年限,若所购种羊年龄过大,则利用年限短。此外,幼年个体对新环境的可塑性好,适应能力强,引幼年个体更易成功,因此,鉴别年龄在引种过程中至关重要。

若养殖场无记录可查年龄,可通过羊门齿的发育、磨损和脱落情况来进行判断。根据牙齿长出的先后次序,分为乳齿和永久齿。乳齿为乳白色,比较细小,永久齿色稍黄,比较宽大。

羊出生时就有6枚门齿,在20～25日龄时8枚门齿长全,到6月龄时不再生长。在18月龄左右,中间齿脱落,并长出第一对永久齿。24月龄内中间齿脱落,长出第二对永久齿。约在3岁时,第三对乳齿更换成永久齿。约在4岁时,第四对乳齿更换成永久齿。

5岁时，8枚门齿的咀嚼面磨得较为平齐。5岁半时个别门齿有明显的齿星，说明齿冠部已基本磨完，暴露了齿髓。6岁半时，门齿间出现明显的缝隙，7岁时缝隙更大，出现露孔现象。为便于记忆，顺口溜如下：一岁半，中齿换；到二岁，换二对；两岁半，三对全；满三岁，牙换齐；四磨平，五齿星，六现缝，七排孔。

（3）**观察羊的健康状况** 健康羊活泼好动，两眼明亮有神，毛有光泽，食欲旺盛，呼吸、体温正常，四肢强壮有力；病羊则被毛散乱、粗糙无光泽，眼大无神，呆立，食欲不振，呼吸急促，体温升高，或者体表和四肢有病等。

181. 如何选择引进时间?

一般情况下，应选择气候温暖的季节运输种羊，避开炎热和严寒季节，以减少运输应激。最适宜引种的季节是春季和秋季，此时气候比较适宜，草料充足，有利于种羊尽快恢复体能，适应新的环境。另外，尚需考虑引种地和目的地的气候差异情况，气温是影响品种最重要的自然因素，因此一定要注意引种季节。一般来说，从低海拔向高海拔地区引种，可安排在冬末、春初季节；反之，则可安排在秋末、冬初季节。

182. 运输途中的注意事项有哪些?

（1）**检疫手续** 运输种羊前，要办好产地检疫、过境检疫及相关手续。

（2）**运输工具** 种羊的短距离运输以汽车运输最好，因为汽车运输比其他方式更灵活方便，便于在运输途中观察。运输车要有篷布，防止日晒雨淋，车厢要消毒，用生石灰水或3%～5%的烧碱水溶液喷洒。再铺一层稻草或撒一层干燥的沙土，防止羊在运输过程中因滑倒而相互挤压致死。

（3）**饲喂** 上车前供给种羊充足的饮水，草料不宜吃得过饱。运程在1天之内的，不需喂草料；运程超过1天的，每天应喂草

2～3次，饮水不少于2次，要保证每只羊都能饮到水、吃到草料。

（4）装载和运输 羊的装车不能过密、过挤。要将种羊按强弱、大小、公母分开（在车上打隔断）；运输车辆应缓慢启动，禁止突然刹车，在颠簸路面和坡路要缓慢行驶，防止种羊被挤压而死。中途停车或人员休息时要安排专人看护羊群，防止羊跳车或被盗。押车人员要经常检查车上的羊，发现羊怪叫、倒卧时要及时停车，将其扶起并安置到不易被挤压的角落。

183. 种羊到场后的应急处理方法有哪些?

种羊运输到场卸车后，应让其先饮水，不要立即喂饲料。4小时后，若羊的一切正常，可逐渐增加喂料量。为减轻种羊运输的应激反应，卸车后要采取如下处理措施。

（1）进行口服补液，在饮水中加入口服补液盐、电解多维，让羊自由饮用。

（2）对体质较弱的羊注射黄芪多糖注射液，每只羊10毫升（按体重适当调整），1次/天，连用3～5天。

（3）种羊进行公、母羊分群饲养，按照羊个体大小、体质强弱分开饲养，患病羊应进行单圈饲养。

184. 种羊隔离观察需要多长时间?

种羊到场后，应将其放入隔离舍进行饲养，以防传染病；隔离15～30天观察情况，确认没有发现疾病，防疫、驱虫后才可以混养。

第四节 肉羊的饲养管理

185. 肉羊需要哪些营养成分?

羊的生长发育和生产需要能量、蛋白质、矿物质、维生素和水。每一种营养成分对于羊的健康而言都是必不可少的。

（1）**能量** 日粮的能量水平是影响肉羊生产力的重要因素之一。能量不足，肉羊生长缓慢；能量过高，对生产和健康同样不利。

（2）**蛋白质** 蛋白质是动物建造组织和体细胞的基本原料，也是修补组织的必需物质，还可提供热能。若蛋白质不足，生长发育缓慢；严重缺乏时，会导致体重下降、贫血、抗病力减弱；若蛋白质过量，多余的蛋白质会转化为脂肪，很不经济。

（3）**矿物质** 肉羊体组织、细胞、骨骼和体液的重要成分。羊的正常营养需要多种矿物质。现已经证明15种矿物质是必需的元素，其中常量元素有钠、氯、钙、磷、镁、钾、硫，微量元素有碘、铁、铜、锰、锌、钼、钴、硒。体内矿物元素缺乏，会引起神经系统、肌肉系统、食物消化、营养物质的运输、血液凝固和体内酸碱平衡等功能的紊乱，影响羊只健康、生长发育、繁殖和畜产品产量，甚至导致死亡。羊体内的一些矿物质元素之间有协同作用，一些矿物质元素之间有拮抗作用，一种矿物质元素的缺乏或过量会引起其他矿物质元素的缺乏或过量。因此，配制饲料时，应按推荐量添加矿物质。

（4）**维生素** 顾名思义，维生素是维持生命需要的营养成分，属于低分子有机化合物，其功能是启动和调节身体的物质代谢。肉羊必需维生素分为脂溶性维生素（维生素 A、维生素 D、维生素 E、维生素 K）和水溶性维生素（B 族维生素和维生素 C）。B 族维生素包括硫胺素（维生素 B_1）、核黄素（维生素 B_2）、烟酸（维生素 B_3）、吡哆醇（维生素 B_6）、泛酸（维生素 B_5）、叶酸、生物素（维生素 B_4）、胆碱和维生素 B_{12}。维生素不足会引起机体代谢紊乱，羔羊表现生长停滞，抗病力弱；成年羊表现为生产性能下降和繁殖机能紊乱。

（5）**水** 水是羊的器官和组织的主要成分，约占体重的一半。水参与羊体内营养物质的消化、吸收、排泄等生理生化过程，对调节体温起着重要的作用。体内失水10%，可导致代谢紊乱；失水20%，会引起死亡。

水的主要来源包括饮水、饲料中的水分和体内物质代谢产生的水。肉羊需水量受机体代谢水平、环境温度、生理阶段、体重、采食量、饲料组成等因素的影响。在自由采食的情况下，饮水量是干物质采食量的2～3倍。饲料中食盐含量增高，饮水量增加；摄入高水分的饲料，饮水量降低。饮水量随气温升高而增加，夏季饮水量远远高于冬季饮水量。妊娠和泌乳期饮水量也要增加，妊娠的第三个月饮水量开始增加；母羊泌乳期比空怀期、干乳期需水量大。

在生产中，为防止羊只缺水，舍饲饲养时采取自由饮水的供水方式。若放牧饲养，在放牧前、归牧后，需在圈舍不间断地提供充足的清洁饮水；根据季节和天气的情况，注意配备有水源的放牧地。

186. 什么是饲养标准？

根据大量饲养实验结果和动物生产实践的经验总结，对各种特定动物所需要的各种营养物质的定额作出的规定，这种系统的营养定额及有关资料统称为饲养标准。简单地说，特定动物系统成套的营养定额就是饲养标准（图5-11）。具体标准见附录一。

图5-11　肉羊饲养标准

187. 如何灵活应用饲养标准?

饲养标准的产生和应用都是有条件的,它是以特定动物为对象,在特定环境条件下研制的满足其特定生理阶段或生理状态的营养物质需要的数量定额。但是,在动物生产实际中,影响饲养和营养需要的因素很多,诸如相同品种个体差异、不同饲料原料的适口性、不同的环境条件,甚至市场经济形势的变化等,都会不同程度地影响动物的营养需要和饲养。这种"标准"产生和应用条件的特定性和实际动物生产条件的多样性及变化性,决定了"标准"的局限性,即任何饲养标准都只在一定条件下、一定范围内适用。

在利用"标准"设计饲料配方时,要根据不同的国家、地区、不同的环境情况和对牲畜生产性能及产品质量的不同要求,对"标准"中的营养定额酌情进行适当调整,才能避免局限性、增强实用性。比如说,饲养标准是在舍饲条件下制定出来的,对于放牧饲养的羊只,由于放牧行走增加了能量消耗,其饲养标准应提高15% ~ 20%。也就是说,饲养标准不是一成不变的,要根据饲养的方式、气候、季节、地域情况的变化而变化。从实际出发,灵活应用"标准",只有这样才能获得预期效益。

188. 什么是营养需要?

营养需要是指动物在最适宜环境条件下,正常、健康生长或达到理想生产成绩对各种营养物质种类和数量的最低要求。营养需要是一个群体平均值,不包括一切可能增加需要量而设定的保险系数。营养需要中规定的营养物质定额一般不适宜直接在动物生产中应用,要根据不同的具体条件,适当考虑一定程度保险系数。原因是动物的实际生产环境条件一般难达到制定营养需要所规定的条件要求。因此,在应用营养需要中的定额时,认真考虑保险系数十分重要。

动物对各种营养物质的需要,不但数量要充足,而且比例要恰当，只有这样原料的吸收利用效率才高，利于减少浪费。羊的不同发育阶段、不同生理状况、不同生产方向和水平对能量、蛋白质、矿物质、维生素等营养物质的需要量不同。

189. 肉羊的饲养方式和饲养条件有哪些?

肉羊有三种饲养方式。即舍饲饲养、放牧饲养和半舍饲半放牧的饲养方式。

（1）**舍饲饲养** 在人口密集的农区或者大规模养殖的企业，放牧草地非常有限，或者根本没有放牧地，但农副产品资源丰富，为发展养羊产业，就必须采用舍饲饲养的方式。在生态环境相对脆弱的地区，林业封育任务繁重，有大量的坡地需退耕还林还草，肉羊实施全舍饲饲养的方式尤为可行。

肉羊舍饲饲养，对圈舍的条件要求高。要求圈舍冬暖夏凉、地面干燥、清洁；对于规模化饲养场，还需配备隔离室、兽医室、饲料加工和贮藏房、青贮设施、药浴池等设施。要做好消毒、防疫、通风换气等工作。否则，羊只容易生病。一般说来，舍饲饲养羊只发病率高于放牧羊只。舍饲饲养方式投入的成本最高，但肉羊的生长速度也是最快的。

（2）**放牧饲养** 放牧饲养是利用天然草地、人工草场或秋茬地对羊群进行放牧的一种饲养方式。放牧饲养对圈舍的要求条件不高，投入成本低。放牧饲养肉羊能采食多种青绿饲料，容易获得多种营养，能满足肉羊生长发育的需要和达到放牧抓膘的目的。同时由于放牧增加了羊的运动量，并使羊接受紫外线的照射和各种气候的锻炼，有利于羊的生长发育和体质锻炼，疾病发生率低。但由于放牧行走对营养物质的消耗，生长速度相对低一些。

肉羊放牧饲养的基本条件是有充足草场资源。天然草地牧草产量和质量均呈明显的季节性变化，必须根据牧草的生长情况和羊群情况分别规划牧场。基本原则是生产性能越高的羊，要求牧场的质量越好。通常对种公羊和高产母羊要留有较好的牧草地，育成羊也要留有专用牧草地，距离圈舍近的牧草地要留给冬季哺乳羊和羔羊，去势肉羊和空怀羊可以在品质较差和路程远的草地放牧。另外，根据羊群采食情况，在收牧后可以适当补饲一些精料。

（3）**半舍饲半放牧饲养** 半舍饲半放牧是舍饲和放牧相结合的饲养方式。根据我国几十年饲养羊只的经验，半舍饲半放牧的饲养方式尤其适合山羊的饲养，特别对于培养高产山羊有促进作用，适宜于羔羊、育成羊培育阶段和种公羊的饲养。在放牧资源缺乏的地区或冬春枯草季节，单纯放牧不能满足羊的营养需要时，就要采用半舍饲半放牧的饲养方式。舍饲补给一定量的饲草和精料，以满足其生长发育的需要，尤其是妊娠羊、哺乳羊和配种期的公羊，应加强补饲。

半舍饲半放牧的饲养方式是一种灵活的饲养方式。利用天然的草山草坡资源进行放牧，利于减少部分饲料成本。归牧之后，根据羊群采食情况进行补饲，利于发挥肉羊的生长潜能。应注意，肉羊泌乳盛期和妊娠后期应就近放牧，不能赶得太快和太远，不超过2.5千米，以免造成疲劳和诱发呼吸道疾病。

190. 肉羊舍饲饲养有哪些技术要求？

肉羊舍饲饲养，要获得较高的经济效益，需注意以下几个问题。

（1）**规范化的圈舍**（详细内容参考本书第三章） 羊舍是供羊休息、生活的地方。羊舍条件的好坏直接影响着羊群的健康、繁殖、生长发育。因此，发展养羊生产，必须科学地修建好羊舍。要求羊舍的设备（羊床、食槽、水槽、草架、母子栏、运动场）齐全、冬暖夏凉、饲养管理方便；圈舍清洁干燥、减少饲草浪费和疫病的发生。

（2）**优良的品种**（具体内容参考本书第一章）

（3）**贮备优质的饲草料**（详细内容参考本书第四章） 羊是食草动物，以食草为主。但草有质量优劣之分，饲喂效果的差别更是极显著。农户饲养适度规模肉羊，必须要学会精粗饲料的加工调制技术。每年必须种植或收集足量的优质牧草，制定禾本科和豆科搭配规划，种植优质牧草要进行科学刈割和贮存，才能最大限度地保存和利用其营养物质。

①牧草要适时刈割：苜蓿、红豆草等豆科牧草适宜刈割时间为初花期；燕麦、高粱、饲用玉米等禾本科牧草适宜刈割时间为抽穗后灌浆期。

②要短时晾晒干、忌淋雨：优质牧草刈割后最好阴干或晾晒干，并尽快堆垛保存而保持青干草本色，不能让太阳长期曝晒或雨淋。

③青贮：全株玉米宜在乳熟后期刈割（一般为9月上旬），稍晾晒后可装；籽用玉米秸秆最好选早熟品种并在白露来临之前及时刈割，3/4叶片干时一般不宜青贮。一般每立方米装青贮料600千克左右，15米^{3}的青贮池一般需3亩左右的鲜玉米秸秆（约10吨）。

（4）科学的饲养管理 日常饲养做到"四定"，即"定时、定质、定量、定人"饲养管理。"定时"就是肉羊每天的饲喂要有固定时间制度，不能靠天碰运气没有规律。一般舍饲羊每天分早、中、晚三次或早晚两次饲喂为宜，让羊只每次吃饱后有充足时间去反刍休息。"定质、定量"就是每天给不同阶段和类型的羊，如幼羊、育肥羊、母羊（分育成、空怀、妊娠、哺乳期等）、种公羊（有育成、配种和非配种期）饲喂足量的、营养成分全面的日粮。"定人"就是饲养人员相对固定，以便于掌握和熟悉羊群情况，及时发现异常现象。

（5）适时出栏 直线育肥羔羊3～4月龄体重达30千克左右及时出栏。成年羊体重增加的大部分是脂肪，长脂肪耗料量大于长肌肉，增重缓慢，成年羊自身的维持需要量也很大，饲养效益低，而羔羊生长速度快，饲料利用率高，肉质好，市场销售价格高于成年羊，养殖效益高于成年羊。舍饲养羊要合理调整羊群结构，使能繁母羊生产最大化，对羔羊采用早期断奶，进行快速育肥，以提高养羊年出栏量和养殖效益。

（6）**科学疫病防治、驱虫保健**（详细内容参考本书第六章）

①保证圈舍环境和饮水清洁卫生。羊怕热不怕冷、胆小，喜好干燥、安静的环境。因此，要给羊创造干燥、舒适的羊舍环境福利条件，每日打扫羊舍粪便，定期消毒。夏天防高温中暑，冬天防过冷过湿；另外，还应保持饮水和用具的清洁卫生，饮水充足。

②做好防疫、驱虫、消毒和饲料安全等保健工作。羊的防疫主要是羊三联四防苗、羊痘、口蹄疫、小反刍兽疫等。平时应注意观察羊只的精神状态、食欲、粪便等，发现异常及时隔离对症防治。对羊群要定期驱治体内外寄生虫，育肥羊应在断奶后驱虫一次，妊娠后期母羊一般不要轻易防疫和用驱虫药，待产后再适时驱虫。长年饲养的繁殖母羊每年春秋两季必须各驱虫保健一次。

191. 如何规划放牧场地？

放牧饲养的优势是能充分利用天然的植物资源、降低养羊生产成本。但放牧效果的好坏主要取决于两个条件：一是草场的质量和利用的合理性，二是放牧的方法和技术是否适宜。

在我国大部分养羊地区，由于季节和气候的影响，牧草的产量和质量均呈现明显的季节性变化。因此，必须根据季节性变化、牧草生长规律、草场的地形地势及水源等具体情况规划四季牧场才能收到良好的效果。

①春季牧场：春季是冷季进入暖季的交替时期，牧草开始萌发，气温不稳定。因此，春季牧场应该选择气候相对温暖、牧草最先萌发、距离圈舍较近的平川、盆地或低丘草场。

②夏季牧场：我国夏季气温较高，降水量多，牧草茂盛，但炎热潮湿的气候对羊健康不利。夏季放牧应选择气候凉爽、蚊蝇少、牧草茂盛的林地或山势高的区域。

③秋季牧场：秋季气候适宜，牧草结籽，营养价值高，是羊放牧抓膘的最佳时期。牧地的选择和利用，可先由山顶到山腰，再到

山底，最后到平滩地放牧。另外，割草后的再生草地和农作物收割后的茬子地是秋季放牧的良好区域。

④冬季牧场：冬季寒冷而漫长，牧草枯黄，营养价值低。因此，冬季牧场应选择背风向阳、地势较低的暖和地带或丘陵的阳坡。

192. 放牧要注意哪些要点?

（1）**春季放牧要点** 初春时，羊只经过漫长的冬季，膘情差，体质弱，容易出现"春乏"现象。这时，牧草刚刚萌发，羊看到一片青，却难以采食到草，常疲于奔青找草，增加体力消耗，容易导致瘦弱羊只死亡。另外，牧草过早被啃食，再生能力降低，破坏植被而降低产草量。因此，初春放牧要求控制羊群，挡住强羊，看好弱羊，防止"跑青"。到晚春时期，草已长高，青草鲜嫩，勤换放牧地（2～3天变换一次），以促进羊群复壮。春季对瘦弱羊只，可单独组群，适当照顾。

（2）**夏季放牧要点** 羊群经过春季放牧后，体况逐渐得到恢复。此时，牧草茂盛，正值开花期，营养价值较高，是抓膘的好时期。但夏季气温高、多雨、湿度大、蚊蝇多，对抓膘不利。因此，在放牧时要求早出牧、晚收牧，中午天热要休息。南方气候炎热，可实行早晚放牧，中午让羊只在羊舍休息。夏季羊只需水量多，每天应保证充足的饮水，也要注意补充食盐和其他矿物质。夏季选择高燥、凉爽、饮水方便的牧地放牧，可避免气候炎热、潮湿、蚊蝇骚扰对羊群抓膘的影响。

（3）**秋季放牧要点** 秋季牧草结籽，营养丰富，气候适宜，是羊群抓膘的黄金季节。秋季抓膘的关键是延长放牧时间，中午可以不休息，做到使羊群多采食、少走路。刈割草场和农作物收获后的茬子地是秋季放牧的好场所。注意在霜冻天气来临时，不宜早出牧。

（4）**冬季放牧要点** 冬季气候寒冷，牧草枯黄，放牧地有限，草畜矛盾突出。放牧的目的是尽可能利用能够利用的草料资源，节约饲料成本。对冬季草场的利用原则是：先远后近、先阴坡后阳坡、先高处后低处、先沟堑地后平地。严冬时，出牧时间不宜太早，收牧时间不宜太晚。冬季放牧还要注意天气预报，以避免风雪袭击。

第五节　种公羊的饲养管理

193. 种公羊的体况要求有哪些?

对种公羊的要求是体质结实、不肥不瘦（图5-12）、精力充沛、性欲旺盛、精液品质好，过肥或过瘦（图5-13）都不宜作种用。种公羊精液的数量和品质取决于日粮的全价性和饲养管理的科学性和合理性。种公羊对蛋白质的需要量较高。在饲养上，要根据饲养标准配合日粮。应选择优质的天然或人工草场放牧。补饲日粮应富含蛋白质、维生素和矿物质，品质优良、易消化、体积小、适口性好。在管理上，需单独组群饲养，并保证有足够的运动量。实践证明，种公羊最好的饲养方式是放牧加补饲。

图5-12　体况适宜的种公羊　　　　图5-13　体况偏瘦的种公羊

194. 非配种期的种公羊如何饲养?

在非配种期，种公羊的饲养目的是保持中上等的膘情，维持种公羊良好的身体状况，饲料主要以草为主，根据种公羊的膘情情况可以适当补充一些精饲料。除了保证足够的能量供应之外，还应当为种公羊补充足够的蛋白质、矿物质和维生素等元素。在夏季，饲料应以禾本科的杂草为主，还要搭配饲喂苜蓿等豆科牧草；冬季青草缺乏，饲料应以玉米青贮为主，还要搭配饲喂青干草以及优质的豆科牧草，由于干草中的营养物质较为有限，维生素比较缺乏，因此每天还需要给种公羊提供500克混合精料、500克胡萝卜、10克食盐以及5克骨粉。

在种公羊的管理方面，公羊与母羊应当分开饲养，多个公羊可以放在同一个羊圈内饲养，饲料要少喂勤添，分次饲喂，通常饲喂3次/天。

195. 配种预备期的种公羊如何饲养管理？

（1）**补饲和运动锻炼** 据测定，羊精子在睾丸中产生和在附睾及输精管内移动的时间一般为40～50天，因此，在配种前1.0～1.5个月，日粮应由非配种期逐渐增加到配种期的饲养标准，并加强种公羊的运动锻炼。在舍饲期间的日粮中，禾本科干草一般占35%～40%、多汁饲料占20%～25%、精饲料占40%～45%。种公羊每天的运动时间要增加到4小时以上。

（2）**配种训练** 一些初次进行配种的种公羊需要进行调教才能顺利完成配种，进行配种训练可以有效提高配种的成功率。开始调教时，选择本交方式进行配种训练，有的公羊配种热情不高，没有出现爬跨以及接近母羊的行为，面对这种情况可以采取以下几种应对策略：

①将种公羊和一些健康的母羊进行同圈饲养，一般几天之后种公羊就会接近并且爬跨母羊。

②让缺乏性欲的种公羊观看别的种公羊配种或者采精。

③每天按摩种公羊的睾丸，早晚各1次，每次10分钟。

④给种公羊注射丙酸睾丸素，隔1天注射1次，1次1～2毫升，一共注射3次。

⑤将发情母羊的阴道分泌物或者尿液涂抹在种公羊的鼻尖上，可以提高种公羊的性欲。

（3）**精液品质检测** 种公羊在配种前1个月开始采精，检查精液品质。开始1周采1次，继后1周2次，以后2天1次。精液品质检查的项目主要包括密度、活力、射精量及颜色、气味等项目，正常的精液通常为乳白色，没有特殊气味，肉眼能看到云雾状。种公羊每次的射精量一般为0.8～1.8毫升，每毫升中含有10亿～40亿个精子，精子的密度和活力要用显微镜进行检查。精液密度较低的公羊，可增加动物性蛋白质和胡萝卜的喂量；精子活力较差的公羊，需要增加运动量。种公羊饲养管理日程，因饲养方式而异。总之，要注意足够的营养、足够的运动、足够的休息时间。

（4）**安排配种计划** 羊群的配种期应当控制在1.5个月左右，时间不宜太长，配种期短，产羔期相对集中，这样既便于管理，又有助于提高羔羊的存活率。

196. 配种期的种公羊如何饲养管理?

配种期种公羊的体力会有巨大消耗，如果这一阶段的饲养管理不到位，就无法保证种公羊顺利完成配种任务。配种期的关键是保持充足的营养供应，进行合理的补饲。种公羊的体重大小、膘情和配种任务不同，相应的补饲量也应不同。一般来讲，每只种公羊每天应当补饲0.7～1.5千克高蛋白质的精饲料，0.015千克食盐，0.01千克骨粉，冬季还应当补饲1千克胡萝卜。

到配种时，每天采精1～2次，成年公羊每天采精最多可达3～4次。1天多次采精时，采精间隔时间至少2小时。对于1.5岁的种公羊，1天的采精次数1～2次，2.5岁的种公羊每天可采精3～4次。要保证种公羊有一定的休息时间，可采精5～7天休息1天，要注意公羊在采精前不能吃得过饱。

要保证公羊有足够的运动量，可以保证公羊有足够的体力和精力，对公羊的健康有利，运动场地应该选择地势平坦、道路较宽的地点，在运动的过程中不可以恐吓、抽打种公羊，以免使公羊受到惊吓而影响精液的品质。

高温对性欲和精液品质有不良的影响。所以夏季配种时要给公羊以宽敞、通风、凉爽的圈舍，小而闷热的圈舍可造成精子死亡或稀少。

197. 种公羊配种后恢复期如何饲养？

进行一段时间的配种之后，种公羊的体力消耗巨大，经常出现体重减轻的现象，为了使种公羊尽快恢复之前的身体状况，在配种完成之后的恢复期也要加强对种公羊的饲养与管理。在恢复期，每只种公羊每天都要补饲0.5 ~ 0.8千克精饲料，且精饲料的量要逐步减少，饲料中的蛋白质含量可以适当降低。恢复期大多持续1个月左右，当种公羊的膘情恢复到配种之前的状况时就可以按照非配种期的饲养管理方式进行饲喂。

第六节　繁殖母羊饲养管理

198. 空怀期母羊如何饲养管理？

空怀期即羔羊断奶后至母羊再次配种受胎前的时期。空怀期的饲养的重点是恢复体况，使其体况恢复到中等以上水平，为准备配种打基础。母羊空怀期的营养状况直接影响配种与妊娠状况。

研究表明：中等以上体况的母羊情期受胎率可达80% ~ 85%，而体况差的只有65% ~ 75%。因此，羔羊要适时断乳。配种前1 ~ 1.5个月应对母羊加强放牧，突击抓膘。对部分膘情不好的母羊要实行短期优饲，将母羊以大、中、小并辅以强、弱分群隔栏饲养，使其吃草料均匀，为母羊抓膘复壮和配种妊娠储备营养，促进母羊正常发情。对全舍饲母羊应采取饲喂优质牧草、适时喂盐、满足饮水等措施进行抓膘。

空怀期母羊管理上重点做好发情鉴定及适时配种。对于不孕羊可使用三合激素皮下注射2毫升，2～4天后可出现发情。也可用公羊诱导，促使其发情。

199. 妊娠前期母羊如何饲养管理?

妊娠前期是指妊娠的前3个月。这一阶段胎儿发育较慢，所增重量仅占羔羊初生重的10%，给母羊提供的饲草料可以与空怀期一致。若牧草尚未枯黄，通过加强放牧能基本满足母羊的营养需要；若牧草枯黄，除放牧外必须补饲，原则是让母羊吃饱。观察母羊的体质体况，对于偏瘦的羊只，需持续补饲优质饲草，以改善体况。

200. 妊娠后期母羊如何饲养管理?

妊娠后期是指妊娠的后2个月。此阶段胎儿生长发育快，所增加的重量占羔羊初生重的90%，营养物质的需要量显著增加。妊娠后期，母羊和胎儿一般增重7.0～8.0千克以上，若缺乏营养，会导致胎儿发育不良、母羊产后缺奶、羔羊成活率低。因此，加强对妊娠后期母羊的饲养管理，保证其营养物质的需要，对胎儿的发育、羔羊出生后生长发育和养羊整个生产性能的提高都有利。妊娠后期的母羊，一般日补饲精料0.2～0.3千克，干草1.5～2.0千克，禁止饲喂发霉变质和冰冻的饲料。

在管理上，有放牧条件的坚持放牧，无放牧条件的需配备足够面积运动场使其自由运动。母羊临产前1周左右，不得远牧，以便分娩时能回到羊舍。放牧时，做到慢赶、不打、不惊吓、不跳沟、出入圈舍不拥挤。饮水要清洁，忌饮冰冻水，以防流产。

201. 哺乳期母羊怎样饲养管理?

母羊哺乳期一般为3～4个月，可分为哺乳前期（1.5～2个月）和哺乳后期（2～4个月）。母羊的补饲重点应在哺乳前期。

（1）**哺乳前期**　母乳是羔羊主要的营养物质来源，尤其是出生后15～20天内，是唯一的营养物质。母羊饲养管理好，乳汁充足，羔羊生长发育快，抵抗疾病能力强，成活率高；母羊饲养管理差，不仅泌乳量少，影响羔羊的生长发育，同时由于自身营养物质消耗很大，体质很快瘦弱。因此，应给予母羊全价饲料，保证哺乳前期各种营养物质的需求。实践证明，用大豆磨成粉后加水煮成豆浆或豆饼泡水饮用是促进羊乳汁分泌的有效办法。

（2）**哺乳后期**　母羊泌乳量下降，羔羊已经逐步具有了采食植物类饲料的能力，依靠母乳已不能满足其营养需要，需加强对羔羊的补料。这时，母羊的饲养标准应较前期降低20%左右。对乳汁过剩的母羊，可适当减少精饲料和多汁饲料的喂量，防止乳房疾病的发生。对体质瘦弱、乳汁分泌少或哺乳双羔的母羊，要单独组群，应增加精料、优质豆科牧草、多汁饲料并多饮豆饼水。精料要逐渐增加，多次喂给，防止消化不良。衡量母羊泌乳能力的方法，通常是以羔羊生后2周增重达到初生重的2倍者视为泌乳能力正常。

第七节　羔羊的饲养管理

202. 什么阶段的羊称为羔羊?

羔羊是指断奶前处于哺乳期间的羊只。我国羔羊多采用3～4月龄断奶。有的国家对羔羊实行早期断奶，在出生后1周左右断奶，然后用代乳品进行人工哺乳；还有的在出生后45～50天断奶，断奶后饲喂植物性饲料，或在优质人工草地上放牧。用优质的牧草、开口饲料对羔羊进行早期补饲，可以缩短哺乳期。笔者曾对波尔山羊（♂）与渝东白山羊（♀）的杂交后代实行2月龄全群成功断奶。

203. 怎样正确接羔?

接羔是养羊饲养管理中的重要环节,妊娠母羊分娩需有专人接产和助产,接产人员在待产母羊分娩前,应提前做好接产准备,观察其生理反应。仔细观察待产羊只,结合配种记录,外阴红肿、乳头胀大的及时登记具体时间,一般倒地反复起卧、后肢伸展有产羔动作的,2小时之内均产羔,没有产羔的得注意观察,4小时仍然没有产羔的,视为难产,要及时采取措施,针对性解决问题;羊水已破的也要登记具体时间,一般羊水破后半小时内都能自行产下,超过30分钟,需要马上助产。

待羔羊产出后,做好母仔护理工作,将羔羊口鼻黏液擦净(图5-14),利于羔羊呼吸,防止黏液或羊水呛入气管造成窒息死亡。如已发生窒息,应尽快吸出鼻孔或口中黏液,或者将两后肢提起来,使羔羊悬空拍打后背,窒息的羔羊很快就会醒过来。正常情况下羔羊出生后,脐带是自然断开的,但如果脐带没有断开,可人工用手或消毒剪刀在距羔羊腹部0.08~0.1米剪断,断开前将脐带内的血液向羔羊腹部挤压后断开,在断处涂抹碘酒消毒,防止感染。若脐带出血,可用消毒过的丝线结扎止血。

母羊最后一只羔羊产出后,约20分钟胎衣就会自然落下,把胎衣及时清理,深埋处理。2小时后胎衣仍然未下来,按照胎衣不下处理。

图5-14 清除口鼻黏液

204. 羔羊饲养管理的基本要求有哪些?

（1）**防寒保暖** 新生羔羊毛短，体温调节功能差，抗寒能力弱，因此，要加强产羔舍保温防寒，舍内温度保持在10℃以上，产羔舍温度达不到的条件下，可增设羔羊保暖设备（图5-15）。

图5-15 羔羊简易保暖箱

（2）**早吃初乳，吃足初乳** 羔羊出生后2～3小时内就尽快让其吃足初乳，如果遇到母性不好的母羊或初产母羊，应进行人工辅助喂奶（图5-16）。母羊产后7天以内的乳汁称为初乳。其营养价值高，所含蛋白质、维生素、矿物质丰富，不仅易为羔羊消化吸收，且含有免疫球蛋白，可提高羔羊的抗病力。同时，初乳中含有较多的镁盐，具有轻泻的作用，可促进胎粪排出。因而吃好初乳，对羔羊早期的疾病抵抗、健壮和生长发育具有重要作用。据研究，初生羔羊不吃初乳，将导致死亡率增加、生产性能下降。

图5-16 辅助弱羔吃初乳

（3）**对缺乳羔羊的饲养管理** 在生产中，经常出现因母羊产后死亡、多羔、弱羔或乳房疾病等情况，导致羔羊刚出生就缺奶或少奶。对于这些羔羊必须要精心护理，对缺奶羔羊进行寄养或人工哺喂（图5-17）。寄养时应选择产羔日龄相近的母羊，并将其尿液或胎衣涂抹在羔羊身上，经强迫哺乳几次之后即可寄养成功。人工哺喂羔羊可用羊奶、牛奶或专用奶粉，乳的温度要接近羊的体温，每日哺喂4~6次。

图5-17 人工饲喂羔羊

（4）**适时补饲** 羔羊10日龄左右就可以开始训练吃草料，以刺激消化器官的发育，促进心、肺功能健全。在圈内设置羔羊补饲栏，让羔羊自由采食，少给勤添；待全部羔羊都会吃料后，再改为定时、定量补料，每只每天补喂精料50~100克。羔羊20日龄以后，可随母羊一起放牧。

羔羊1月龄后，逐渐转变为以采食为主。除哺乳、放牧采食外，还可补饲一定量的饲料。补饲料要多样化，最好包括配合精料、优质干草、优质青饲料、块根、块茎等。块根、块茎需切碎，最好与精饲料混合饲喂羔羊。

0~2月龄羔羊补饲精料配方推荐见表5-1。哺乳期羔羊补饲精料适宜的蛋白质水平为20%~22%，适宜的代谢能水平为10.0~11.0兆焦/千克。

表5-1　0～2月龄羔羊补饲精料推荐配方

原料名称	含量（%）
玉米	53.0
豆粕	27.0
小麦麸	6.0
苜蓿草粉	10.0
预混料	4.0
合计	100.0

注：预混料包括矿物元素、部分维生素、香味剂及载体。

（5）及时编号　羔羊在出生后应及时对个体进行编号（图5-18），尤其是规模化养殖场，否则羔羊乱窜会导致混乱不清。同时做好记录，记录内容包括母羊耳号、羔羊性别、毛色、初生重、品种等。

（6）做好疫病预防控制　在羔羊出生后3日龄，每只肌内注射长效土霉素1毫升或口服土霉素粉兑成的溶液（图5-19），预防羔羊细菌性腹泻。

图5-18　羔羊出生当天编号　　　图5-19　灌注口服药物

在7～10日龄内，肌内注射0.2%的亚硒酸钠溶液2毫升，1次/月，连续2个月，预防白肌病。初生羔羊注射右旋糖酐铁（规格：以铁计，每10毫升含铁0.5克）溶液2～3毫升，预防羔羊贫血，可以有效提高羔羊成活率。

补饲饲料中添加1%的酵母粉,可有效预防羔羊因消化不良引起的腹泻。

1月龄后,用伊维菌素或丙硫苯咪唑驱虫1次,制订并严格执行免疫计划。妊娠母羊在产前1个月注射三联四防苗,防止羔羊疾病的发生,同时做好羔羊口蹄疫、羊痘等传染病的预防。

205. 怎样对羔羊进行断奶?

对羔羊断奶的前提是羔羊体质健壮,这取决于前期的饲养管理。若早期补饲,羔羊能实现2月龄顺利断奶。羔羊断奶后,有利于母羊恢复体况,准备再次配种。羔羊断奶多采用一次性断奶法,即将母、仔分开后,不再合群,隔离4~5天,断奶成功。若同窝羔羊发育不整齐,需采用分批断奶的方法。对于体弱羔羊,可采取逐渐减少吃奶次数的方法断奶。

羔羊断奶后,按性别、体质强弱分群饲养。

断奶羔羊(3~4月龄)补饲精料推荐配方见表5-2:玉米49.3%、豆粕7.3%、小麦麸4.4%、苜蓿草粉35%、预混料4%。断奶后羔羊开食料适宜的蛋白质水平为15%~17%,适宜的代谢能水平为10.5~11.5兆焦/千克。

表5-2 3~4月龄羊补饲精料推荐配方

原料名称	含量(%)
玉米	49.3
豆粕	7.3
小麦麸	4.4
苜蓿草粉	35.0
预混料	4.0
合计	100.0

注:预混料包括矿物元素、部分维生素及载体。

第八节　育成羊的饲养管理

206. 什么阶段的羊称为育成羊? 育成羊的生理特点是什么?

育成羊是指羔羊断奶后至第一次配种的公、母羊。年龄多在3 ~ 18月龄。

育成羊的生理特点是生长快,需要的营养物质多。羔羊断奶后5 ~ 10个月生长很快,增重可达15 ~ 20千克。若此阶段营养供应不足,就会显著地影响到生长发育,从而形成个头小、体重轻、四肢高、胸窄、躯干浅的体型;同时还会使体型变弱、被毛稀疏且品质不良、性成熟和体成熟推迟、不能按时配种,而且会影响一生的生产性能,甚至失去种用价值。可以说育成羊是羊群的未来,其培育质量如何是羊群面貌能否尽快转变的关键。

207. 怎样对育成羊进行选种?

挑选合适的育成羊作为种用是提高羊群质量的前提和主要方式。肉羊生产过程中,通过在育成期挑选羊只,将品种特性优良、种用价值高、高产母羊和公羊选出来用于繁殖,将不符合种用要求或者多余的公羊转变成商品生产使用。在实际生产中,主要的选种方法是根据羊品种本身的体形外貌、生产成绩,同时结合系谱审查和后代的生产性能测定。

208. 育成羊应该怎样组群?

肉羊育成阶段一定要按性别单独组群。否则,容易出现偷配现象。过早配种,胎儿质量不佳,还可能出现难产情况,母仔双双死亡,得不偿失。育成阶段的公、母羊群,圈舍应该距离较远,最好互相听不到叫声，以免互相影响。

　　肉羊育成阶段组群，除了考虑性别因素外，还必须考虑羊只大小、强弱情况，将强弱分群饲养。这一点对于舍饲养殖非常重要。否则，弱势羊只长期吃不饱，只会越来越瘦弱甚至死亡。育成羊也需要补饲，按饲养标准采取不同的饲养方案。先把弱羊分离出来，尽早补充富含营养、易于消化的饲料饲草，并随时注意大群中体况跟不上的羊只，及早隔离出来，给予特殊的照顾。根据增重情况，调整饲养方案。

209. 肉羊育成阶段应该怎样饲养？

　　一般来讲，羔羊在断奶、组群后，在青草充足的情况下，仍需继续适当补喂精饲料，补饲量要根据牧草质和量能否满足生长需要而定。因此，合理搭配日粮很重要。在实际生产中，育成期通常可分成两个阶段，即育成前期和育成后期，断奶至8月龄是育成前期，8～18月龄是育成后期。

　　（1）**育成前期**　断奶后的羔羊处于生长发育迅速的阶段，特别是刚刚断奶的羔羊，由于瘤胃容积较小且机能还没有发育完善，消化利用粗饲料的能力较弱，此时饲养的优劣，将对羊只的体型、体重以及成年后的繁殖性能，甚至是整个羊群的品质产生直接影响。此阶段，饲喂的日粮要以精料为主，并搭配适量的青干草、优质苜蓿和青绿多汁饲料，确保日粮中含有17%以下的粗纤维，控制日粮中粗饲料的比例在50%以下。

　　育成前期精料推荐配方见表5-3，日粮组成推荐见表5-4。

　　（2）**育成后期**　肉羊的瘤胃消化机能基本发育完善，能够采食大量的农作物秸秆和牧草，但身体依旧处于发育阶段，育成羊此时不适宜饲喂粗劣的秸秆，即使饲喂也要注意控制其在日粮中所占的比例在20%以下，且使用前还必须进行适当的加工调制。由于公羊在该阶段生长发育迅速，其需要更多的营养，因此可适当增加精料的饲喂量。同时，育成羊在该阶段还要注意补饲矿物质，如钙、磷、食盐等，还要补充适量的维生素A、维生素D。

表5-3 育成前期精料配方

原料名称	精料1（%）	精料2（%）
玉米	68.0	50.0
花生饼	12.0	20.0
豆饼	7.0	15.0
麦麸	10.0	12.0
磷酸氢钙	1.0	/
石粉	/	1.0
食盐	1.0	1.0
添加剂	1.0	1.0
合计	100.0	100.0

表5-4 育成前期日粮组成

日粮组成	精料1（千克）	精料2（千克）
精料	0.4	0.4
苜蓿干草	0.6	/
玉米秸秆	0.2	/
青贮料	/	1.5
干草或稻草	/	0.2
合计	1.2	2.1

育成后期精料推荐配方见表5-5，日粮组成推荐见表5-6。

表5-5 育成后期精料配方

原料名称	精料1（%）	精料2（%）
玉米	45.0	80.0
花生饼	25.0	8.0
葵花饼	12.0	/
麦麸	15.0	10.0
磷酸氢钙	1.0	/
食盐	1.0	1.0
添加剂	1.0	1.0
合计	100.0	100.0

表5-6 育成后期日粮组成

日粮组成	精料1（千克）	精料2（千克）
精料	0.5	0.4
苜蓿干草	/	0.5
玉米秸秆	/	1.0
青贮料	3.0	/
干草或稻草	0.6	/
合计	4.1	1.9

210. 育成阶段的日常管理要注意些什么?

（1）**公羊** 管理的重点是使公羊保持膘情良好，体质健壮，性欲旺盛，以及精液品质优良。公羊采取舍饲时，要注意保持活动场所较大，一般确保每只羊要占有4米²以上圈舍面积。另外，由于夏季温度过高会影响精液品质，此时要加强防暑降温工作，在夜间休息时要确保圈舍保持通风良好。公羊8月龄前不能够进行采精或者配种，当12月龄之后且体重在60千克左右时才能够用于配种。

（2）母羊　育成期的管理重点是满足母羊的营养需要，使其旺盛生长，并做好进行繁殖的物质准备。需要给母羊饲喂大量的优质干草，从而促进消化器官发育完善。要保持充足光照以及适当运动，使其食欲旺盛，心肺发达，体壮胸宽。育成母羊通常在8～10月龄且体重达到40千克或者超过成年体重的65%时进行配种。但由于育成母羊发情不会像成年母羊一样明显和规律，因此必须加强发情鉴定，防止发生漏配。

第九节　羔羊早期断奶及肥羔生产技术

211. 羔羊早期断奶的理论依据是什么？

羔羊早期断奶是通过给羔羊饲喂代乳品及开食料替代母乳进行断奶，缩短母羊的哺乳期，从而调控母羊繁殖周期、促进羔羊快速生长和提前发育的一项重要技术。羔羊断奶前后面临营养物质来源和自身生理功能的巨大变化，一方面营养物质来源由母乳变为外源饲料，母乳无疑是羔羊出生后至断奶期间重要的营养物质，而母羊泌乳规律的变化使得哺乳后期母乳已经不能满足羔羊营养需求，母羊泌乳性能的强弱直接影响羔羊的生长发育状况；另一方面羔羊自身生理功能发生快速变化，从非瘤胃消化阶段进入瘤胃消化阶段。因此，如何选择最佳的早期断奶时机，需要考虑母羊的泌乳规律和羔羊的生长发育规律。

母羊产后2～4周，泌乳达到高峰，在高峰保持2～3周后，泌乳量明显下降，到9～12周后，泌乳量仅能满足羔羊营养的5%～10%。

羔羊初生至3周龄为无反刍阶段，3～8周龄为过渡阶段，8周龄以后为反刍阶段。3周龄内，羔羊基本以母乳为营养来源，其消化由皱胃承担，消化过程与单胃动物相似；3周龄后羔羊开始消化植物性饲料,瘤胃开始发育;当生长到7周龄时,麦芽糖酶的活性逐渐显示出来;8周龄时胰脂肪酶的活力达到最高水平,瘤胃得到充分发育,能采食和消化大量植物性饲料。

从羔羊生长发育规律来看,3周后,羔羊的瘤胃开始发育,能够接受少量的植物性饲料,8周龄时,瘤胃发育成熟,因此,在3周龄时开始对羔羊进行饲料调教,并在8周龄内断奶是可行的。从哺乳母羊哺乳期泌乳规律来看,母羊产后2～4周,母羊泌乳达到高峰期,而到9～12周后,泌乳量仅能满足羔羊营养的5%～10%。因此,羔羊必须在9～12周龄之前断奶。

212. 如何确定早期断奶的时机?

目前,没有统一的早期断奶的概念和标准,在不同的试验条件下得到的结论,不能作为统一的标准。这是由不同品种羔羊、不同饲喂方式、不同代乳品及开食料营养水平等因素造成的。因此,在实际生产中,应该根据以下情况综合确定羔羊早期断奶时机。

(1)**结合母羊的生理特点** 早期断奶是通过控制母羊哺乳期,使母羊早日恢复性周期活动,提早发情配种,缩短产羔间隔,实现高频繁殖的生产目的。母羊产羔后子宫恢复期一般需要30天左右,而在良好的饲养条件下,哺乳期母羊体况的恢复至少也需40天左右。如果断奶时间过早,母羊就很可能在此期间发情配种,而此时由于母羊生殖系统没完全恢复,体况差,往往会导致母羊受胎率降低、弱胎或畸形胎儿比率增加,其结果是母羊的生产能力仍会下降,与早期断奶的根本目的相违背。对于小尾寒羊、湖羊等常年发情多胎品种,上述情况的不良后果可能更严重。

(2)**充分利用母乳资源** 鉴于初乳的重要性,一是要让羔羊及时吃饱、吃好初乳,二是也要充分利用常乳的营养功效,让羔羊尽量吃足母乳。母羊泌乳高峰,一般为产后2～7周,此后逐渐下降,因此,过早断奶就很难保证羔羊对母乳的充分利用。从资源角度来看,过早断奶也是对母乳资源的一种极大浪费,同时,乳汁不能及时排出，容易引发母羊乳房疾病。

（3）根据羔羊生理特点 羔羊从出生到4月龄，生长发育迅速，尤其表现在出生后的前2个月左右，而此时也是母羊泌乳的最高峰期，由此可见，此时羔羊的迅速生长发育主要依赖于母乳。羔羊从早期训练采食，到消化器官的发育成熟、消化能力的提高也是逐步进行的，1月龄左右，其消化固体饲料的能力才初步建立，到2月龄左右基本趋于成熟。如果羔羊断奶时间过早，其生长发育必然受阻。

（4）饲养管理条件 不同饲养条件下的羔羊，其断奶日龄也应有所不同。在具有良好设施、人工哺乳、育羔技术成熟，优质代乳品、饲草贮备充足的情况下，羔羊的断奶日龄可适当提前，但不宜低于30日龄，因为此时羔羊的消化器官、消化腺体没完全发育成熟，即使上述条件再好，消化能力也必然有所受限。

213. 早期断奶的方法有哪些?

目前，羔羊早期断奶的方法主要有三种。

（1）在羔羊出生后6～7天甚至1～2天就断奶，用代乳品培育羔羊到适当日龄，然后转为固体饲料，本方法成本较高，在实际生产中应用较少。

（2）在40天左右直接转为投喂植物性固体饲料，本方法由于前期没有对羔羊诱食，造成羔羊应激大，容易出现腹泻等现象，不宜在实际生产中推广。

（3）在前期对羔羊进行饲料调教，给羔羊一些炒熟的带香味的精料或配制开食料、添加较嫩的牧草，刺激瘤胃发育，增强羔羊消化精、粗饲料的能力，然后在40天左右直接转为投喂固体饲料，本方法实际应用效果较好。

214. 肥羔生产的意义是什么?

肥羔是指50日龄左右断奶，随即转入强度育肥，在3～4月龄、体重23.0～30.0千克时进行屠宰的商品羔羊。

（1）**肉品质优良**　肥羔肉具有比成年羊肉更加鲜嫩、膻味更轻、脂肪含量低、易消化的特点。

（2）**降低生产成本**　肥羔生产可以降低生产成本。1～4月龄的羔羊体重增长最快，其饲料报酬为（3～4）：1，而成年羊则为（6～8）：1，饲料上可节省近一半；另外，肥羔生产可提高出栏率和缩短生产周期，经济效益明显。

（3）**适应季节**　肥羔生产是适应饲草季节性变化的有效措施。晚秋牧草枯黄，严冬来临之前将肥羔出栏，既能够充分利用草山、草坡等自然资源，减少枯草期间羊的体重损失，又减轻了枯草期饲草供不应求的压力。

215. 怎样进行肥羔生产?

进行肥羔生产要做好以下各个环节的工作。

（1）**品种选择**　需选择产肉性能优秀的品种生产肥羔。如在我国南方，选择波尔山羊、南江黄羊与本地山羊三元杂交后代或波尔山羊与本地山羊、南江黄羊与本地山羊、波尔山羊与南江黄羊二元杂交后代的优良个体作为商品代生产肥羔。

（2）**繁殖措施**

①进行选种选配。选留多胎羊，特别是选择第一胎多羔的母羊或者它本身的后代用作种母羊，还应尽可能选留双胎公羊做种公羊。

②对繁殖母羊进行同期发情处理。将浸有孕激素的海绵置于子宫颈外口处10～14天，之后注射PMSG 150～200国际单位，经30小时左右即发情，发情当天和次日各配种一次。

（3）**适时断奶**　羔羊40～50日龄开始断奶。在母羊乳汁营养成分不充足之前，培养羔羊消化利用固体饲料的能力，发挥羔羊的生长潜能。15日龄开始补饲优质的青饲料和营养全面、口感好的开食料；30日龄，饲料由开食料变为补饲料。要求饲料易消化，适口性好，少给勤添（每天投料 5 ～ 6 次），让羔羊自由采食青饲料和青干草。补饲料推荐配方见表 5-7。

表 5-7　补饲精料推荐配方

原料名称	含量（%）
玉米	54.0
豆粕	32.0
麦麸	10.0
食盐	1.0
碳酸钙	1.0
磷酸氢钙	1.0
添加剂	1.0
合计	100.0

注：添加剂包括微量元素、维生素、香味剂及载体。

（4）**分群**　按品种、性别、年龄、体况、大小、强弱合理进行分群，制订育肥的进度和强度计划。公羔可免去势育肥，若需去势宜在 2 月龄进行，去势后要加强护理。

（5）**育肥方式**　以舍饲育肥为宜。要求使用配合日粮，断奶后第一个月，日粮精粗比为 1.0 ∶ 1.0；第二个月，日粮精粗比为 0.9 ∶ 1.0；第三个月及以后，日粮精粗比为 0.8 ∶ 1.0。

肥育精料推荐配方见表 5-8。肥育期前 30 天每日每只供精料约 300 克，肥育期第 31 ～ 60 天每日每只供精料约 400 克，肥育期第 61 天至出售每日每只供精料约 500 克。

表5-8　育肥精料推荐配方

原料名称	含量（%）
玉米	56.5
豆饼（粕）	20.0
麸皮	12.0
菜籽饼（脱毒）	8.0
碳酸钙	1.0
磷酸氢钙	1.0
食盐	0.5
添加剂	1.0
合计	100.0

注：添加剂包括微量元素、生长促进剂等。

第十节　育肥羊的饲养管理技术

216. 育肥方式有哪些?

（1）舍饲育肥　舍饲育肥是将羊圈在圈中，借助科学的饲养技术，根据科学的配方，每天按标准配制饲料，是一种非常有效的育肥模式。这种模式育肥期短、效果好、周转快、经济效益高，而且没有季节的局限，能够全年采用。宰割的羊肉产品，满足了消费者需求，确保了市场供应。舍饲育肥能合理组织肥羔养殖，使宰割的肥羔羊肉品质好、价格高，而且这种模式灵活性强，能依照季节特点及市场需求情况，合理组织成年羊进行有效育肥。

（2）放牧育肥　放牧育肥是最省成本的经济育肥模式，将不用于繁殖的母羊、公羊、老残羊和断了奶的商品羔羊集中起来，借助自然优势，将羊赶到自然草地、人工草地以及秋收地，让羊根据自由选择采食自己喜爱的草。这种模式尤其适合于夏秋牧草生长旺盛期以及农作物收割后，也就是8~9月。如此育肥到11月左右就能出售上市。

（3）混合育肥　混合育肥是舍饲同放牧有机结合的一种育肥模式，也就是每天放牧3~6小时，回羊圈后再加喂精饲料1~2次。这一方法在山区尤其适合，既节省了成本，又加快了羊的出栏时间。

217. 育肥的准备工作有哪些?

（1）组织好肥育羊群　为了使各阶段肉羊的肥育均能获得较好的效果和较高效益，在肥育前，应先将羊按年龄和性别分群，如果品种性能差别较大，还应将不同品种的羊分群。

（2）去势　羔羊可在出生后1~2周进行去势，公羊在肥育前需去势，羊去势后性情温顺、管理方便、容易肥育、节省饲料、羊肉膻味小。

（3）消毒　在羊舍的进出口处设消毒池，放置浸有消毒液的麻布，同时用2%~4%氢氧化钠溶液喷洒消毒。运动场清扫干净后用3%漂白粉、生石灰或5%氢氧化钠水溶液喷洒消毒。羊舍清扫后用10%~20%石灰乳或10%漂白粉、3%来苏儿、5%热草木灰喷洒消毒。

（4）驱虫　一般常用的驱虫药有丙硫苯咪唑、左旋咪唑、伊维菌素等（具体使用方法见第六章第五节肉羊常见寄生虫病的防治技术）。

（5）护蹄　羊应该经常护理肢蹄，修蹄是为了避免发生蹄病，平时应注意休息场所的干燥和通风，勤打扫，如发现羊蹄间、蹄底或蹄冠部皮肤红肿，跛行甚至分泌有臭味的黏液，应及时进行检查治疗。

（6）准备充足的饲草和饲料　养殖户根据实际养羊规模做好饲草饲料的贮存。饲料分为粗饲料和精饲料，粗饲料主要包括各种青草、干草、农作物秸秆和多汁的块根饲料等；精饲料主要由豆粕、玉米组成。适量添加多种维生素，添加铁、锌、硒、铜、锰等必需矿物质元素。

218. 怎样对成年羊肥育?

（1）**育肥技术**　根据羊群的性别、体质强弱情况，合理分群，进行针对性的给料饲养。为了提高肥育效益，要求肥育羊的体型大、增重快、健康无病、肉用性能突出，年龄在1.5～2岁。

供饲喂用的各种草料要铡短，块根块茎饲料要切片，饲喂时要少喂勤添，精饲料的饲喂每天可分两次投料。用青贮、氨化秸秆饲料喂养时，喂量由少到多，逐步代替其他牧草，当羊群适应后，每只成年羊每天饲喂青贮饲料2.0～3.0千克或氨化秸秆1.0～1.5千克。

（2）**添加剂**

①在羊强度肥育时，由于日粮中精料比例加大，代谢过程中产生的过多的酸性产物易造成羊只消化能力的减弱，适当添加缓冲剂平衡酸碱性，改善瘤胃内环境，有利于微生物的生长繁殖。常用的缓冲剂有碳酸氢钠和氧化镁，碳酸氢钠添加量占日粮干物质的0.7%～1%，氧化镁的添加量占日粮干物质的0.03%～0.5%。

②为控制和提高瘤胃发酵效率，提高羊的增重速度及饲料的转化率，可添加莫能素（瘤胃素），添加量一般为每千克日粮干物质中添加25～30毫克。

③羊日粮蛋白质水平宜控制在10%～12%，使用非蛋白氮添加剂，最常用的是尿素，其添加量为日粮干物质的1%或混合料的2%。

（3）**饮水**　确保育肥羊每天都能喝足清洁饮水，当气温在15℃左右时，育肥羊每天饮水量为1.0～1.5千克；当气温在15～20℃时，饮水量为1.5～2.0千克；气温在20℃以上时，饮水量约3.0千克。在冬季不宜饮雪水或冰冻水。

（4）**管理**　育肥羊的圈舍应清洁干燥，空气良好，挡风遮雨；

定期清扫和消毒，保持圈舍的安静，不能随意惊扰羊群；供饲喂用的草架和饲槽长度应与每只羊所占位置的长度和总羊数相称，以免饲喂时羊只拥挤和争食。

经常观察羊群，定期检查，一旦发现羊只异常，应及时请兽医治疗，要特别注意对肠毒血症和尿结石的预防。及时注射四联苗，可预防肠毒血症发生。

第六章 肉羊疫病防控技术

第一节 肉羊疫病诊断技术

219. 如何识别病羊?

快速简单识别病羊应勤观察羊群,从视诊、嗅诊、叩诊、触诊等多个环节观察,综合判断,及时发现病羊,适时采取防治措施。

(1)观察外观和精神状态

①健康羊站立有力,被毛柔顺有光泽,富有弹性,两眼明亮有神,洁净湿润,眼球灵活,扇耳摆尾,反应敏锐,行动敏捷,无论是采食还是休息,喜聚集在一起,休息时间呈半侧卧姿势,人一接近立即站起,可视黏膜,如眼结膜、口腔和鼻腔黏膜为浅粉色;皮肤在毛底层或腋下等部位通常呈现粉红色。

②患病羊精神萎靡不振,缩头垂尾,被毛蓬乱而无光泽,喜卧地且行动迟缓,放牧时常常落后于羊群,并表现出懒洋洋的异常病态;可视黏膜发红、苍白、赤红,甚至溃疡和脓肿;羊的皮肤在毛底层或腋下等部位颜色苍白、潮红,出现疹块、溃疡或脓肿等都是病症。

(2)观察采食

①健康羊食欲旺盛,采食迅速,且采食量常常保持稳中有升的势头。

②患病羊则挑食、拒食或出现异嗜症。拒食的羊一般病情严重,如中毒、恶性传染病、严重消化系统疾病等;发生异嗜症的

羊，则多为营养、代谢障碍所致，尤其是饲喂不足、日粮搭配不当、微量元素不全面、含硫氨基酸和维生素缺乏以及羊患严重的寄生虫病和消化系统疾病。

（3）观察反刍

①反刍是健康羊的重要标志，羊在采食30～50分钟后，在安静或伏卧状态下进行反刍。反刍的每个食团咀嚼50～60次，每次反刍持续30～60分钟，24小时内反刍4～8次。羊在反刍后要将胃内气体从口腔排出体外，即嗳气，健康羊每小时嗳气10～12次。

②病羊反刍与嗳气次数减少、无力甚至停止。病羊经治疗，开始恢复反刍和嗳气是恢复健康的重要标志。

（4）观察体温和呼吸　体温是羊健康与否的重要生理指标。

①山羊的正常体温是37.5～39℃，绵羊是38.5～39.5℃，羔羊比成年羊要高1℃，超过其正常体温0.5℃以上的是发病征兆。

②健康羊呼吸平稳。胸式呼吸多见于腹部疾病，腹式呼吸则多见于心肺疾病。咳嗽除单纯的鼻炎、副鼻窦炎外，喉、气管、支气管、肺和胸膜炎症均会出现强度不等、性质不同的咳嗽，通常羊患喉气管炎咳嗽表现最为剧烈。

（5）观察粪尿

①健康羊粪便一般呈小球状且比较干燥，尿液清亮，无色或微带黄色。

②羊排出或稀或硬的粪便，粪便中带有黏液或血液，排粪量减少甚至停止排粪，尿液黄、少或带血，粪、尿有恶臭等均与疾病有关。

（6）观察鼻镜　健康羊的鼻镜湿润、光滑，常有微细的水珠。鼻镜干燥、不光滑，表面粗糙，是羊患病的征兆。

220. 羊的正常生理常数是多少？

羊体温、呼吸、心跳及瘤胃蠕动次数见表6-1。

表6-1 羊的正常生理常数

类别	体温（℃）	呼吸（次/分）	心跳（次/分）	瘤胃蠕动次数（次/分）
山羊	38.5 ~ 40	10 ~ 18	70 ~ 80	1 ~ 1.5
绵羊	37.6 ~ 40	10 ~ 20	70 ~ 80	1 ~ 1.5
羔羊	40 ~ 41	20 ~ 32	72 ~ 95	1 ~ 1.5

221. 如何对病羊进行解剖?

（1）解剖注意事项

①个人防护：山羊和绵羊能够感染多种人畜共患病，羊的解剖过程中应注意人员自身的保护，应戴手套、口罩。

②防止病原扩散：在解剖前也应注意羊的身体状况，疑似炭疽的病例不能剖检，对确实需要剖检的病例，要做好消毒和防护措施，及时处理，防止人畜共患病的发生。对尸体可挖坑深埋，并加入足量的生石灰，也可用焚烧或生物发酵的方式处理，剖检留下的血迹、粪便等须消毒处理。一般小型的养殖场采取人工解剖，执刀人应具备一定的专业素养和经验技术，熟悉羊的基本结构、组织、器官、系统等，在解剖过程中熟练掌握解剖方法技巧、手术器械的使用。

（2）解剖方法 一般步骤为首先应当进行体表及各种与外界相通腔道的检查，并进行体表的消毒，然后开始自下颌角沿体中线和四肢系部环切开皮肤，从四肢内侧作一与体中线垂直的皮肤切线，然后开始剥皮，切除乳房，切离右前肢、右后肢，进行腹腔检查，取出各类脏器后都应注意检查。

（3）剖检内容 病羊的剖检内容及其需要检查观察的要点见表6-2。

表6-2　剖检内容

检查项目	检查要点
颅腔	脑膜有无出血、充血及寄生虫等
鼻腔	有无炎性肿胀、蓄脓、寄生虫等
口腔	牙齿、牙龈有无出血，唇部有无水疱、溃疡等
肺脏	颜色、大小、有无出血和炎性渗出物，触摸检查肺叶有无硬块、结节、气肿；检查气管和支气管有无黏液、出血等，横切肺叶检查切面的色泽、渗出物和有无出血，检查是否有脓肿、结节、气肿和寄生虫等
心脏	心肌有无出血，大小、硬度以及心包有无积液，积液的颜色和渗出物
肝脏	颜色、硬度、充血和出血情况，有无斑点，肝门静脉是否怒张，胆囊及其内容物形态
肠道	是否有异物存在，有无出血、溃疡、扭转、套叠以及寄生虫等情况，检查食糜的颜色和气味
肾脏	检查其大小、色泽，是否肿胀，有无出血等
膀胱	大小、充盈程度、尿液色泽，有无寄生虫、结石以及膀胱黏膜有无出血和炎症等
子宫	检查子宫内是否有充血、出血、异物及炎症等
睾丸	大小，有无炎症、结节、坏死、萎缩和肿大等病理变化

222. 如何进行病料的采集？

采集病料主要是对羊群发生似疑传染病，临床不能或难以确诊时采集相关病料送相关实验室检查。病料的采集是否正确对疾病的诊断非常重要。

根据不同传染病，相应地采取该病常受侵害的脏器或内容物，如败血性传染病可采取心、肝、脾、肺、肾、淋巴结、胃、肠等，肠毒血症采集小肠及其内容物，有神经症状的采集脑和脊髓等，无法判定时则进行全面采取。

病料采集要新鲜、无菌。在死亡6小时内无菌操作，尽量避免样品被污染。采样所用器械事先高压消毒，取样部位表面用酒精或火焰消毒。对急性死亡病例，如怀疑是炭疽病则不可随意剖解，以防病菌扩散。

223. 如何保存病料?

（1）**细菌检验病料的保存** 病料装入有饱和氯化钠或30%的甘油缓冲盐水的容器中，加塞封口保存；病料为液体的，装在密封的玻璃管或试管中保存。

（2）**病毒检验病料的保存** 病料装入有50%甘油缓冲盐水或鸡蛋生理盐水的容器，加塞封口保存。需做病毒分离的，还应加入一定量的青霉素和链霉素。

（3）**血液的保存** 供细菌或病毒检查的血液样品应加入抗凝剂，常用的抗凝剂为5%的枸橼酸钠溶液，按1毫升抗凝剂加10毫升血液的比例加入抗凝剂，轻轻摇匀即可。

（4）**病理切片的病料保存** 取被检组织3厘米^3，放入10%甲醛溶液或95%酒精中固定，固定液的用量应为送检病料的10倍以上。甲醛溶液应在24小时后更换新鲜溶液一次。冬季为防病料冻结，可将上述固定好的组织块取出保存于100%甘油和10%甲醛等量混合液中。

224. 如何寄送病料?

装料的容器要逐个标号，详细记录，并附病料送检单。对危险病料、怕热、怕冻的病料要分别采取措施。一般供病原学检验的病料怕热，供病理学检验的病料怕冻。怕热的病料应放入加有冰块的保温瓶内送检，如无冰块可在保温瓶内加入氯化铝0.45～0.5千克，加水1 500毫升。上层放病料，包装好后尽快运送，远距离空运为宜。

第二节　肉羊疫病综合防疫技术

225. 如何做好羊场防病工作?

要做好羊场的防病工作,首先要给羊群建立合适的防疫体系。在制订和建立防疫体系时,应以"预防为主,防重于治,确立疫病"的多因论观点,采用综合性防疫措施,切断传染病的流行环节,制订兽医保健防疫计划。其内容应包含以下几个方面:

(1)加强饲养管理

①坚持自繁自养:羊场或养羊专业户应选养健康的良种公羊和母羊,自行繁殖,以提高羊的品质和生产性能,增强羊对疾病的抵抗力,并可减少入场检疫的劳务,防止因引入新羊带来病原体。

②合理组织放牧:合理组织放牧与羊的生长发育好坏和生产性能的高低有着十分密切的关系。应根据农区、牧区草场的不同情况,以及羊的品种、年龄、性别的差异,分别编群放牧。为了合理利用草场、减少牧草浪费和减少羊群感染寄生虫的机会,应推行划区轮牧制度。

③适时进行补饲:当冬季草枯、牧草营养下降或放牧采食不足时,必须进行补饲,特别是对正在发育的幼龄羊、妊娠期和哺乳期的成年母羊补饲尤其重要。种公羊如仅靠平时放牧,营养需要难以满足,在配种期更需要保证较高的营养水平。因此,种公羊多采取舍饲方式,并按饲养标准喂养。

④妥善安排生产环节:养羊的主要生产环节是鉴定、剪毛、梳绒、配种、产羔和育羔、羊羔断奶和分群。每一个生产环节的安排都应在较短时间内完成,以尽可能增加有效放牧时间,如某些环节影响放牧,要及时给予适当的补饲。

(2)做好环境卫生　搞好环境卫生是为了净化周围环境,减少病原微生物滋生和传播的机会，对羊的圈舍、活动场地及用具等，要经常保持清洁、干燥，粪便及污物要做到及时清除，并堆积发酵。防止饲草、饲料发霉变质，尽量保持新鲜、清洁、干燥。以井水或以流动的河水作为饮用水，有条件的地方可建立自动卫生饮水处，以保证饮水的卫生。此外，还应注意消灭蚊蝇、防止鼠害等。

（3）**做好消毒工作** 消毒能有效防止羊传染病的发生和传播。

（4）**做好免疫接种** 免疫接种是一种主动保护措施，通过激活免疫系统，建立免疫应答，使机体产生足够的抵抗力，从而保证群体不受病原侵袭。免疫接种的效果受接种时间、剂量、注苗部位、疫苗质量等因素的影响，所以在做免疫程序的时候还得考虑这些因素。

（5）**定期驱虫** 定期驱虫是治疗和预防羊各种疾病的一项重要措施，同时能避免羊在轻度感染后的进一步发展而造成严重危害。驱虫时机要根据当地羊寄生虫的季节动态调查而定，一般可在每年的3～4月及12月至翌年1月各安排一次。这样有利于羊的抓膘及安全越冬和度过春乏期。常用驱虫药的种类有很多，如有驱除多种线虫的左旋咪唑，可驱除多种绦虫和吸虫的吡喹酮，可驱除羊体内蠕虫的阿苯达唑、芬苯达唑、甲苯咪唑，以及既可驱除体内线虫又可杀灭多种体表寄生虫的依维菌素等。

（6）**检疫** 根据国家和地方政府的规定，应用各种诊断方法（临床的、实验室的），对羊及其产品进行疫病检查，并采取相应的措施，以防疫病的发生和传播。

（7）**发生传染病时的措施** 羊群发生传染病时，应立即采取一系列紧急措施，就地扑灭，以防疫情扩大。

①兽医人员要立即向上级部门报告疫情。

②立即将病羊和健康羊隔离，不让它们有任何接触，以防健康家畜受到传染。

③对于发病前与病羊有过接触的羊（无临床症状）一般称为可疑感染羊，不能同其他健康羊在一起饲养，必须单独喂养，经过20

天以上的观察不发病，才能与健康羊合群。

④如出现病状的羊，则按病羊处理，对已隔离的病羊，要及时进行药物治疗。

⑤隔离场所禁止人、畜出入和接近，工作人员出入应遵守消毒制度。

⑥隔离区的用具、饲料、粪便等，未经彻底消毒不得运出。

⑦没有治疗价值的病羊，由兽医根据国家规定进行严格处理，病羊尸体要焚烧或深埋，不得随意抛弃。

⑧对健康羊和可疑感染羊，要进行疫苗紧急接种或进行药物预防性治疗。

⑨发生口蹄疫、羊痘等急性烈性传染病时，应立即报告有关部门，划定疫区，采取严格的隔离封锁措施，并组织力量尽快扑灭。

226. 什么是消毒？

消毒就是消灭被传染源散播于外界环境中的病原体，以切断传播途径，阻止疫病继续蔓延，是预防和控制疫病的重要手段。

根据消毒的目的，可分三种情况：

（1）**预防性消毒** 每年春秋结合转饲、转场，对羊舍、场地和用具各进行1次全面大清扫、大消毒；结合平时的饲养管理对畜舍、场地、用具和饮水等进行定期消毒，羊床每天用清水冲洗，土面羊床要勤清粪、勤垫圈；产房每次产羔都要消毒，达到预防一般传染病的目的。

（2）**随时消毒** 随时消毒是在发生传染病时，为及时消灭刚从病畜体内排出的病原体而采取的消毒措施。对病羊和疑似病羊的分泌物、排泄物以及污染的土壤、场地、圈舍、用具和饲养人员的衣服、鞋帽都要进行彻底消毒，而且要多次、反复地进行。

（3）**终末消毒** 在病畜解除隔离、痊愈或死亡后，或者传染病扑灭后及疫区解除封锁前，为了消灭疫区内可能残留的病原体所进行的全面彻底的大消毒。

227. 羊场常用的消毒方法有哪些?

（1）**机械性清除** 清扫、洗刷等最普通。

（2）**物理消毒法** 采用阳光、紫外线和通风等，以及火焰、煮沸、蒸汽、烘烤等简单有效的高温消毒。

病畜的粪便，饲料残渣、垫草、污染的垃圾和价值不大的物品，病畜尸体等可火焰焚烧；不易燃的畜舍地面、墙壁可用火焰消毒；金属制品可煮沸消毒，大部分非芽孢病原微生物在100℃的沸水中迅速死亡，大多数芽孢在煮沸后15～30分钟致死。

金属、木质、玻璃和衣物等可在水里加少许碱，如1%～2%的苏打、0.5%的肥皂或苛性钠，可使蛋白质、脂肪溶解，防止金属生锈，提高沸点，增强灭菌作用。

（3）**化学消毒法** 常用化学药品的溶液进行消毒。羊舍消毒应分两步走，先清扫，后用消毒液喷洒地面、墙壁和天花板。产房应在产羔前、中、后期进行多次消毒，病羊舍入口应有消毒池或浸有消毒液（2%～4%氢氧化钠溶液等）的麻袋或草垫。

228. 如何做好羊场的消毒工作?

（1）**圈舍消毒** 按一定的顺序进行，一般从远离门处开始，按地面、墙壁、棚顶的顺序喷洒，最后再将地面喷洒一次。

①常用的消毒药：10%～20%的石灰乳、10%的漂白粉溶液、0.5%～1.0%复合酚、0.5%～1.0%二氯异氰尿酸钠、0.5%过氧乙酸等。

②消毒液的用量：以羊舍内面积每平方米用1升药液计算。

③消毒方法：将消毒液装于喷雾器内，喷洒地面、墙壁、棚顶。然后再开门窗通风，用清水刷洗饲槽、用具，将消毒药味除去。如羊舍有密闭条件，可关闭门窗，用福尔马林熏蒸消毒12～24小时，然后开窗通风24小时。福尔马林的用量为每平方米空间12.5～50毫升，加等量水一起加热蒸发，无热源时，可加入

高锰酸钾（7～25克/米^2），即可产生高热蒸发。在一般情况下，羊舍消毒每年进行两次（春秋各一次）。

④产房的消毒：产羔前应进行一次，产羔高峰时进行多次，产羔结束后再进行一次。

⑤病羊舍、隔离舍的出入口处应放置浸有消毒液的麻袋或草垫，消毒液可用2%～4%氢氧化钠、1%的复合酚或用10%的克辽林溶液。

（2）地面土壤消毒

①生物和物理消毒：羊场或放牧区被某种病原体污染，可疏松土壤，增强微生物间的拮抗作用，使其充分接受阳光中紫外线的照射。另外，种植冬小麦、黑麦、葱、蒜、三叶草、大黄等植物，可杀灭土壤中的病原微生物，使土壤净化。

②化学消毒：土壤表面可用10%的漂白粉溶液、4%的甲醛溶液或10%的氢氧化钠溶液。停放过芽孢杆菌所致传染病（如炭疽）病羊尸体的场所，应严格加以消毒，首先用上述漂白粉溶液喷洒地面，然后将表层土壤掘起0.3米左右，撒上干燥漂白粉，并与土壤混合，将此表土妥善运出掩埋。其他传染病所污染的地面土壤，则可先将地面翻一下，深度约0.3米，在翻地的同时撒上干漂白粉（用量为每平方米0.5千克），然后用水洇湿，压平。

（3）粪便消毒

①掩埋法：将粪便与漂白粉或新鲜的生石灰混合，深埋于地下，一般埋的深度在2米左右。

②焚烧法：此法只用于消毒患烈性传染病羊的粪便。具体做法是挖一个坑，深0.75米、宽0.75～1.0米，在距坑0.4～0.5米处加一层铁炉底。如果粪便潮湿，可混合一些干草，以利于燃烧。

③化学消毒法：适用的化学消毒剂有漂白粉或10%～20%漂白粉溶液、0.5%～1%的过氧乙酸、5%～10%硫酸苯酚合剂、20%的石灰乳等。使用时应注意搅拌，使消毒剂浸透混匀。由于粪便中有机物含量较高，不宜使用凝固蛋白质性能强的消毒剂，以免

影响消毒效果。

④生物消毒法：此法是粪便消毒最常用的消毒方法。羊粪常用堆积的方法进行生物热发酵，在距人、羊的房舍、水池和水井100～200米，且无斜坡通向任何水池的地方进行。挖一宽1.5～2.5米、两侧深度各0.2米的坑，由坑底到中央有大小不等倾斜度，长度视粪便量的多少而定。先将非传染性的粪便或干草堆至0.25米高，其上堆积欲消毒的粪便、垫草等，高达1～1.5米。在粪堆外再堆上0.1米厚的非传染性粪便或谷草，并抹上0.1米厚的泥土。密封发酵2～4个月，可用作肥料。

（4）**污水消毒**　最常用的方法是将污水引入污水处理池，加入化学药品（如漂白粉或其他氯制剂）进行消毒，用量视污水量而定，一般1升污水用0.002～0.005千克漂白粉。

（5）**皮毛消毒**　羊患炭疽病、口蹄疫、布鲁氏菌病、羊痘、坏死杆菌病等，其羊皮、羊毛均应消毒。应当注意，羊患炭疽病时，严禁从尸体上剥皮，在储存的原料皮中即使发现一张患炭疽病的羊皮，也应将与它接触过的整堆羊皮进行消毒。

皮毛的消毒，目前广泛利用环氧乙烷气体消毒法。消毒必须在密闭的专用消毒室或密闭良好的容器内进行。在室温15℃时，每立方米密闭空间使用环氧乙烷0.4～0.8千克，维持12～48小时，相对湿度在30%以上。此外此种方法对细菌、病毒、霉菌均有良好的消毒效果，对皮毛等产品中的炭疽芽孢也有较好的消毒作用。

（6）**兽医诊疗室的消毒**　兽医诊疗室的地面、墙壁等，在每次诊疗前后应用3%～5%来苏儿溶液进行消毒。室内尤其是手术室内空气，可用紫外线在手术前或手术间歇时期进行照射，也可使用1%漂白粉澄清液或0.2%过氧乙酸做空气喷雾，有时也用乳酸、福尔马林等加热熏蒸。有条件时采用空气调节装置，以防空气中的微生物降落于创口或器械表面，引起创口感染。被病原体污染的诊疗场所，在诊疗结束后应进行彻底消毒，推车可用3%的漂白粉澄清液、5%的来苏儿或0.2%过氧乙酸擦洗或喷洒。室内空气用福尔马林熏蒸，同时打开紫外线灯照射2小时后打开门窗通风换气。

诊疗过程中的废弃物如棉球、棉拭污物、污水等，应集中进行焚烧、生物热发酵处理，不可到处乱倒乱抛。

229. 羊场常用的消毒药物有哪些?

选择消毒药物应考虑以下几方面：①对病原体的消毒力强；②对人畜的毒性小；③不损害被消毒的物体；④易溶于水；⑤在消毒的环境中比较稳定；⑥不易失去消毒作用，价廉易得和使用方便。

羊场常用的消毒药物和消毒对象见表6-3。

表6-3　常用消毒药物和消毒对象

消毒药物	使用浓度	消毒对象
石灰乳	10%～20%	适用于消毒被口蹄疫、传染性胸膜肺炎、羔羊腹泻等病原污染的圈舍、地面、用具及排泄物等
石灰粉		地面、粪池、污水、门口消毒池内
热草木灰水	20%	羊舍、围栏、饲料槽、饮水槽
来苏儿	3%～5%	羊舍、围栏、用具、手术器械
	5%～10%	排泄物
	1%～2%	手
漂白粉溶液	1%～20%	羊舍、围栏、车辆、粪尿、水井
火碱溶液	2%～5%	羊舍、围栏、车辆、污染物
过氧乙酸溶液喷雾	0.5%～1%	羊舍、围栏、饲料槽、饮水槽、木质车船
克辽林	3%～5%	羊舍、围栏、污染物
甲醛	3%～5%	畜舍地面、墙壁、天花板、消毒池、饲槽、用具、排泄物等的消毒，也可用于畜体体表消毒

影响消毒药物消毒效果的因素有：①病原体抵抗力；②环境的情况和性质；③消毒时的温度；④药剂的浓度；⑤作用时间长短。所以，消毒应用中应根据实际情况，确定消毒药及其剂量等。

230. 羊场应建立哪些兽医记录?

（1）**消毒记录**　建立并保存消毒记录，包括消毒剂种类、批号、生产单位、剂量、消毒方式、消毒频率或时间等。

（2）**免疫程序记录**　建立并保存动物的免疫程序记录，包括疫苗种类、使用方法、剂量、批号、生产单位等。

（3）**治疗记录**　建立并保存患病动物的治疗记录，包括患病家畜的畜号或其他标志、发病时间及症状、药物种类、使用方法及剂量、治疗时间、疗程、所用药物的商品名称及主要成分、生产单位及批号等。

所有记录资料应在清群后保存2年以上。

231. 羊场常用的抗菌药物有哪些?

（1）**抗生素**　青霉素类包括青霉素、氨苄西林、阿莫西林、苯唑西林等；头孢菌素类包括头孢唑啉、头孢氨苄、头孢西丁、头孢噻呋等；氨基糖苷类包括链霉素、卡拉霉素、庆大霉素等；四环素类包括土霉素、四环素等；氯霉素类包括甲砜霉素、氟苯尼考等；大环类脂类包括红霉素、泰乐菌素、替米考星、螺旋霉素等；林可胺类包括林可霉素、克林霉素等；多肽类包括杆菌肽、多黏菌素B等。

（2）**化学合成抗菌药**　磺胺类及其增效剂包括磺胺噻唑、磺胺嘧啶、磺胺二甲嘧啶、磺胺甲噁唑、磺胺对甲氧嘧啶、磺胺间甲氧嘧啶、磺胺多辛、磺胺氯吡嗪钠、磺胺脒等，增效剂常用甲氧苄啶和二甲氧苄啶，与磺胺类药物联用，以增强其抗菌活性；喹诺酮类包括环丙沙星、恩诺沙星、达氟沙星等；喹噁啉类包括乙酰甲喹、喹乙醇等；其他包括呋喃唑酮、硝基咪唑等。

（3）**抗真菌药**　两性霉素B、灰黄霉素、制霉菌素等。

232. 羊场常用的抗病毒药物有哪些?

羊场常用抗病毒药有：焦磷酸化合物、缩氨硫脲、2-脱氧-D-葡萄糖及葡萄胺、聚肌胞、阿糖腺苷等抗病毒化学药物；干扰素、白细胞介素等抗病毒细胞因子；许多中草药，如穿心莲、板蓝根、大青叶等，也可用于某些病毒感染性疾病的防治。目前在实验中虽有不少抗病毒药物在应用，但其临床疗效不肯定。

233. 羊场常用的驱虫药物有哪些?

（1）**驱线虫药**　阿维菌素类包括阿维菌素、伊维菌素、多拉菌素等；苯并咪唑类包括噻苯咪唑、丙硫苯咪唑、甲苯咪唑、硫苯咪唑、磺苯咪唑、丁苯咪唑、苯双硫脲、丙氧苯咪唑等；咪唑并噻唑类包括左旋咪唑和四咪唑；四氢嘧啶类包括噻嘧啶、甲噻嘧啶和羟嘧啶；有机化合物包括敌百虫、哈罗松和蝇毒磷。

（2）**驱绦虫药**　主要有吡喹酮、氯硝柳胺、硫氯酚、丁萘脒等。

（3）**驱吸虫药**　驱肝片吸虫的药物主要包括硝氯酚、硝碘酚腈及三氯苯达唑；抗血吸虫药物包括吡喹酮、硝硫氰醚、硝硫氰胺、六氯对二甲苯和呋喃丙胺。

（4）**杀虫药**　有机磷杀虫药包括敌百虫、皮蝇磷、氧硫磷、倍硫磷等；拟菊酯类杀虫药包括胺菊酯、氯菊酯、溴氰菊酯等；其他包括阿维菌素类药物、双甲脒、氯苯脒等。

234. 怎样制定羊场驱虫方案?

我国南方肉羊养殖量比较大，温暖湿润的气候条件适合吸虫、线虫成虫、虫卵的发育，此外还有大量绦虫的中间宿主大量生长。为了有效保护人类健康，减少山羊寄生虫感染，选择有效的驱虫药和制定合理的驱虫方案尤为重要。

（1）**疫情调查**　到当地畜牧兽医部门查阅寄生虫相关普查资

料，了解当地已经普查到的寄生虫种类，了解近几年来出现的山羊寄生虫疫情发生情况。

（2）**环境评估**　查看草场自然环境，是否低洼潮湿，是否光照充裕，是否有寄生虫的天然宿主；查看栏舍环境，栏舍位置、通风、光照、密度、运动场等是否有利于疫病防控；查水源，看水源是否清洁无污染。

（3）**定期对羊群进行虫卵检查**　根据养殖场羊群虫卵检测的结果，可以进行有计划、有针对性的驱虫。

（4）**选择合适的驱虫时间**　根据山羊寄生虫成虫、幼虫和感染山羊的情况选择最佳的驱虫时间，南方适合选择春草起和秋草茂时驱虫。春草起和秋草茂时驱虫利于抓膘，同时，利于和春秋防疫结合起来。对于新购进的羊应该先隔离观察一段时间，驱虫后再合群。育成羊和成年母羊可在配种前进行驱虫。

（5）**确定合适的驱虫次数**　肉羊每年驱虫次数要依据每个山羊场的具体情况确定，南方肉羊一般每年驱虫2次为宜，必要时增加驱虫次数。

（6）**确定驱虫重点**　根据羊场的具体情况和寄生虫病发生的可能性以及日常饲养中发现的情况确定驱虫防病重点。

235. 禁止在羊饲料和饮水中使用的药物有哪些?

根据国家有关规定，肾上腺素受体激动剂、性激素、蛋白同化激素、精神药品、各种抗生素滤渣等严禁在养羊生产中使用。

（1）**肾上腺素受体激动剂**　盐酸克仑特罗、沙丁胺醇、硫酸沙丁胺醇、莱克多巴胺、盐酸多巴胺、西马特罗、硫酸特布他林。

（2）**性激素**　己烯雌酚、雌二醇、戊酸雌二醇、苯甲酸雌二醇、氯烯雌醚、炔诺醇、炔诺醚、醋酸氯地孕酮、左炔诺孕酮、炔诺酮、绒毛膜促性腺激素、促卵泡生长激素。

（3）**蛋白同化激素**　碘化酪蛋白、苯丙酸诺龙及苯丙酸诺龙注射液。

（4）**精神药品**　氯丙嗪、盐酸异丙嗪、安定、苯巴比妥、苯巴比妥钠、巴比妥、异戊巴比妥、异戊巴比妥钠、利血平、艾司唑仑、甲丙氯脂、咪达唑仑、硝西泮、奥沙西泮、匹莫林、三唑仑等。

（5）**各种抗生素滤渣**　该物质是抗生素生产过程中废渣，因含有少量抗生素成分，故在饲养中使用对动物有一定促长作用，但对养殖业危害很大，一是引起耐药性，二是未做安全性试验，存在各种安全隐患。

236. 预防用药的选用原则是什么？

（1）**敏感性和耐药性**　选用预防效果最好的药物，首先考虑病原体对药物的敏感性和耐药性。最好进行药物敏感性试验，选择最敏感的药物用于预防，防止产生耐药性。不同种属的动物对药物的敏感性不同，应区别对待。

（2）**防止中毒**　某些药物剂量过大或长期使用会引起动物中毒，将要出售的应适时停药，以免药物残留。要按规定的剂量，均匀地拌入饲料或完全溶解于饮水中。有些药物的有效剂量与中毒剂量之间距离太近，如喹乙醇，掌握不好就会引起中毒。有些药物在低浓度时具有预防和治疗作用，而在高浓度时会有毒性，使用时要加倍小心。

（3）**注意配伍禁忌**　两种或两种以上药物配合使用时，有的会产生理化性质改变，使药物产生沉淀或分解、失效甚至产生毒性，一定要注意配伍禁忌的问题。

（4）**价廉易得**　在集约化养殖场中，养殖数量多、预防用药开支大，为了提高利润、降低成本，应尽可能地选用价廉易得而又确有预防作用的药物。

237. 如何合理有效地使用抗生素？

抗菌药在细菌性疾病发生过程中以及预防病毒性疾病流行中可能出现的混合或继发感染中被广泛采用，群体性的用抗菌药物进行疫病的预防和治疗已是畜禽防疫工作中的主要环节。所谓合理应用抗菌药物是指在明确指征下选用适宜的抗菌药物，并采用适宜的剂量和疗程，以达到杀灭致病微生物和控制感染的目的；同时采取各种相应的措施以增加畜禽的免疫力和防止各种不良反应的发生。

（1）**明确用药指征，严格掌握适应证** 正确和明确的诊断是合理使用抗菌药物的先决条件，当发生疾病时应尽可能做病原学检验。分离和鉴定病原菌后，有条件的单位必须进行细菌药物敏感度测定实验。对暂时还没有条件进行药敏试验的生产单位，畜禽发生细菌性疾病时，治疗药物应尽量选用本场或本地区不常使用的药物，这不但可达到治疗效果，而且可为临床用药提供经验。

（2）**掌握药物动力学特征，制定合理的给药方案** 必须有合理的剂量、疗程和给药途径，维持有效血药浓度，才能彻底杀灭病原菌。常采用负荷剂量，即首次剂量加倍的方法。病原体在动物体内的生长繁殖有一定的过程，药物对病原菌的治疗也需要一定的时间，也就是所说的疗程。疗程过短病原菌只能被暂时抑制，一旦停药，受抑制的病原体又会重新生长繁殖，其后果是易使疾病复发或转为慢性。药物连续使用时间，必须达到1个疗程以上，不可使用1～2次就停药，或急于调换药物品种，因很多药物需使用1个疗程后才显示出疗效。

（3）**防止病原体产生耐药性** 盲目的滥用抗生素易于诱导产生耐药菌株。为防止耐药菌株的产生，应注意以下几点：

①限制使用有高潜在耐药倾向的抗生素，如头孢他啶、庆大霉素和万古霉素。

②杜绝不必要的预防用药，尽可能避免皮肤、黏膜的局部用药。

③严格掌握用药指征，剂量要够，疗程恰当，除败血症、骨髓炎、结核病等需较长疗程外，一般感染不超过5～7天。

④不应用抗生素治疗非感染性疾病和病毒性感染。

⑤不一定要用的尽量不用，单一抗菌药物有效的就不联合用药。

⑥发现耐药菌株感染，应该用对病原菌敏感的药物或联合用药。

（4）**合理的联合用药，避免配伍禁忌** 联合用药是指同时或短期内先后应用两种或两种以上药物（抗菌药物不宜超过3种），目的在于增强抗菌药物的疗效、减少或消除其不良反应，或防止细菌产生耐药性，或分别治疗不同症状与并发症。其意义在于发挥药物的协同抗菌作用以提高疗效，降低毒副作用，延缓或减少抗药性的产生，对混合感染或不能做细菌诊断的病例，联合用药可扩大抗菌范围。但是，如果滥用抗菌药联合，可能产生的不良后果会增加不良反应的发生率，易出现二重感染、耐药菌株增多，不仅延误治疗，还浪费药品，故应权衡利弊，扬长避短。

针对目前畜禽疾病复杂、混合感染增多的现状，联合用药是有效治疗手段之一。但在实际应用中，因药物配伍禁忌造成药效降低、疾病不能有效控制的事件时有发生。因此，药物联合应用时配伍禁忌的问题不容忽视。

所谓配伍禁忌是在用两种以上药物治疗同一患病畜禽，可能存在药理作用相反，出现拮抗作用（如土霉素与青霉素的配伍），或者一种药物减低另一种药物的作用，或者一种药物增加另外一种药物的毒性（如磺胺类药与氯化铵合用，氯化铵可使尿液酸化，增加磺胺对肾脏的毒害作用），或者两种药物发生化学变化，成为第三种物质（如青霉素与盐酸氯丙嗪、重金属相遇，则分解沉淀）等。

238. 肉羊的常用药物有哪些?

（1）**消化系统疾病的常用药物**

①健胃与助消化药：龙胆酊、马钱子酊、陈皮酊、桂皮粉、豆蔻粉、姜酊、大蒜、人工盐、10%的稀盐酸、稀醋酸、乳酸、胃蛋白酶、乳酶生、干酵母。

②抗酸药：碳酸钙、氧化镁、氢氧化镁、氢氧化铝、胃肠宁。

③促反刍药：氨甲酰甲胆碱注射液、新斯的明、甲氧氯普胺等。

④制酵药：鱼石脂、大蒜酊。

⑤消沫药：二甲硅油、松节油、各种植物油。

⑥泻药：硫酸钠、硫酸镁、液体石蜡、植物油、大黄。

⑦止泻药：鞣酸、鞣酸蛋白、碱式硝酸铋、药用炭等。

（2）呼吸系统疾病的常用药物

①祛痰药：氯化铵、碘化钾等。

②镇咳药：可待因、喷托维林等。

③平喘药：氨茶碱、异丙阿托品等。

（3）泌尿、生殖疾病的常用药物

①利尿药：呋塞米、氢氯噻嗪、螺内酯等。

②子宫收缩药：缩宫素、麦角新碱等。

239. 肉羊病常见的用药误区有哪些?

（1）见热就退　发热是机体抵抗疾病的生理保护反应和病体自我调节的短时反应，一定程度的发热可以提高病体吞噬致病微生物的能力，有利于机体的保护。因此过早或过量地使用解热药，既影响防御反应的发挥又会掩盖病症造成误诊，还能使排汗过多引起血压下降甚至虚脱危及生命，但当体温过高或发烧时间过长应及时解热退烧。

（2）见病就抗菌剂　在治疗疾病时见病就用抗菌剂，抗生素的滥用会引起双重感染和提高病菌的抗药性。因此应根据情况灵活使用。

（3）见泄就止　腹泻是畜体排除腹内毒素等有害物的一种保护性反应、对畜体无害反而有利。只是腹泻过多或过长时，应急速口服补液盐，并应用抗菌药物。

（4）病好就收　病除后不用药巩固，常易复发或可能转为慢性，应病好后再坚持1～2天的治疗以巩固疗效。

240. 怎样制定肉羊传染病的免疫程序?

肉羊主要传染病参考免疫程序见表6-4。

表6-4 肉山羊主要传染病参考免疫程序

疫苗	接种时间	使用方法	预防疾病	免疫期
羊痘活疫苗	羔羊2～3月	股内侧皮下注射	羊痘	1年
羊梭菌病多联灭活疫苗或羊梭菌病多联干粉灭活疫苗	羔羊2～3月，母羊配种前1个月，8～9月	肌内或皮下注射	羊肠毒血症、羊快疫、羊猝狙、羔羊痢疾、羊黑疫	1年
羊败血性链球菌病灭活疫苗	羔羊3～4月，母羊配种后1个月	皮下注射	羊链球菌病	6个月
羊传染性胸膜肺炎活疫苗	羔羊3～4月	皮下或肌内注射	羊传染性胸膜肺炎	1年
羊支原体肺炎灭活疫苗	羔羊3～4月	颈部皮下注射	羊支原体肺炎	1年
羊大肠杆菌病灭活疫苗	羔羊3～5月，母羊配种后1个月	皮下注射	羊大肠杆菌病	5个月
羊传染性脓疱性皮炎活疫苗	羔羊3～4月，母羊配种前1个月	口唇黏膜内注射，仅限于疫区使用	羊传染性脓疱性皮炎	5个月
羊衣原体病灭活疫苗	母羊配种前1个月	皮下注射	羊衣原体病	7个月
羊布鲁氏菌病活疫苗	母羊配种前1～2个月	皮下注射、滴鼻或口服免疫，仅限于疫区使用	羊布鲁氏菌病	3年

241. 给肉羊进行免疫接种时要注意哪些问题?

（1）严格按照免疫程序进行免疫，并按疫苗使用说明书的注射方法要求，准确地免疫接种。免疫接种人员要组织好保定人员，做到保定切实，注射认真，使免疫工作有条不紊地进行。工作人员要穿好工作服，做好自我防护。

（2）免疫接种必须由县乡业务部门审核认定的动物防疫人员（规模场可在动物防疫人员监督下进行免疫）掌针执行。动物防疫员在接种前要做好注射器、针头、镊子等器械的洗涤和消毒工作，并备有足够的碘酊棉球、酒精棉球、针头、注射器、稀释液、免疫接种记录本和肾上腺素等抗过敏药物。

（3）免疫接种前应了解羊的健康状况，对病羊、羔羊、产前1个月和产后半个月内的母羊、引进饲养不到半月的羊可暂缓注射，做好补针记录。

（4）疫苗在使用前要逐瓶检查，要查看瓶口有无破损，封口是否严密，内容物是否变色、沉淀，标签是否完整，有效期限，稀释方法，使用方法，标签的头份，以及生产厂家，批准文号等。避免使用伪劣产品。

（5）各类疫（菌）苗都为特定专用，不得混淆交叉使用。

（6）接种时在保定好羊的情况下，确定注射部位，按规程消毒，针头刺入适宜深度，注入足量疫苗，拔出针头后再进行注射部位消毒，轻压注射部位，防止疫苗溢出；若是口服或滴鼻、饮水苗也应按疫苗的使用要求进行，坚决不许"打飞针"。

（7）接种时要一羊一换针头，规模场可一圈一换针头，用过的棉球、疫苗空瓶回收，集中无害化处理。

（8）免疫对象"三不打"。羊3月龄以下不打、妊娠2个月以上或产后不足1.5个月不打、患病或体弱者不打。

（9）免疫接种时间应安排在饲喂前进行；免疫接种后要注意观察，关键是注射后2小时内，如遇有过敏反应的羊立即在30分钟内用肾上腺素、地塞米松等抗过敏药及时脱敏抢救。

（10）免疫资料的记录要齐全，免疫结束后要填写免疫档案，包括个体号、年龄、妊娠月数、免疫时间、疫苗种类、注射剂量、疫苗生产厂家、补针时间、出栏时间、畜主签名、防疫员签名等，实施档案管理。

242. 两种活疫苗能否同时进行接种?

因活疫苗在体内会相互干扰，故两种活疫苗不能同时进行接种。

243. 如何保存、运输和使用疫苗?

（1）**保存**　购买的疫苗应尽快使用，时间越长效果越差。在国内现有的条件下，活疫苗一般在−15℃条件下保存，灭活苗在2～8℃条件下保存。

（2）**运输**　运输前必须妥善包装，防止碰破流失。运输途中避免高温和日光照射，应在低温下运送。大量运输时应使用冷藏车，少量运输时可装入盛有冰块的广口保温瓶内运送。但对灭活苗在寒冷季节要防止冻结。

（3）**疫苗的使用**

①接种方式：主要有注射、滴鼻、点眼、饮水、口服、喷雾等。

②操作方法：使用油乳剂疫苗前应充分摇匀，气温较低时，应提前将疫苗放在37℃左右的温水中预温；注射器针筒排气时溢出的疫苗，应吸附在酒精棉球上，不可随意抛洒。

244. 接种疫苗前后能否使用抗菌药或抗病毒药?

不能一概而论，要分情况。为防止药物对接种疫苗的干扰和疫苗之间的相互干扰，在注射病毒性疫苗的前后3天严禁使用抗病毒药物。两种病毒性活疫苗的使用要间隔7～10天，减少相互干扰。病毒性活疫苗和灭活疫苗可同时分开使用。注射活菌疫苗前后5天严禁使用抗生素，两种细菌性活疫苗可同时使用，而抗生素对细菌性灭活疫苗没有影响。

第三节　肉羊常见传染病的防治技术

245. 如何防治肉羊传染性胸膜肺炎?

羊传染性胸膜肺炎又称羊支原体肺炎，是由肺炎支原体所引起的一种高度接触性传染病，其临床特征为高热、咳嗽、流脓鼻液、胸和胸膜发生浆液性和纤维素性炎症，呈急性和慢性经过，病死率很高。

（1）**临床症状** 羊被毛粗乱，头低耳耷，不愿走动，采食量下降，反刍减弱，轻微咳嗽，病羊体温大多在40～40.5℃，眼睑肿胀、流泪，有黏液-脓性分泌物黏于眼睑，4～5天后整个羊群全部感染，咳嗽变干而痛苦，鼻液转为黏液-脓性分泌物并呈铁锈色，高热稽留不退，呼吸困难，痛苦呻吟，最后病羊倒卧，极度衰弱委顿，呻吟哀鸣，濒死前体温降至常温以下，死亡时口内流出大量黄色液体（临床症状及解剖病变见图6-1、图6-2、图6-3）。

图6-1 羊传染性胸膜肺炎（眼有黏液-脓性分泌物）

图6-2 羊传染性胸膜肺炎
（心包与肋膜及肺粘连，心包表面有白色纤维素层黏附）

图6-3　羊传染性胸膜肺炎

（心包与胸膜、肋膜及肺发生粘连，肝肿大，胆囊肿胀）

（2）预防及治疗

①对假定健康的肉羊紧急接种山羊传染性胸膜肺炎氢氧化铝灭活疫苗，6月龄以下的肉羊皮下注射3毫升，6月龄以上的肉羊皮下注射5毫升，发病肉羊和可疑肉羊经药物治疗疫情控制后也接种上述疫苗。

②加强消毒，全面消毒羊舍、用具及运动场所，对病死肉羊尸体、粪便进行无害化处理。

③如出现明显的临床症状，全群立即用20%的氟苯尼考按每千克体重30毫克的剂量给羊饮水进行预防。

④对有临床症状的肉羊用泰乐菌素按每千克体重0.15毫升剂量及氟苯尼考按每千克体重0.2毫升剂量分别肌内注射，每日1次，连用3次。

⑤全群感染时，所有羊用替米考星按每千克体重0.2毫升剂量肌内注射，隔日1次，连用3次。

⑥对全群肉羊在最后一次用替米考星治疗后的第2日用盐酸林可-大观霉素按每千克体重0.1～0.15毫升剂量肌内注射（注：每10毫升盐酸林可-大观霉素含林可霉素0.2克、大观霉素0.4克），每日1次，连用3次。

246. 如何防治肉羊口疮?

羊口疮又称羊传染性脓疱,是肉羊的一种病毒性传染病,羔羊多为群发,以口、唇等处皮肤和黏膜形成丘疹、脓疱、溃疡为特征。

(1)**临床症状**　病初口角、上下唇、鼻镜上出现散在的小红斑,逐渐变为丘疹和小结节,继而成为水疱或脓疱,破溃后结成黄色或棕色的疣状硬痂,并互相融合,波及整个口唇周围,形成大面积龟裂、易出血的污秽痂垢,痂垢不断增厚,整个嘴唇肿大外翻呈桑葚状隆起,采食极度困难(图6-4)。

图6-4　肉羊口疮　　　　　　　图6-5　口疮治疗

(2)**治疗**

①病初用高锰酸钾片0.1克加温热水100毫升配制成0.1%的溶液,反复冲洗口、唇等患部5分钟,待晾干后涂以1%甲紫溶液,每日早晚各1次(图6-5)。

②严重病例先用0.1%的高锰酸钾溶液浸泡患部1～2分钟,待痂垢软化后用刀片彻底清除痂垢,待晾干后涂上碘甘油,每日早晚各1次。

③严重病例在用以上方法处理的同时,用青霉素80万国际单位、地塞米松磷酸钠注射液5毫克混合肌内注射,每日1次。

247. 如何预防肉羊小反刍兽疫?

小反刍兽疫又称羊瘟、小反刍兽瘟，是由小反刍兽疫病毒引起的一种急性或亚急性、热性、接触性传染病，发病率80% ~ 100%，死亡率50% ~ 100%。小反刍兽疫主要感染山羊、绵羊。世界动物卫生组织（OIE）将其列为必须报告的动物疫病，我国将其列为一类动物疫病，小反刍兽疫是《国家动物疫病中长期防治规划(2012—2020年)》明确规定重点防范的外来动物疫病之一。

（1）临床症状　临床以突然发病、发热、溃疡、流眼泪、流鼻涕，坏死性口腔炎、肺炎、腹泻及流产为特征，一年四季均可发生，但多雨季节和干燥寒冷季节多发。潜伏期一般为4 ~ 6天，短者1 ~ 2天，长者10 ~ 21天。由于感染羊的年龄大小及病毒株毒力强、弱的不同，根据症状可分为温和型、标准型和急性型。

①温和型：症状轻微，发热，类似感冒症状；发生轻度腹泻并持续2 ~ 3天，分泌物量少并在口腔和鼻子周围及下颌发生结节和脓疱及形成痂皮，此后发病动物逐渐康复。

②标准型：动物精神沉郁、发热，眼及鼻出现水样分泌物，症状出现后的2 ~ 3天直肠温度可达40 ~ 41℃，持续3 ~ 8天后体温开始下降，所有黏膜严重充血，口腔卡他性炎症，内有散在的小灰白色的坏死灶。口鼻分泌物严重增加。病变损害部位包括舌、牙床、上腭及双颊。坏死斑表面脱落后形成不规则的糜烂区。病羊口渴、食欲下降，开始排泄水样粪便，有时出现腹泻。口、鼻及眼分泌物由浆液性变为黏液性脓性分泌物。眼睑黏合，鼻孔堵塞，呼吸困难加剧，诱发支气管肺炎并引起咳嗽。大多数发病动物在症状出现后10 ~ 12天死亡。怀孕母羊可发生流产。

③急性型：较少发生，急性死亡，感染后1 ~ 2天内死亡。幼羊症状表现剧烈，发病率及死亡率均高。

（2）诊断　根据小反刍兽疫的流行特点、临床症状和病理变化等（图6-6至图6-11），可初步诊断，若确诊需要进行实验室诊断

（病原学检测、血清学检测，与羊传染性胸膜肺炎、巴氏杆菌病、羊传染性脓疱、口蹄疫和蓝舌病的鉴别诊断）。

图6-6 小反刍兽疫：脾脏
局部出血性实变

图6-7 小反刍兽疫：肠系膜
淋巴结索状肿

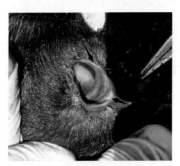

图6-8 小反刍兽疫：眼结膜
严重充血

图6-9 小反刍兽疫：肾脏
充血性水肿

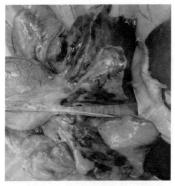

图6-10 小反刍兽疫：肺脏
严重出血

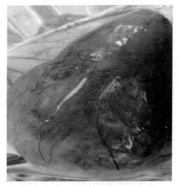

图6-11 小反刍兽疫：心脏
充血性水肿

（3）防制措施

①加强日常防疫：养羊场要加强防疫管理，切实提高生产安全水平。建立健全防疫制度，做好日常饲养管理和消毒工作，外来人员和车辆进场前应彻底消毒。

②疫区和高风险区免疫：经农业部批准，疫区和高风险区实行小反刍兽疫计划免疫，并做好新生羔羊的补免。近年来已研制的同源性小反刍兽疫苗（75／1株），接种后能获得较好的免疫。

③加强动物疫病监测排查：加强羊等易感动物的监测排查，及时发现和消除隐患；养殖场发现疑似小反刍兽疫患病动物后，应立即隔离疑似患病动物，限制其移动，加强消毒，并立即向当地兽医主管部门或动物疫病预防控制机构报告。一旦发现本病，立即扑杀病羊和同群羊，并严格消毒。

④加强对本病的检疫，强化活羊调运监管：严格执行动物防疫有关法律法规，严禁从疫区引进羊只，限制从可疑区引进动物精液、胚胎、卵和畜产品。对外来羊只，尤其是来源于活羊交易市场的羊调入后必须隔离观察30天以上，经临床诊断和血清学检查确认健康无病后，方可混群饲养。

⑤做好各项应急准备工作：一旦发现病羊或病原学阳性，必须严格按照农业部《小反刍兽疫防控应急预案》和《小反刍兽疫防治技术规范》的要求，依法果断处置，坚决彻底拔除疫点，严防扩散。

⑥扑杀处理：一旦发生本病，对病羊及同群羊扑杀后，经农业部批准可在疫区、受威胁地区进行疫苗免疫，建立免疫隔离带。

248. 如何防制羊口蹄疫？

口蹄疫是由口蹄疫病毒所引起的偶蹄动物的一种急性、热性、高度接触性传染病。

（1）临床症状 该病潜伏期为1～7天，平均2～4天。患羊发病后体温升高至40.5～41.5℃，精神不振，口腔黏膜、蹄部皮肤形成水疱，水疱破裂后形成溃疡和糜烂。病羊表现疼痛、流涎，涎水呈泡沫状。常见的病灶部位有唇内面、齿龈、舌面及颊部黏膜，有的在蹄叉、蹄冠，有的在乳房，水疱破裂后眼观形成疤痕。羔羊易发生心肌炎死亡，有时呈现出血性胃肠炎。

（2）防制措施

①发生该病要及时上报，划定疫区后由动物检疫部门扑杀销毁疫点内的同群易感家畜。

②被污染的圈舍、用具、环境要严格彻底消毒。

③及时封锁疫区，防止易感家畜及其产品的运输，把病原消灭在疫区内。

④对威胁区的易感家畜要紧急接种羊口蹄疫疫苗，以防止疫病的扩散。该病只能预防，无治疗药物。

249. 如何防治羊快疫?

该病是由腐败梭菌引起的，发生于山羊的一种急性传染病。特征是肉羊突然发病、病程极短，皱胃黏膜呈血性炎性损害。

（1）临床症状　羊突然发病，往往未表现出临床症状即倒地而亡，且多在放牧途中或在牧场上死亡，也有的在早晨发现死于羊圈舍内。有的病羊离群独居、卧地、不愿意走动，强迫其行走时，则运步无力，运动失调，腹部鼓胀，有疝痛表现。体温有的升高至41.5℃，也有的病羊体温正常。发病羊多以机体极度衰竭、昏迷，发病后数分钟或几天内死亡。

（2）防治措施

①该病以预防为主，可用羊三联苗进行预防注射，每年定期（春秋）各注射1次。

②放牧时要防止羊只误食被病菌污染的饲料和饮水。同时，要注意舍内的保暖和通风，饲料更换时要逐渐完成，不要突然改变。

③治疗：可肌内注射青霉素，每次80万～160万国际单位，首次剂量应加倍，每天3次，连用3～4天。或内服磺胺脒，每千克

体重0.2克，第2天剂量减半，连用3～4天。

250. 如何防治羊猝疽?

该病是由C型魏氏梭菌所引起的一种毒血症，以急性死亡、腹膜炎和溃疡性肠炎为特征。

（1）临床症状　C型魏氏梭菌随饲草和饮水进入患羊消化道，在十二指肠和空肠内繁殖，并产生毒素引起发病。该病病程短，常未见症状即突然死亡。有时病羊掉群、卧地、表现不安、衰弱或痉挛，多在数小时内死亡。

（2）防治措施

①预防：参照羊快疫。

②治疗：对病程稍长的病羊，可用青霉素肌内注射，每次80～160万国际单位，每天2次；磺胺嘧啶灌服，按每次每千克体重5毫克，连用3～4次；10%～20%石灰乳灌服，每次50～100毫升，连用1～2次；10%安钠咖10毫升加于500～1 000毫升的5%葡萄糖溶液中，静脉注射。

251. 如何防治羊肠毒血症?

该病是由魏氏梭菌（又称产气夹膜杆菌）引起的一种急性毒血症。病羊死后肾组织易于软化，因此该病又称软肾病或类快疫。

（1）临床症状　多数羊只突然死亡，病程略长者分两种类型。一类是抽搐为其特征，另一类是昏迷和静静地死亡。前者表现四肢强烈划动，肌肉抽搐，眼球转动，磨牙，口水过多，抽搐2～4小时死亡。后者病程稍缓，患羊早期步态不稳、卧倒，并有感觉，流涎，下颌"咯咯"作响，继之昏迷、角膜反射消失；有的病羊发生腹泻，经3～4小时静静地死去。

（2）防治措施

①预防：参照羊快疫。

②治疗：用抗生素或磺胺类药物结合强心、镇静药等对症治

疗，也可灌服石灰水，大羊200毫升、小羊50～80毫升。

252. 如何防治肉羊羔羊痢疾?

本病是由B型魏氏梭菌引起的初生羔羊的一种急性毒血病症，临床以剧烈腹泻、剖检以肠发生溃疡为特征。

（1）**临床症状** 羔羊感染痢疾，首先表现奶欲减退，精神萎靡，常卧地不起；患病羔羊发生剧烈腹泻，粪便恶臭，稠如面糊或稀薄如水，呈黄绿、黄白或灰白色，后期粪便含有血液；也有的羔羊发病很快，未见明显症状即突然死亡（图6-12）。

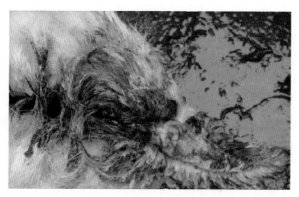

图6-12 羔羊痢疾

（2）**剖检病变** 最显著的病理变化在消化道，皱胃内往往有未消化的凝乳块，小肠（特别是回肠）黏膜充血，常可见多数直径为1～2毫米的溃疡，有的肠内容为红色。

（3）**诊断** 根据流行情况及临床症状作出初步诊断，确诊需进行实验室检查，鉴别诊断。

（4）**防治措施**

①加强饲养管理，特别是母羊产前产后管理，搞好卫生消毒工作对预防本病具有积极意义。

②每年秋季可接种羊厌气菌病五联灭活菌苗，一般在母羊产前2～3周接种，也可用羊六联菌苗（羊厌气菌病五联苗+大肠杆菌

苗，预防羊快疫、羔羊痢疾、羊猝狙、肠毒血症和羊黑疫、羊大肠杆菌病）进行预防接种。

③药物治疗：药物治疗具有一定的效果。羔羊出生后12小时内，可口服土霉素片0.15～0.20克，每天1次，连用3天；1%高锰酸钾水10～20毫升灌服，每天2次；庆大霉素、恩诺沙星对症治疗。

④羔羊保健：羔羊出生24小时内，亚硒酸钠维生素E每只1～2毫升、右旋糖酐铁（以铁计，每10毫升含铁0.5克）每只2～3毫升，颈部左右两侧分别肌内注射。

253. 如何防治肉羊羊痘？

羊痘是病毒引起的一种热性、接触性传染病，其特征为全身皮肤及黏膜上皮形成丘疹和斑块状痘疹。

（1）临床症状 羊潜伏期5～14天。病初，病羊体温升高至41～42℃。病羊精神沉郁，食欲减少，鼻流出先黏性后脓性分泌物。在皮肤无毛部位长出许多小丘疹，特别在眼、鼻、口周围以及乳房和阴囊等部，开始为红斑，1～2天后成丘疹，随后增大而形成水疱，丘疹突出正常皮肤2～3毫米，几天后痘中心凹陷而成脐状，其凹陷部坏死干燥后成棕色坚硬的痂皮，痂皮脱落成红斑（图6-13）。

图6-13 羊 痘

眼内的丘疹常致角膜炎，蹄冠有带状丘疹，因疼痛导致跛行，造成妊娠母羊流产，如有并发症可引起呼吸道炎症及肺炎、胃肠炎、关节炎等炎症。有的恶性病羊死亡，病死率可达20%～50%。

（2）预防和处理

①为防止发生羊痘，对健康羊可用疫苗预防，目前我国常用疫苗是山羊痘弱毒冻干苗，肉羊不论羊只大小均在腋下或尾根内侧或腹内侧皮内注射0.5毫升（图6-14）。

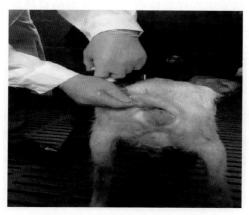

图6-14　羊痘疫苗尾根皮内注射

②做到绝对不从疫区引进羊只。

③羊群中已发病时，立即隔离患羊并消毒羊舍、场地、用具，对未发病的羊只或邻近已受威胁的羊群可用疫苗紧急接种。

④及时深埋或焚烧病死羊只，对粪便、垫草等污物进行无害化处理。

（3）治疗　发现病羊立即隔离饲养，及时治疗，防止继发感染，一般可痊愈。

常用治疗方法：对口腔黏膜可用1%醋酸或2%硼酸溶液冲洗，其他部位溃疡可用1%硫酸铜、1%十二水合硫酸铅钾溶液、0.1%高锰酸钾冲洗，溃疡处可涂擦碘甘油或甲紫溶液。为防止感染或并发症可用青霉素、链霉素或磺胺类药及恩诺沙星等抗生素药物治疗；对病羊要加强护理，口腔有溃疡的羊应喂柔软、多汁青饲料，少喂有刺激的干草。

254. 如何防治肉羊传染性角膜结膜炎（红眼病）？

该病是由嗜血杆菌、立克次氏体引起的一种急性传染病。

（1）临床症状 眼结膜和角膜明显炎性病变，怕光流泪，结膜潮红充血，流出黏液性或脓性分泌物，少数有白斑或失明（图6-15）。该病常发生在气温较高、蚊蝇较多的夏秋高温季节和氨气浓度较高及空气不畅通的环境。

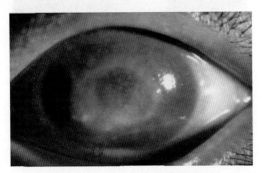

图6-15 羊传染性角膜结膜炎

（2）防治

①隔离病羊，清扫消毒病舍。

②用2%～5%硼酸水或淡盐水或0.01%呋喃西林洗眼，擦干后用红霉素、四环素、2%黄降汞或2%可的松等眼膏点眼。

③用青霉素加地塞米松2毫升、0.1%肾上腺素1毫升混合点眼，每天2～3次。

④出现角膜混浊或白内障时，可滴入拨云散，或青霉素50万国际单位加病羊全血10毫升，眼眶皮下注射，或用链霉素50万国际单位，用生理盐水稀释成5毫升的溶液，眶孔注射，2天1次。

第四节　肉羊常见普通病的治疗技术

255. 如何治疗肉羊瘤胃积食？

瘤胃积食是瘤胃内积滞大量的饲料，使其容积增大、胃壁扩张，食糜滞留在瘤胃而引起的严重消化不良性疾病。

（1）**病因**　该病多因采食过量所致。由放牧突然改为舍饲，特别是饥饿时采食大量谷草、稻草、豆秸、花生秧、甘薯蔓、羊草乃至棉秆等难以消化的粗饲料，或者由于过食豆饼、花生饼、棉籽饼以及酒糟、豆渣等糟粕类饲料都可引起该病。

（2）**症状**　该病发病快，发病羊反刍、嗳气减少或停止；站立不安，摇尾拱背，四肢开张，后肢踢肚踏地，不断起卧，疼痛呻吟；左侧肷窝略平或稍突出；瘤胃坚实，蠕动减弱或消失。

（3）**治疗**　发病后禁食1～2天，多次少量饮水，对其瘤胃进行按摩。还可以采用以下疗法进行治疗。

①用硫酸钠100～300克配成5%的溶液一次灌服。

②用液体石蜡300～800毫升灌服。

③对出现脱水的重症患羊应静脉注射5%的糖盐水和复方氯化钠。根据脱水的情况可在500～1500毫升之间选择适宜的剂量。出现酸中毒时，应静脉注射5%的碳酸氢钠100～500毫升。

256. 如何治疗肉羊流行性感冒？

流行性感冒是机体由于受风寒侵袭而引起的以上呼吸道炎症为主的急性全身性疾病。

（1）**病因**　流行性感冒是指由正黏病毒科中的病毒引起的在人类中快速传播的卡他热性流行病。现今正黏病毒被认为是人类、马、猪、羊和各种禽类的多种自然感染和疾病的病因。通常侵害上呼吸道，当营养不良、过劳、出汗和受寒等因素导致羊机体抵抗力下降时，易感染发病。

（2）**症状**　体温升高至40 ～ 42℃，精神沉郁。低头嗜睡，食欲减退。反刍减少或停止。耳尖、鼻端和四肢末端发凉。眼结膜潮红、流泪。病羊咳嗽，呼吸、脉搏增数。鼻初期流浆性鼻液，以后流黏性和脓性鼻液，出现鼻塞音，鼻镜干燥。

（3）**治疗**　治疗原则是以解热镇痛为主，抗菌消炎，防止继发症。

①肌内注射30%的安乃近5 ～ 10毫升或复方氨基比林5 ～ 10毫升或安痛定10 ～ 20毫升。

②病重继发感染的病例，配合10% ～ 20%的磺胺嘧啶、青霉素和链霉素混合使用，每天2次，连续使用3 ～ 7天。还可配合清热解毒注射液10 ～ 20毫升，5% ～ 10%的葡萄糖300 ～ 1 000毫升静脉滴注，每天1次。

257. 如何治疗肉羊肺炎？

（1）**症状**　病羊精神沉郁，鼻镜干燥，体温升高，食欲减退，饮欲增强。初期疼痛干咳，后变为湿咳。鼻液初为浆液，后为脓液。呼吸困难，听诊肺部，病灶部分肺泡呼吸音减弱，其他健康部分肺泡呼吸音增强。羔羊大多急性发作，呼吸极度困难，导致心肺功能衰竭而死。

（2）**治疗**

①青霉素160万 ～ 240万单位，安乃近或复方氨基比林5 ～ 10毫升，混合肌内注射。

②肌内注射丁胺卡那霉素，每次2支，每天2次，连用数天。

③肌内注射鱼腥草注射液，每次2支，每天2次，连用数天。

258. 如何治疗肉羊乳房炎？

羊乳房炎是乳腺、乳池、乳头局部的炎症，是山羊的常见病与多发病，以舍饲的高产羊和经产羊多发。

（1）**病因**　本病多由挤奶时损伤乳头或分娩后挤奶不充分，乳汁积存过多及乳房外伤等引起。感染的细菌多为金黄色葡萄球菌、链球菌以及化脓杆菌、大肠杆菌、假结核杆菌等。也可见于某些传染性疾病，如结核、口蹄疫等，以及子宫炎等疾病。

（2）**症状**　轻者症状不明显，仅乳汁有变化。严重时，表现红、肿、热、痛、乳量减少。乳汁中常混有血液、脓汁和絮状物，呈淡红色或黄褐色。如发生坏疽，手摸乳房感到冰凉。如转为慢性，乳房内常有大小不等的硬块，排不出乳汁，甚至化脓或形成瘘管。

（3）**治疗**　治疗上对急性乳房炎应及早发现、及早治疗，防止转为慢性。

①急性乳房炎：初期可冷敷，之后挤净乳汁，用0.25% ～ 0.5%普鲁卡因10毫升加青霉素40万单位，于乳腺组织多点封闭注射。或用青霉素40万单位、链霉素0.000 5千克用注射用水稀释后注入乳孔内。2 ～ 3天后可采用热敷疗法，常用10%硫酸镁水溶液1 000毫升加热至45℃左右，每天热敷1 ～ 2次，每天5 ～ 10分钟，连用2 ～ 4天。

②化脓性乳房炎：开口于深部的脓肿，宜先排脓，再用3%过氧化氢或0.1%高锰酸钾溶液冲洗，再以0.1% ～ 0.2%雷夫诺尔纱布条引流，同时给予全身抗菌疗法。

259. 如何治疗肉羊母羊胎衣不下？

母羊胎衣不下是指母羊产后6小时胎衣仍然排不下来的疾病。

（1）**病因**　母羊怀孕后期运动不足，饲料单一、品质差，缺少矿物质、维生素、微量元素等，母羊瘦弱或过肥，胎儿过大，难产和助产过程中操作不当等因素，都可以引起子宫弛缓，收缩乏力，发生胎衣不下。

（2）**症状**　病羊常表现拱腰努责，食欲减退或废绝，精神较差，喜卧地。体温升高，呼吸及脉搏加快。胎衣久久滞留不下，可发生腐败，从阴门中流出污红色腐败恶臭的液体，当全部胎衣不下时，部分胎衣从阴户中垂露于后肢跗关节部。

（3）预防

①加强怀孕母羊的饲养管理，注意日粮中钙、磷、维生素A和维生素D的补充，增加光照，产前5天内不要过多饲喂精饲料。

②舍饲母羊要适当增加运动，积极做好布鲁氏菌病的防治工作。

③保持圈舍和产房清洁卫生，临产前后对母羊阴门及周围进行消毒。

④分娩时保持环境清洁和安静，分娩后让母羊舔干羔羊身上的液体，尽早让羔羊吃奶或人工挤奶，以防止和减少胎衣不下发生。

（4）治疗

①病羊分娩后不超过24小时的，可肌内注射垂体后叶素注射液、催产素注射液或麦角碱注射液0.8～1毫升。

②如果胎衣长久滞留，往往会发生严重的产后败血症，遇到这种情况时，应该及早进行以下治疗：

a.肌内注射抗生素：青霉素40万单位，每6～8小时1次；链霉素1克，每12小时1次。

b.静脉注射四环素：将四环素50万单位加入100毫升5%葡萄糖注射液中注射，每天2次。

c.用1%冷盐水冲洗子宫，排出盐水后给子宫注入青霉素40万单位及链霉素0.001千克，每天1次，直至痊愈。

d. 10%～25%葡萄糖注射液300毫升、40%乌洛托品10毫升，静脉注射，每天1～2次，直至痊愈。

第五节　　肉羊常见寄生虫病的防治技术

260. 如何防治肉羊消化道线虫？

（1）病因　羊通过采食被污染的牧草或饮水而感染。

（2）**症状** 羊消化道线虫感染的临床症状以贫血、消瘦、腹泻便秘交替和生产性能降低为主要特征，表现为患病动物结膜苍白，下颌间和下腹部水肿，腹泻或便秘，体质瘦弱，严重时造成死亡。

（3）**预防** 可采取加强饲养管理、定期轮牧和计划驱虫相结合的综合防治措施。

（4）**治疗**

①左旋咪唑，内服，每千克体重8 ～ 10毫克，首次给药2 ～ 3周后再重复一次。

②左旋咪唑，肌内注射，每千克体重7.5毫克，首次给药2 ～ 3周后再重复一次。

③丙硫苯咪唑，内服，每千克体重5毫克。

261. 如何防治肉羊绦虫?

（1）**病因** 放牧时羊吞食含有绦虫卵的地螨而感染。

（2）**症状** 感染绦虫的病羊一般表现为食欲减退、饮欲增加、精神不振、虚弱、发育迟滞，严重时病羊腹泻，粪便中混有成熟绦虫节片，病羊迅速消瘦、贫血，有时出现痉挛或回旋运动或头部后仰的神经症状，有的病羊因虫体成团引起肠阻塞产生腹痛甚至肠破裂，因腹膜炎而死亡。病末期，常因衰弱而卧地不起，多将头折向后方，经常做咀嚼运动，口周围有许多泡沫，最后死亡。

（3）**预防**

①采取圈养的饲养方式，以免羊吞食地螨而感染。

②避免在低湿地放牧，尽可能地避免在清晨、黄昏和雨天放牧，以减少感染。

③定期驱虫。

④驱虫后的羊粪便要及时集中堆积发酵或沤肥，至少2 ～ 3个月才能杀灭虫卵。

⑤经过驱虫的羊群，不要到原地放牧，及时地将羊群转移到清净的安全牧场，可有效地预防绦虫病的发生。

（4）**治疗** 常用氯硝柳胺，内服，每千克体重50～70毫克，投药前停饲5～8小时。

262. 如何防治肉羊肺线虫?

（1）**病因** 羊在野外吃草或饮水时，都有可能感染肺线虫幼虫。

（2）**症状** 羊群遭受感染时，首先个别羊干咳，继而成群咳嗽，运动时和夜间更为明显，此时呼吸声亦明显粗重，如拉风箱。在频繁而痛苦的咳嗽时，常咳出含有成虫、幼虫及成卵的黏液团块。咳嗽时伴发啰音和呼吸急促，鼻孔中排出黏稠分泌物，干涸后形成鼻痂，从而使呼吸更加困难。病羊常打喷嚏，逐渐消瘦、贫血，头、胸及四肢水肿，被毛粗乱。羔羊轻度感染或成年羊感染时的症状表现较轻；羔羊症状严重时死亡率也高。

小型肺线虫单独感染时，病情表现比较缓慢，只是在病情加剧或接近死亡时，才明显表现为呼吸困难、干咳或呈暴发性咳嗽。

（3）**预防**

①改善饲养管理，提高羊的健康水平和抵抗力，可缩短虫体寄生时间。

②在本病流行区，每年春秋两季（春季在2月，秋季在11月为宜）进行2次以上定期驱虫，驱虫治疗期应将粪便进行生物热处理。

③加强羔羊的培育，羔羊与成羊分群放牧，并饮用流动水或井水；有条件的地区可实行轮牧；避免在低洼沼泽地区放牧；冬季应予适当补饲。

（4）**治疗**

①芬苯达唑：每千克体重10～20毫克，1次灌服或肌内注射或皮下注射。

②左旋咪唑：每千克体重8毫克，1次灌服；或每千克体重5～6毫克，肌内注射或皮下注射。

③丙硫苯咪唑：每千克体重5～10毫克，1次灌服。

④苯硫咪唑：每千克体重5毫克，1次灌服。

263. 如何防治肉羊螨病？

（1）**病因** 肉羊螨病是疥螨和痒螨寄生在羊体表而引起的慢性寄生性皮肤病。螨病又称疥癣、疥虫病，具有高度传染性。本病主要发生于冬季、秋末和春初，主要通过接触或通过被螨及其卵污染的厩舍、用具等间接引起感染。螨病是严重危害羊群健康的寄生虫病。

（2）**症状**

①疥螨病一般始发于皮肤柔软且被毛短的部位，如山羊嘴唇、口角、鼻梁及耳根，严重时会蔓延至整个头部、颈部及全身。病羊剧痒，不断在围墙、栏柱处摩擦患部，由于摩擦和啃咬，患部皮肤出现丘疹、结节、水疱甚至脓疱，以后形成痂皮和龟裂，严重感染时，羊生产性能降低，甚至大批死亡。

②痒螨病则起始于被毛稠密和温度、湿度比较恒定的皮肤部位，如绵羊多发生于背部、臀部及尾根部，以后才向体侧蔓延。其患部形成硬而坚实、紧贴皮肤的黄白色痂块，炎症常蔓延至外耳道。病羊摇耳，常在硬物上摩擦，严重时引起死亡。

（3）**防治**

①保持卫生，定期消毒，可用10%～20%生石灰乳或20%草木灰水对圈舍及用具进行消毒。

②皮下注射阿维菌素或伊维菌素，每千克体重0.02～0.03毫升，间隔7天重复用药，连用2～3次。

③局部涂搽、喷淋，可用0.01%～0.05%双甲脒或0.03%辛硫磷涂搽患部，7～10天后再重复一次。

④药浴，可在木桶、药浴池、帆布浴池内进行药浴。可用0.05%辛硫磷、0.05%双甲脒等。

药浴方法参照176问。

264. 如何防治肉羊肝片吸虫病？

肝片形吸虫寄生于羊的肝脏、胆管，可引起急性或慢性肝炎和胆管炎，羊患病后常伴发全身性中毒和营养障碍。

（1）**病因**　因羊吃草或饮水时吞食了囊蚴而感染该病，本病多于春季、夏末、秋初发生。

（2）**症状**

①急性型病羊病初发热、衰弱、离群，叩诊肝区，半浊音界限扩大、压痛明显（解剖病变见图6-16）。患羊贫血、黏膜苍白，严重者死亡。

图6-16　肝片吸虫：肝脏严重沙变，胆管增生

②慢性型病羊消瘦、贫血、黏膜苍白、食欲不振、异嗜睡、被毛乱而无光，眼睑、颌下、胸前、腹下水肿。

（3）**预防**

①定期驱虫：可在每年的春季和秋末冬初进行两次预防性驱虫，也可根据当地具体情况及自身条件确定驱虫次数和驱虫时间。

②粪便处理：及时对畜舍内的粪便进行堆肥发酵处理，利用生物热杀死虫卵。

③饮水及饲草卫生：避免在沼泽、低洼地放牧，以免感染囊蚴。饮水最好用自来水、井水或流动的河水，保证水源清洁卫生。有条件的可采用轮牧方式，以减少感染机会。

④消灭中间宿主：肝片吸虫的中间宿主为椎实螺，其生活在低洼阴湿地，可结合水土改造，破坏椎实螺的生存环境。本病流行地区应用药物灭螺，可选用0.002%的硫酸铜溶液对椎实螺进行浸杀或喷杀。

（4）**治疗**

①丙硫苯咪唑：每千克体重10～20毫克，口服。

②氯硝柳胺：每千克体重15毫克，口服，本药对成虫有驱除效果，急性治疗时剂量可增至每千克体重45毫克。

265. 如何防治肉羊弓形虫病?

（1）**病因** 弓形虫病是由刚地弓形虫所引起的一种人兽共患寄生虫病，本病在全世界广泛存在和流行。

（2）**症状** 多数成年羊呈隐性感染，妊娠患羊常于分娩前4～6周流产，流产时，大约一半患羊的胎膜有病变。少数病例可出现神经症状和呼吸症状，表现呼吸困难、咳嗽、流泪、流涎、有鼻液、走路摇摆、运动失调、视力障碍。

（3）**预防**

①搞好畜舍卫生，定期消毒。

②防止饲草、饲料和饮水被猫的排泄物污染。

③流产胎儿及其他排泄物要进行无害化处理，流产地亦应严格消毒。

④严格处理死于本病或疑为本病的畜尸，以防污染环境或被猫及其他动物吞食。

（4）**治疗**

①磺胺甲氧吡嗪+甲氧苄胺嘧啶：前者每千克体重30毫克，后者每千克体重10毫克，每天1次，口服，连用3～4天。

②磺胺-6-甲氧嘧啶：每千克体重60～100毫克或配合甲氧苄胺嘧啶每千克体重14毫克，每天1次，内服，连用4天，以迅速改善临床症状，并有效阻抑速殖子在体内形成包囊。

266. 如何防治肉羊多头蚴病脑包虫病?

（1）**病因** 羊吃到被多头绦虫卵污染的饲草，虫卵随着血液移行脑及脊髓，经2～3个月发育成多头蚴而引起发病。多头蚴的成虫是一种多头绦虫，它寄生在犬、狐狸、狼的小肠中，长40～80厘米。含有成熟虫卵的后部节片不断成熟与脱落，并随着粪便排出体外，羊吃了被虫卵污染的草料，进入羊消化道的虫卵的卵膜被溶解，六钩蚴逸出，并钻入肠黏膜的毛细血管内，随血流被带到脑内继续发育成囊泡状的多头蚴（图6-17、图6-18）。

图6-17　脑包虫病羊头部解剖　　　　图6-18　头颅内的寄生虫卵

（2）临床症状　虫体寄生部位不同，所引起的症状也不同。

①若虫体寄生于脑部的某侧，则患羊将头抵于患侧，并向患侧做圆圈运动，对侧的眼常失明。

②若虫体寄生在脑的前部（额叶），则患羊头部抵于胸前，向前做直线运动，行走时高抬前肢或向前方猛冲，遇到障碍物时倒地或静立不动。

③若虫体寄生在小脑，则患羊易惊恐，行走时出现急促或蹒跚步态，严重时衰竭卧地，视觉障碍、磨牙、流涎、痉挛，后期高度消瘦。

④若虫体寄生在脑表面，则有转圈、共济失调神经性症状，触诊时容易发现，压迫患部有疼痛感或颅骨萎缩甚至穿孔。

⑤若虫体寄生在脑后部，则患羊表现角弓反张，行走后退，卧地不起，全身痉挛，四肢呈游泳状。

（3）防治　该病为人畜共患病，重点在于预防，目前对于本病的治疗全世界还没有特效药物，只能采用传统的开颅手术方法摘除虫体，但操作麻烦，切除成功率低。

①预防：

a．多头蚴病的传播主要是犬，因此要控制养犬，将散养的犬改为拴养，定期给犬进行驱虫。

b．对圈舍进行彻底清扫，将羊粪、污染的饲草、饲料进行化学消毒或焚烧深埋。

c．疫苗免疫。用羊多头蚴（脑包虫）基因工程疫苗，按瓶签注明的头份，用生理盐水稀释，每只羊颈部皮下注射1毫升，最好在使用本疫苗4周后进行一次加强免疫。

d．多头蚴寄生在脑部或脊髓神经组织中，由于血脑屏障的作用，许多药物在安全剂量下到达脑部的药量较少，进入多头蚴的囊内浓度就更小了，所以建议对病情严重的羊进行淘汰，对羊脑、脊柱、消化道等器官予以焚烧并且深埋。

②治疗：由于一般的抗寄生虫药物仅能杀死虫体，对虫卵没有作用，所以必须根据多头蚴的生活史制订出驱虫计划。对于有价值的羊进行手术治疗，结合药物治疗。

a．吡喹酮：早期药物治疗可用吡喹酮，病羊每千克体重50毫克，连用5天或每千克体重70毫克，每天1次，连用3天，可取得80%左右的疗效。

b．丙硫苯咪唑：每次750毫克，每天2次，连用6周。

c．甲苯达唑：每次400～600毫克，每天3次，连用3～5周。

d．阿苯达唑：每次400毫克，每天2次，连用4周。

第六节　肉羊常见中毒性疾病的救治技术

267．如何救治肉羊过食谷物饲料中毒？

（1）**病因**　主要为过食富含糖类的谷物如大麦、小麦、玉米、高粱、水稻，或麦麸和糟粕等饲料所引起。本病发生的主要原因是对羊管理不严，羊因偷食大量谷物饲料或突然增喂大量谷物饲料突然发病。

（2）**临床症状**　食欲、反刍减少，很快废绝，瘤胃蠕动变弱，很快停止。触诊瘤胃胀软，内容物为液体。体温正常或升高，心率和呼吸增数，眼球下陷，皮肤丧失弹性，尿量减少。

（3）**防治方法**　用碳酸氢钠20～30克、酒精鱼石脂10毫升，每天2～3次。

268. 如何救治肉羊毒芹中毒？

（1）**病因** 肉羊经过冬季的枯草期后，早春放牧的羊不仅能采食毒芹的幼苗，还可以采食毒芹的地下根茎，而毒芹的地下根茎毒性最大，常常引起肉羊毒芹中毒。

（2）**临床症状** 肉羊误食毒芹后突然倒地，很快出现阵发性抽搐，牙关紧闭，呼吸急促，心跳脉搏加快，体温升高，随着病情发展，出现体温下降，呼吸微弱，最后死亡。

（3）**治疗** 内服鞣酸蛋白5克或食醋500毫升即可缓解。

269. 如何救治肉羊狼草中毒？

（1）**病因** 狼草又称断肠草，肉羊放牧时误食引起中毒。

（2）**临床症状** 羊采食后表现为腹痛、跳跃、呕吐。

（3）**治疗** 目前尚无特效药治疗，可灌服适量食醋解毒。

270. 如何救治肉羊食盐中毒？

（1）**病因** 肉羊采食过量食盐，引起食盐中毒。

（2）**临床症状** 主要症状为口渴，急性中毒羊口腔流出大量泡沫，兴奋不安，磨牙，肌肉震颤。

（3）**治疗** 应及时给予大量饮水，并内服油类泻剂，静脉注射10%的氯化钙或10%的葡萄糖酸钙，皮下注射或肌内注射维生素B，并进行补液。

271. 如何救治肉羊青贮饲料中毒？

（1）**病因** 肉羊采食过量或霉变青贮饲料，引起青贮饲料中毒。

（2）**临床症状** 肉羊精神不振，侧卧，站立不稳，两眼昏迷，严重者眼睑肿胀，母羊出现流产。

（3）**治疗** 首先应停止饲喂青贮饲料。严重的内服碳酸钠

5 ～ 10克、人工盐5 ～ 10克，每天2次。

272. 羊病治疗中的常见错误有哪些?

（1）**解毒法治疗羊快疫等有痉挛症状的急性疫病** 羊快疫等疫病有痉挛抽搐、口吐白沫等痉挛症状，极似中毒，遇上这类病就认为是中毒，并以解毒法治疗，如用解磷定、阿托品解毒。其实这类病羊除极个别的为中毒外，绝大多数是患了羊快疫、脑炎等急性传染病，对此应采取镇静、解痉、抗菌法治疗，如注射氯丙嗪、硫酸镁、长效磺胺等。

（2）**内服土霉素等抗生素治疗痢疾等炎症性疾病** 羊发生痢疾等胃肠道感染及其他炎症性疾病时，常用内服土霉素等抗生素来治疗。其实这是错误的。因为内服土霉素等抗生素可杀死羊瘤胃内的有益微生物，导致瘤胃内菌群失调，消化功能紊乱，尤其是土霉素严重影响成年羊瘤胃内微生物的繁殖。所以，羊应禁止内服土霉素等抗生素类药物，需要用抗生素时应肌内注射。

（3）**药浴治疗羊疥癣但未消毒羊舍** 在用药浴法治疗羊疥癣时，人们只注意杀灭羊体的疥癣虫，而常不杀灭羊舍内的疥癣虫。这样虽然羊体的疥癣虫杀死了，但羊圈内的虫子又会感染羊体，导致羊只发病。在羊药浴时，羊舍和羊圈的墙壁、栅栏、门框、饲槽等也要用该药液全面喷洒消毒一次。

（4）**用抗生素治疗消化不良性腹泻** 消化不良性腹泻是羊常见的腹泻病，尤其是羔羊非常多见，这是由消化功能紊乱引起的，并非细菌感染所致。可许多人常仅用抗生素来治疗，这显然是错误的。对于这种腹泻应该用健胃助消化的药物来治疗，如内服大黄苏打片、多酶片等。对久病的羊，为防止继发感染，可适当配合少量抗生素。

（5）**用青霉素治疗胃肠道感染** 青霉素是良好的抗菌消炎剂，所以有许多人常用青霉素来治疗胃肠道炎症性感染，如痢疾、胃肠炎等。其实青霉素对胃肠道感染无医治作用。胃肠道感染应该用环丙沙星、恩诺沙星、庆大霉素等广谱抗生素。

第七章 肉羊养殖场的生产和经营管理

第一节 生产经营管理

273. 什么是生产经营管理?

生产经营管理是围绕肉羊养殖的投入、产出、销售以及保持简单再生产或实现扩大再生产所开展的各种有组织的活动的总称,又称生产控制。生产经营管理是肉羊养殖场各项工作的有机整体,是一个系统。

生产经营管理以市场为导向,以肉羊养殖生产为重点,通过对肉羊市场需求及其发展趋势的研究与预测,研制、开发、生产、销售其产品和服务。

274. 什么是生产经营所得?

生产经营所得就是指肉羊养殖场通过从事肉羊的养殖生产、加工、销售等生产经营活动取得的所得。

275. 羊场生产经营管理的原则是什么?

以规模化良种场为基础,加快科技成果转化,保护好品种资源,实行集约化经营,建立商品生产示范区,促进肉羊产业技术进步和发展。

肉羊场的生产经营管理与羊产业发展具有互为因果的关系。只有努力提高种羊产品的质量、增加产量、降低生产成本、了解市场、合理配置各生产要素以及妥善的营销制度，才能取得理想的经营效果。

276. 生产经营管理的核心是什么？

生产经营管理中的最核心的问题是对人的激励问题。激励不是操纵，不是牵制，而是对人的需要的满足，是通过满足人的需要对人的行为的引导和对人的积极性的调动。

277. 生产经营管理的内容包括哪些？

生产经营管理包含了肉羊养殖的全过程，其主要内容有：生产规模与方式的确定，养殖场地选择、规划与建设，生产设施设备的组织，各项管理与规章制度的建立与实施，生产、销售计划制订与实施，养殖技术的掌握与运用，成本控制，经营成果的分析等。

第二节　规章制度

278. 羊场人员管理的重要性及人员选择注意事项？

生产经营管理中的最核心问题是对人的激励。在羊场生产经营管理过程中，应将人的管理放到首位，做好团队建设，使团队具备强大的凝聚力和执行力。

羊场要安全、健康、可持续发展，要取得良好的社会、生态、经济效益，靠什么？靠人、靠科学有效的管理。人才、人力成为制约发展的重要资源性因素。因此，羊场在招聘各类员工时，要求员工一是要具备良好的职业道德，要有主人翁责任感；二是要具备执着的事业心和强烈的责任心；三是要具备专业技能；四是要具有较强的合作精神。

279. 羊场建立规章制度有什么作用？

规章制度是企业制定的组织劳动过程和进行劳动管理的规则和制度的总和，是用来约束人行为、规范生产过程的一种准则。其主要作用是：规范管理，能使企业经营有序，增强企业的竞争力，使员工行为合规矩，提高管理效率。

280. 制定肉羊养殖场规章制度应遵循什么原则？

规章制度作为羊场日常生产经营管理的一个"内部法规"，仅次于国家的相关法律、法规。一般来讲，羊场规章制度的制定、修改需遵循如下原则。

（1）**合法性原则**　是羊场制定规章制度的基本要求。依据国家有关法律、法规的规定，结合本场实际制定。

（2）**指导性原则**　制定规章制度的最根本目的在于构建企业的制度体系，方便员工的管理，同时，对所有员工有指导作用才是规章制度最大的作用。

（3）**民主制定程序原则**　体现为要求羊场规章制度通过职代会或者全体职工的讨论，作出汇总意见后，进一步通过工会或者职工代表协商确定。

（4）**实用原则**　规章制度需要有实用性和可操作性，否则就是一纸废文。

281. 羊场主要建立哪些规章制度？

羊场生产经营管理过程中主要建立的规章制度有：各类人员岗位职责，生产操作规程，预防免疫制度，卫生消毒制度，兽药安全使用及休药期制度，无害化处理制度，疫情报告制度，安全生产管理制度，物资采购管理制度，档案管理制度，财务管理制度，人力资源管理制度等。详细制度见附录一。

第三节　生产管理

282. 生产计划主要有哪些?

肉羊场生产计划主要包括:繁殖和周转计划,育种计划,羊群规模计划,饲草料计划和疫病防治计划等。

283. 如何制订羊场生产计划?

(1)**繁殖和周转计划制订**　在制订肉羊繁殖和羊群周转计划时,要注重分娩时间的安排。肉羊分娩时间的安排既要考虑气候条件,又要考虑牧草生长状况,最常见的是产冬羔(即在11~12月分娩)和产春羔(即在3~4月分娩)。采用集中配种,集中分娩方式,有利于安排育肥计划、编制羊群配种分娩计划和周转计划。

(2)**育种计划制订**　根据肉羊场生产发展计划,参考历年繁殖淘汰情况,结合肉羊场实际生产水平,在对肉羊场今后的发展进行科学估算的基础上进行制订。

制订育种计划时,要合理确定羊群结构,即各个组别的羊只在羊群中所占的比例。

(3)**羊群规模的确定**　肉羊场养殖规模可根据品种、养殖场条件、技术水平等因素确定。一般来讲,地方品种种群可稍大一些,改良羊群则应小些;种公羊和育成羊因育种要求,其群宜小,母羊群宜大。在平缓的草原区,羊群可大些,丘陵区则应小些;在山区和农区,因地形崎岖,草场狭小,羊群则应小一些,以便管理;集约化程度高、放牧技术水平高时,羊群可大些。羊群一经组成后,不要频繁变动。

(4)**饲草料计划制订**　肉羊场对饲料的生产、采集、加工、贮存和供应,必须有一套有效的计划做保证。饲草料计划主要包括:

确定各种羊只的日粮标准、饲草料定额、生产和供应的组织、采购与管理、加工与贮存等。

（5）**疫病防治计划制订**　肉羊场疫病防治计划是指一个年度内对羊群疫病防治所做的预先安排。疫病防治工作的方针是"预防为主，防治结合"。为此要建立一套综合性的防疫措施和制度，包括羊群的定期检查、羊舍的消毒、各种疫苗的定期免疫注射、病羊的治疗与隔离等。

284. 肉羊场生产技术指标主要有哪些？

羊场生产技术指标主要有：配种率、受胎率（总受胎率、情期受胎率）、产羔率、羔羊成活率、繁殖成活率（亦称繁殖率）、肉羊出栏率、增重速度、饲料报酬。另外还有羔羊断奶重、肉羊出栏重等技术指标。

285. 如何计算生产技术指标？

（1）**配种率**　配种率指本年度内参加配种的母羊数占羊群内适龄繁殖母羊数的百分率，它主要反映羊群内适龄繁殖母羊的发情和配种情况。

$$配种率＝配种母羊数／适龄母羊数×100\%$$

（2）**受胎率**　受胎率指在本年度内配种后妊娠母羊数占参加配种母羊数的百分率，实际工作中又可以分为总受胎率和情期受胎率。

总受胎率指本年度受胎母羊数占参加配种母羊的百分率。它反映母羊群中受胎母羊的比例。

$$总受胎率＝受胎母羊数／配种母羊数×100\%$$

情期受胎率指在一定期限内受胎母羊数占本期内参加配种的发情母羊数的百分率。它反映母羊发情周期的配种质量。

$$情期受胎率＝受胎母羊数／情期配种数×100\%$$

（3）**产羔率**　产羔率指产羔数占产羔母羊数的百分率。它反映母羊的妊娠和产羔情况。

$$产羔率 = 产羔羊数 / 产羔母羊数 \times 100\%$$

（4）羔羊成活率　羔羊成活率指在本年度内断奶成活的羔羊数占出生羔羊的百分率。它反映羔羊的抚育水平。

$$羔羊成活率 = 断奶成活羔羊数 / 产出羔羊数 \times 100\%$$

（5）繁殖成活率　繁殖成活率指本年度内断奶成活的羔羊数占适龄繁殖母羊数的百分率。它反映母羊的繁殖和羔羊的抚育水平。

$$繁殖成活率 = 断奶成活羔羊数 / 适龄繁殖母羊数 \times 100\%$$

（6）肉羊出栏率　肉羊出栏率指年度内肉羊出栏数占年初存栏数的百分率。它反映肉羊生产水平和羊群周转速度。

$$肉羊出栏率 = 年度内肉羊出栏数 / 年初肉羊存栏数 \times 100\%$$

（7）增重速度　增重速度指一定饲养期内肉羊体重的增加量。它反映肉羊育肥增重效果，一般以平均日增重表示（单位为克／天）。

$$平均日增重 = 一定饲养期内肉羊的增重 / 一定饲养期的天数$$

（8）饲料报酬　饲料报酬指投入单位饲料所获得的畜产品的量，在肉羊生产上常以投入单位饲料所获得的肉羊增重表示（料肉比），反映饲料的饲喂效果。

$$料肉比 = 消耗的饲料重 : 肉羊的增重$$

286. 肉羊场怎样进行数据管理？

规模羊场的一切经济关系都表现出一定的数量关系。在规模羊场的生产经营活动中，各种生产报表、成本核算、定额管理、经营成果的奖惩和开展技术经济管理等，都要由每天产生的大量、复杂的原始记录提供数据。因此，一定要做好原始记录和数据处理工作，设置各种原始记录表格，并由专人来登记填写，要求准确无误，完整无缺。

原始记录主要包括：种羊系谱、生产性能、繁殖配种、产羔、防疫监测、免疫、兽药（疫苗）使用、饲草料收购、无害化处理、消毒、饲草料消耗、羊死亡（淘汰）、羊群异动、种羊进出场、种羊耳号转换、物资采购记录表等。另外，每月、每季度及每年都应有汇总表，首先应该对每日的原始记录进行月末计算汇总，每季度和年末及时对本季度和本年度的数据认真进行汇总计算，并向羊场负责人报送饲料消耗统计表，兽医消耗统计表，羊群存栏情况表，繁殖报表，死亡（淘汰）报表等日报、月报、季报和年度报表（附录二）。

287. 肉羊场的物资如何管理？

为了规范羊场的物资管理，有效实施内部控制，防止财务漏洞，避免资产流失，对羊场饲料、药物、工具等各种物资要进行严格管理。

（1）**岗位设置与分工** 羊场应设立场长、出纳、库管、采购、统计等相关岗位，对物资管理实施控制。物资管理的不相容岗位包括：场长与库管、采购、验收；出纳与采购、司磅、发货；采购与验收、库管；司磅与监磅。不相容的岗位不能由同一个人兼任，要相互分离、制约和监督。

（2）**物资采购管理** 物资采购采用流程化管理，羊场于每月固定时间前将下月所需物资采购计划（含物资的品种、规格、数量等内容）签呈申请，经财务负责人和总经理审批后，按照程序进行采购。生产急需且月度采购计划未包含在内，临时需要采购的物资，单笔不超过1 000元（含）的，填写物资申购表，经场长审批后方可购买；1 000元以上的，场长审批的同时须经总经理同意后，方可购买。

（3）**物资入库管理** 物资入库前，库管根据购物单据及采购签呈验收，检查物资在数量、品种及规格上是否与购货单据及采购签呈相符，产品质量是否符合要求。验收合格后，库管及采购人员在购物单据上签名确认，不合格的物资坚决退货。

（4）**物资出库管理** 各羊舍组长应在前一天做好当日的饲料领用计划，填写饲料（药品）出库单并签字，交给库管发货。

生产线领用饲料（药品）时，库管根据饲料（药品）出库单，按照"先进先出"的原则发货，各羊舍组长（或技术员）验收无误后签名确认，出纳、库管、组长各保留一联。

（5）**物资盘点管理**　各羊舍设立物资登记簿或卡片，对本条生产线物资的领进及耗用情况进行登记，并定期对库存数进行盘点。月末，羊场出纳、场长和技术员应协助库管做好物资盘点工作，检查物资的储存情况，核对账实是否相符。物资盘点过程中如有过期或报废的物资，库管查明原因后填写物资报废申请表，根据报废物资的账面价值，向有该级别审批权限的领导申请批准后方可进行处理。盘点过程中如清查出账实不符的情况，应查明原因并手工填写损耗表并报上级领导，审批后方可进行处理。正常损耗由场长批准，非正常损耗应查明原因后经总经理批准。

第四节　成本管理

288. 进行成本管理有什么目的?

成本管理就是对产品成本进行预测、计划、控制、核算和分析等业务活动，是羊场管理工作中的重要组成部分，其目的是用尽可能少的耗费取得最优经济效益。

289. 肉羊场成本包括哪些?

在肉羊养殖生产中，主要成本项目有以下几种：人工费用，饲草料费用，防疫治疗费，种羊摊销费，固定资产折旧费，维修维护费，燃料水电动力费，低值易耗品，期间费用等。

290. 什么是成本预测?

成本预测就是根据羊场成本特性和有关数据，运用科学的分析方法，对未来的成本水平及其变动趋势做出的估计。它是制订羊场成本计划和进行成本决策的依据。

成本预测的方法因其内容和期限不同而有差异，大致分为定性分析法和定量分析法两种。定性分析法是通过调查研究，依靠人的主观判断和综合分析能力，对未来的成本水平及其变动趋势进行预测。定量分析法主要有低点分析法、回归分析法等。

291. 为什么要进行成本计划？

成本计划是企业生产经营总预算的一部分，它是以货币形式规定企业在计划期内产品生产消耗和各种产品的成本水平以及相应的成本降低水平和为此采取的主要措施的书面方案。成本计划是企业进行成本控制、成本核算、成本分析的依据。其作用在于增强预见性，减少盲目性，有计划地降低成本。

292. 成本计划的内容有哪些？

成本计划的内容主要包括：一是按照生产要素来确定企业的生产耗费，编制生产费用计划；二是按照成本项目确定企业的生产耗费，编制产品单位成本计划和全部产品成本计划。

293. 如何编制成本计划？

编制成本计划的主要步骤是：搜集和整理基础资料，进行成本降低指标的试算平衡，根据计划期影响成本降低的各种主要因素，测算可比产品成本的降低额和降低率。成本降低额是用绝对数表示成本降低的数额。成本降低率是用相对数表明成本降低的幅度。

294. 成本控制有哪些方法？

成本控制是指在羊场生产经营活动中，对构成成本的每项具体费用的发生形成进行严格的监督、检查和控制，把实际成本限定在计划规定的限额之内，达到全面完成计划的目的。

成本控制一般分为3个阶段：一是成本发生前的控制，主要是确定成本控制标准；二是成本形成过程的控制，用计划阶段确定的成本控制标准控制成本的实际支出，把成本实际支出与成本控制标准进行对比，及时发现偏差；三是将实际成本与计划成本对比，分析研究成本差异发生原因，查明责任归属，评定和考核成本责任部门业绩，修正成本控制的设计和成本限额，为进一步降低成本创造条件。

295. 如何进行饲（草）料消耗分析？

饲（草）料消耗的分析，应从饲（草）料的消耗定额、利用率和饲料配方三个方面进行。可先算出各类羊群某一时期耗饲（草）料数量，然后同各自的消耗定额对比，分析饲（草）料在加工、运输、贮存、饲喂等各个环节上造成浪费的情况及原因。不仅要分析饲（草）料消耗数量，而且还要对日粮从营养成分和消化率及饲料报酬、饲料成本方面进行具体的对比分析，从中筛选出成本低、报酬高、增重快的日粮配方和饲喂方法。

296. 如何进行劳动生产率分析？

劳动生产率分析常用指标及计算公式：

每个职工年均劳动生产率＝全场年生产总值/年平均职工人数

每个生产工人年均劳动生产率＝全场年生产总值/
年平均生产工人人数

每工作日（小时）产量＝某种产品的产量/
直接生产所用工时（小时）数

通过以上指标的计算分析，即可反映出羊场劳动生产率水平以及劳动生产率升降原因，以便采取对策，不断改进。

第五节　经济核算

297. 如何对羊场资金进行分类？

羊场的资金按其用途和周转方式不同可以分为固定资金和流动资金；按来源不同可分为自有资金和借入资金。

固定资金是购置劳动手段如机械设备所占用的资金，它的物质实体就是固定资产。加强固定资金的核算有利于挖掘生产潜力，提高机械设备利用率，延长使用年限，降低生产成本。羊场在保证完成任务的前提下，尽可能减少固定资金的投入，节省投资。

流动资金是购置各种劳动对象如饲料等物品所用资金，其物质实体就是流动资产。加速流动资金周转的主要方法是改善采购工作，合理储备，防止积压生产物资，同时节约物资消耗，缩短销售时间，减少资金占用量。

在生产实际中，经常把羊群等作为流动资产。

298. 为何要进行经济核算？

经济核算是规模羊场生存、发展的客观要求，羊场生产是以经济效益为核心的商品生产。经济核算既有利于提高生产场的经济效益和经营管理水平，也有利于促进新技术、新成果的应用，同时也可以反映和监督计划、预算、合同的执行情况，保护和监督羊场财产和物质的安全、完整、合理利用。

299. 成本核算的作用是什么？

在羊场的会计核算中，生产成本的核算是重点。成本核算对监督和考核生产费用的执行情况，掌握具体的产品成本构成，分析产品成本升降的直接原因，及时采取措施，挖掘成本潜力，改善经营管理具有重要意义。

300. 成本核算的指标主要有哪些?

肉羊场成本核算的指标主要有：饲养日成本、羊群断奶活重单位成本、羊群羔羊和育肥羊增重单位成本。

饲养日成本=该羊群本期饲养总成本/该羊群本期饲养日只数

羊群断奶活重单位成本=（分娩羊群饲养费用－副产品价值）/ 断奶羔羊活重

羊群羔羊和育肥羊增重单位成本=（该羊群饲养费用－ 副产品价值）/该羊群增重量

301. 盈利核算有哪些内容?

盈利是指企业的产品销售收入减去已销售产品的总成本后的纯收入，分为税金和利润，是反映企业在一定时期内生产经营成果的重要指标。衡量盈利效果的经济指标有：

（1）**成本利润率**　指100元销售成本的盈利额。其计算公式为：

成本利润率=销售利润÷销售成本×100%

（2）**销售利润率**　指100元销售收入可以获得的利润额。其计算公式为：

销售利润率=销售利润÷销售收入×100%

（3）**产值利润率**　指100元产值能创造的利润额。其计算公式为：

产值利润率=销售利润÷产值×100%

（4）**资金利润率**　指100元资金所创造的利润。其计算公式为：

资金利润率=销售利润总额÷资金平均占用额 （包括流动资金和固定资金）×100%

第六节　财务管理

302. 什么是财务管理?

财务管理是在一定的整体目标下,关于资产的购置(投资)、资本的融通(筹资)和经营中现金流量(营运资金),以及利润分配的管理。财务管理是企业管理的一个组成部分,它是根据财经法规制度,按照财务管理的原则,组织企业财务活动,处理财务关系的一项经济管理工作。简单地说,财务管理是组织企业财务活动,处理财务关系的一项经济管理工作。

从事财务管理和工作的人员必须符合国家相关规定。

303. 制订财务计划的原则是什么?

制订财务计划是搞好财务管理的前提和基础。

制订财务计划时应贯彻增产节约、勤俭办场的方针,遵循既充分挖掘各方面的潜力,又注意留有余地的原则,并与生产计划相衔接。在实际操作中,除会计和物资保管外,规模羊场中的每个部门都尽可能地参与到涉及的财务管理工作中,充分调动全体职工的积极性,做好财务管理的工作。

304. 羊场怎样进行筹资管理?

羊场筹资是指养殖场通过各种渠道,采用不同方式向资金供应者筹措和集中生产经营资金的一种财务活动,它是养殖场资金运动的起点。

目前,羊场的筹资渠道包括国家财政资金和集体积累资金、专业银行信贷资金、非银行金融机构(如信托投资公司、租赁公司、保险公司、城乡信用合作社等)资金、羊场内部积累资金、其他企业资金、社会闲置资金等。取得筹资方式有财政拨款、补偿贸易、发行股票和债券等。无论如何筹资，应力求养殖场总资金成本最低为好。

305. 羊场怎样进行投资管理?

在羊场投资决策前运用多种科学方法对拟建项目进行综合技术经济论证，即可行性论证。投资可行性论证由专业机构进行。

筹集到的资金一旦投入生产，便形成了各类资产如固定资产、流动资产、无形资产等，加强固定资产及流动资产的管理是提高投资效益的重要途径。

第七节 设备管理

306. 规模羊场的主要设备有哪些?

规模羊场的设备主要包括：饲草、饲料贮存、加工设备，人工授精设备，兽医诊疗设备，饲槽，饮水设备，办公设备，药浴设备，围栏设备，称重设备，运输设备，屠宰，分割，储藏设备等。

307. 为什么要对设备进行维护保养?

在养羊生产过程中，要合理地选择设备，经济地使用设备，及时地维修设备，不断加强对设备的综合管理。对使用的设备要进行保养和维修，以减缓设备的磨损，及时发现和处理设备运行中出现的异常现象，避免意外事故发生，提高设备的利用率，提高羊场经济效益。

308. 设备的保养方法有哪些?

对养羊生产过程中的机械设备进行清扫、检查、清洗、润滑、紧固、调整和防腐等一系列工作的总称称作设备维护或设备保养。其目的是减缓设备的磨损，及时发现和处理设备运行中出现的异常现象。多数企业采用"三级保养制"，即日常保养（简称日保）、一级保养（简称一保）和二级保养（简称二保）制。

（1）**日常保养** 主要内容是进行清洗润滑，紧固容易松动的螺丝，检查零部件的状况等。保养的项目和部位较少，并且多在设备的外部，由操作工人承担，并作为交接时的检查内容。

（2）**一级保养** 主要内容是对零件进行局部解体清洗；调整配合间隙，清除油污和疏通油路，清扫电动机和电器装置，清洗附件等。一级保养一般在专职检修工人指导下，由操作工人承担，保养项目和部位比日常保养要多。

（3）**二级保养** 主要内容是对设备部分进行解体、检查和清洗，修复或更换易损件，局部恢复设备精度，对电器系统进行检修等。检查保养项目多，要定期进行，一般由专职检修工人承担。

309. 如何进行设备的维修？

羊场机械设备的维修是指修复由于正常或不正常的原因而引起的设备损坏。实质是对物质磨损（包括腐蚀、老化）的补偿。修理的基本手段是修复和更换。通过修理和更换，使设备的效能得到恢复。此项工作原则上由设备生产厂家专业工程技术人员进行。

310. 如何进行设备的改造？

设备改造是科学技术迅速发展的需要，也是设备无形磨损所决定的必然趋势。设备改造可以提高产品质量，进行产品的升级换代，达到节约能源，保护环境，改善劳动条件，促进新技术、新工艺、新材料的使用和扩大企业的生产规模及生产能力，改变现有设备落后的技术面貌，提高设备现代化水平的目的。

设备改造是在原有设备基础上进行的，所以投资少、费时少、收效快。设备改造对于逐步提高设备技术水平，提高企业竞争能力和经济效益具有重要意义。

311. 如何进行设备的更新？

设备更新就是用技术上比较先进、经济上比较合算的新设备去代替不能继续使用、经济上不宜再使用和技术上落后的旧设备。

设备更新的类型有原型更新和技术更新两种。前者是同型号设备的以新换旧，一般不能大幅度地提高企业经济效益，往往会导致企业的技术停滞。后者是以技术上更先进、经济上更合理的新型设备来代替老设备，这是设备更新的主要内涵和方向。

设备更新的范围，包括对于生产工艺设备、辅助生产设备、测试手段等进行更新。在更新工作中，首先应该重点考虑的是损坏严重或性能精度已不能满足工艺要求的设备，或维修频繁、维修费用高的设备，或能源、原材料浪费很大的设备和效益好且见效快的关键设备。

设备更新对企业的发展战略和方针影响极大，而且投资量比较大，所以一定要既积极又慎重。为此，必须加强调查研究，进行全面规划，使设备更新工作与企业的技术改造计划紧密地结合起来，并认真地进行技术经济论证，选择最优方案。

第八节　经济活动分析

312. 经济活动分析的目的是什么？

规模羊场进行经济活动分析是不同时期研究羊场经营效果的一种办法，其目的是通过分析影响效益的各种因素，巩固成绩，找出差距，提出措施，提高羊场经济效益。

313. 经济活动分析的主要内容有哪些?

经济活动分析主要内容包括对生产实值（产量、质量、产值）、劳力（劳动力的分配使用、技术业务水平）、物质（原材料、动力、燃料等供应和消耗）、设备（设备完好率、利用、检修和更新）、成本（消耗费用）、利润和财物（对固定资金和流动资金的占有、专项资金的使用、财务收支情况等）的分析。

314. 经济活动分析的主要方法有哪些?

开展经营活动分析，要收集各种核算的资料，包括各种台账及有关记录数据，并加以综合处理，以年初羊场计划指标为基础，用实际与计划对比，与上年同期相比，与本企业历史最高水平对比，与同行业对比，进行分析。分析要从实际出发，充分考虑到市场的动态，场内的生产情况及人为、自然因素的影响，从而提出具体措施，巩固成绩，改进薄弱环节，达到提高经济效益的目的。

315. 经济活动分析结果如何运用?

经济活动分析的结果以文字形式写出分析报告，包括基本情况、生产经营实况、问题等，以利于进一步提高规模羊场业务管理水平、经营水平和企业综合决策水平，不断增加效益。

依据经济活动分析安排与调整生产计划。首先要关注市场变化，尽可能做到以销定产，在考虑到国内市场时，要特别注意季节性生产，尽可能在中秋、元旦、春节等重大节日时的市场需求旺盛期多出产品，以获得更好的效益。其次是根据本场现有条件和可能变化的情况挖潜增效。

第九节　销售管理

316. 销售预测的目的和方法有哪些?

规模羊场的销售预测是在市场调查的基础上，对羊产品的趋势做出正确的估计。羊产品市场是销售预测的基础，羊市场调查的对象是已经存在的市场情况，而销售预测的对象是尚未形成的市场情况。

销售预测分为长期预测、中期预测和短期预测。长期预测指5 ~ 10年的预测；中期预测一般指2 ~ 3年的预测；短期预测一般为每年内各季度月份的预测，主要用于指导短期生产活动。

进行预测时可采用定性预测和定量预测两种方法。定性预测是指对对象未来发展的性质方向进行判断性、经验性的预测；定量预测是通过定量分析对预测对象及其影响因素之间的密切程度进行预测。两种方法各有所长，应从当前实际情况出发，结合使用。

317. 影响销售决策的因素有哪些?

影响企业销售规模的因素有两个：一是市场需求，二是羊场的销售能力。市场需求是外因，是羊场外部环境对企业产品销售提供的机会；销售能力是内因，是羊场内部自身可控制的因素。对具有较高市场开发潜力，但目前在市场上占有率低的产品，应加强产品的销售推广宣传工作，尽力扩大市场占有率；对具有较高的市场开发潜力，且在市场有较高占有率的产品应有足够的投资维持市场占有率。对那些市场开发潜力小，市场占有率低的产品，应考虑调整企业产品组合。

318. 销售计划的目的和主要内容有哪些?

销售计划是羊场经营计划的重要组成部分，科学地制订羊产品销售计划，是做好销售工作的必要条件，也是科学地制订羊场生产经营计划的前提。销售计划主要内容包括销售量、销售额、销售费用、销售利润等。制订销售计划的核心是要完成企业的销售管理目标任务，能够在最短的时间内销售产品，争取到理想的价格，及时收回货款，取得较好的经济效益。

319. 销售形式有哪些？

销售形式指羊产品从生产领域进入消费领域，由生产单位传送到消费者手中所经过的途径和采取的购销形式。销售形式因服务领域不同和收购部门经销范围的不同而各有不同，主要包括国家预（订）购、外贸流通、羊场自行销售、联合销售、合同销售等形式。合理的销售形式可以加速产品的传送过程，节约流通费用，减少流通过程的消耗，更好地提高产品的价值。

320. 提高销售力度的措施有哪些？

（1）加强宣传、树立品牌　有了优质产品，还需要加强宣传，将产品推销出去。广告是被市场经济所证实的一种良好的促销手段，应很好地利用。一个好企业，首先必须对企业形象及其产品包装（含有形和无形）进行策划设计，并借助广播、电视、报刊等各种媒体做广告宣传，以提高企业及产品的知名度，在社会上树立起良好的形象，创造产品品牌，从而促进产品的销售。

（2）加强营销队伍建设

①根据销售服务和劳动定额，合理增加促销人员，加强促销力量，不断扩大促销辐射面，使促销人员无所不及。

②努力提高促销人员业务素质。促销人员的素质高低直接影响着产品的销售。因此，要经常对促销人员进行业务知识的培训和职业道德、敬业精神的教育，使他们以良好素质和精神面貌出现在用户面前，为用户提供满意的服务。

（3）积极做好售后服务　种羊的售后服务是企业争取用户信

任、巩固老市场、开拓新市场的关键。因此，种羊场要高度重视，扎实认真地做好此项工作。一是要建立售后服务组织，经常深入用户做好技术咨询服务；二是对出售的种羊等提供防疫、驱虫程序及饲养管理等相关技术资料和服务跟踪卡，规范售后服务，并及时通过用户反馈的信息，改进羊场的工作，加快羊场的发展。

第十节　合同管理

321. 经济合同的概念和作用是什么？

经济合同又叫经济协议。我国《经济合同法》第二条规定，经济合同是平等民事主体的法人、其他经济组织、个体工商户、农村承包经营户相互之间，为实现一定的经济目的，明确相互权利义务关系而订立的合同。

经济合同的作用主要是保护合同当事人的合法权益，协调商品生产的各个环节，维护社会经济秩序，保证国家经济计划和企业生产经营计划实施，并促使企业加强经济核算，提高经济效益。

322. 经济合同的种类有哪些？

按经济合同确定的权利、义务内容，经济合同主要分为购销合同、建设工程承包合同、加工承揽合同、货物运输合同、供电合同、仓储保管合同、财产租赁合同、借贷合同、财产保险合同、其他经济合同，如联营合同、承包合同、担保合同等。

323. 订立经济合同的原则是什么？

（1）**合法原则**　订立经济合同的当事人、合同的主要内容、订立合同的程序等都要符合有关法律和行政法规的规定。否则，即使双方当事人协商一致所订立的经济合同也是无效的。

（2）**平等互利、协商一致的原则** 经济合同任何一方的法律地位都是平等的。合同双方平等地享有权利和承担义务，任何一方不能承担法律规定之外的任何义务，任何一方也不能剥夺对方依法享有的权利。所谓协商一致，是指双方订立经济合同时要经充分协商，表达各自真实的意见，主张在双方意向一致的基础上签订。不允许任何一方制造假象或隐瞒真相，致使对方形成错误的认识，诱骗对方签订某项合同或采用胁迫手段签订"霸王合同"。

324. 订立经济合同的主要内容有哪些?

（1）**标的** 标的即合同当事人权利和义务共同指向的对象，如购销的商品、供应的货物、运输的劳务等。标的是经济合同的基础。因此，在订立经济合同时，标的名称要写得明确具体、规范，同时，标的要尽量使用国家统一名称，国家没有统一名称的双方当事人应共同协商把名称统一起来。

（2）**数量和质量** 数量和质量条款是标的具体化，是衡量经济合同是否按合同履行的主要标准之一，是支付或取得价款或酬金的主要依据。数量条款中要求数字、计量单位清楚、准确，符合法律的规定。质量条款中按国家标准、专业（部）标准、企业标准签订，并在合同中要写明产品质量检验和验收的方法。

（3）**价款或酬金** 它是取得标的物的一方向对方支付的代价。价款通常指购销产品的货款、财产租赁的租金、借款的利息等。酬金通常指保管费、货物运输费等。价款或酬金条款要符合国家价格管理法规和经济合同法律、法规的有关规定。为实现价款或酬金的支付，合同中应具备有关银行结算和支付方法的条款。

（4）**履行期限、地点、方式** 履行期限是经济合同履行义务的时间界限，是确定合同当事人是按期履行或是延期履行的客观标准。履行期限要写明年、月、日，要求准确、清楚，不可有含糊不清的概念。履行地点是当事人按合同规定履行义务的场所，履行地点条款中要写明详细的履行义务的地址。履行方式是当事人完成合同规定义务的方法，如购销合同中，产品的交付方法是自提货还是送货，或是代办托运等，支付价款的方法是一次结算还是分次结算等。

（5）**违约责任** 违约责任指由于当事人一方或双方的过错，造成经济合同不能履行或者不能完全履行，过错方必须承担的违约金、赔偿金及其他责任。对责任范围，法律有规定的按规定办，没有规定的由双方当事人约定。若合同中没有违约责任就只能是"软合同"或"自由合同"，随时都可能变为一纸空文。

325. 履行经济合同必须遵循的原则是什么?

（1）**实际履行原则** 经济合同的当事人必须实施合同约定的经济活动或经济行为；合同约定的标的不能擅自更改；一方违约时，不能以支付违约金、赔偿金代替标的的实际履行；双方要求继续履行合同的，仍应继续履行。

（2）**全面履行原则** 指合同双方当事人必须按照合同约定的标的数量、质量，履行期限、地点、方式等全面完成各自承担的义务和责任。

（3）**协作履行原则** 指双方要团结协作，互相帮助来完成合同规定的义务。

326. 经济合同纠纷的解决方法有哪些?

（1）**自行协商解决** 双方当事人在自愿、互谅互让的基础上直接进行磋商。

（2）**业务主管部门的行政调解** 当事人不愿通过协商解决纠纷或者协商不成，可申请业务主管部门进行调解。业务主管部门行政调解必须坚持自愿原则，不得强行进行行政调解。

（3）**经济合同仲裁委员会的仲裁** 发生合同纠纷时，当事人不愿通过协商、调解或协商、调解不成时，可依据合同的仲裁条款或者事后达成的书面仲裁协议向县级以上人民政府工商行政管理局设立的经济合同仲裁委员会申请仲裁。经济合同争议申请仲裁的期限为2年，自当事人知道或者应当知道权利被侵害之日起计算。当事人应当履行仲裁机构的裁决；当事人一方不履行裁决的，另一方可申请人民法院强制执行。

（4）**人民法院审理**　合同发生纠纷时，由于合同中未订立仲裁条款，事后当事人双方又未达成书面仲裁协议的，可向人民法院起诉。法院做出判决后当事人不服的，可在法定期限内向上一级人民法院上诉，上诉后做出的二审判决为终审判决。

第十一节　提高羊场经济效益的主要途径及案例分析

327. 提高羊场经济效益的主要途径有哪些?

（1）**适度规模**　肉羊场的饲养规模应依市场、资金、技术水平、设备、管理经验等综合因素全面考虑，既不可过小，也不能太大。过小，不利于现代设施设备和技术的利用，效益微薄；过大，规模效益比较高，但超出自己场的管理能力，也难以养好羊，到头来得不偿失。所以应根据自身具体情况，选择适度规模进行饲养，才能取得理想的规模效益。

（2）**选择先进科学的工艺流程**　先进科学的饲养工艺流程可以充分地利用羊场饲养设施设备，提高劳动生产率，降低单位产品的生产成本，并可保证羊群健康和产品质量，最终显著增加羊场的经济效益。

（3）**选择饲养优良品种**　品种是影响养羊生产的第一因素。因地制宜，选择适合羊场饲养条件和饲料条件的品种，是养好肉羊的首要任务。

（4）**实行科学饲养管理**　有了良种，还要有良法，这样才能充分发挥良种羊的生产潜力。因此，要及时采取最新饲养技术，抓好肉羊不同阶段的饲养管理，不可光凭经验，抱着传统的饲养管理技术不放，而是要对新技术高度敏感，跟上养羊新技术步伐，不断提高养羊业的经济效益。

（5）**高度重视防疫工作** 一个羊场要想不断提高产品产量和质量，降低生产成本，增加经济效益，前提是要保证羊群健康。因此，羊场必须制定科学的免疫程序、严格防疫制度，不断降低羊只死淘率，提高羊群健康水平。

（6）**努力降低饲料费用** 饲料费用占总成本的70%左右。因此，必须在饲料上下功夫。一是要科学配方，在满足生产需要的前提下，尽量降低饲料成本；二是要合理喂养，给料时间、给料量、给料方式要讲究科学；三是减少饲料浪费。

（7）**经济实行责任制** 经济责任制就是要将饲养人员的经济利益与饲养数量、产量、物质消耗等具体指标挂钩，并及时兑现，以调动全场生产人员的劳动积极性。

（8）**抓好销售产品的市场** 研究市场、把握市场、不断地开拓市场，应作为羊场的一项重点工作常抓不懈。

328. 如何估算适度规模养殖户的养羊效益？（以20只能繁母羊为例）

饲养能繁母羊20只，放牧加补饲的饲养方式。补饲的精料100%计算，青贮料计算3个月。基建设备器械不计算，人工费和粪销售收入相抵。羊的使用年限为5年。母羊年产1.5胎，平均胎产1.7只，成活率95%，产羔48只。饲养7个月出售，5个月饲喂期，出栏体重30千克。

（1）成本

①购种羊：

购种母羊总费用＝20只母羊×1 200元/只÷10 000＝2.4万元。

购种公羊总费用＝1只公羊×2 500元/只÷10 000＝0.25万元。

计：每年种羊摊销 = 2.65 万元 ÷ 5 = 0.53 万元。

②饲草料成本：

a.种羊：

精料：21 只 × 0.25 千克/（天·只）× 365 天 × 3.4 元/千克 ÷ 10 000 = 0.65 万元。

青贮：21 只 × 3 千克/（天·只）× 90 天 × 0.6 元/千克 ÷ 10 000 = 0.34 万元。

b.育成羊：

精料：48 只 × 0.2 千克/（天·只）× 150 天 × 3.4 元/千克 ÷ 10 000 = 0.49 万元。

总饲养成本：0.65+0.34+0.49 = 1.48 万元。

③每年医药摊销总成本：12 元/(羔·年) × 48 ÷ 10 000 = 0.06 万元。

（2）收入

育肥羊出栏体重 30 千克。

总收入 = 48 只 × 30 千克/只 × 28 元/千克 ÷ 10 000 = 4.03 万元。

（3）经济效益分析

年总盈利：4.03 − 0.53 − 1.48 − 0.06 = 1.96 万元。

每卖 1 只育成羊盈利：42 700 元 ÷ 48 = 408 元。

329. 如何估算大型养殖场的养羊效益?（以 500 只能繁母羊为例）

以 500 只能繁母羊全舍饲为例，精料 100% 计算，草及青贮料 100% 计算，基建设备器械 100% 计算，人工费 100% 计算；羔羊成活率 95%，年产羔 1.8 胎，每胎产羔 1.8 只；7 月龄出栏体重 35 千克。

（1）成本

①基建总造价：

羊舍造价：500 只基础母羊，按 5 米²/只计算羊舍面积为 2 500 米²；羊舍总造价 = 2 500 米² × 600 元/米² ÷ 10 000 = 150 万元。

青贮窖按1米^3/只基础母羊计算，总造价：500米^2×500元/米^2÷10 000＝25万元。

贮草及饲料加工车间总造价：500米^2×400元/米^2÷10 000＝20万元。

办公室及宿舍总造价：300米^2×800元/米^2÷10 000＝24万元。

场内道路、绿化、围墙等计划20万元。

基建总造价：239万元。

②机械设备及运输车辆投资：饲料加工机械购买10万元，兽医药械购买1万元，变压器等机电设备30万元，运输车辆购买5万元，合计46万元。

每年固定资产摊销＝（基建总造价＋设备机械及运输车辆总费用）÷15＝（239万元+46万元）÷15=19万元。

③种羊投资：

种母羊投资＝母羊只数×价格/只＝500只×1 200元/只÷10 000=60万元。

种公羊投资＝公羊只数×价格/只＝25只×2 500元/只÷10 000=6.25万元。

种羊总投资＝以上各项的合计＝66.25万元。

每年种羊摊销＝种羊总投资÷5＝13.25万元。

④饲料成本：

a.种羊：

精料：年消耗费用＝种羊只数×精料量/（天·只）×365天×价格/千克＝525只×0.25千克/天×365天×3.4元/千克÷10 000=16.3万元。

青贮或者青绿饲料：年消耗费用＝种羊只数×青贮饲喂量/（天·只）×365天×价格/千克＝525只×3千克/（天·只）×365天×0.6/千克÷10 000=34.5万元。

种羊饲料成本＝以上各项的合计＝50.8万元。

b.育成羊（7个月出售，5个月饲喂期）：

年育成活羔羊数目 500×1.8×1.8×95%＝1539 只。

青贮：年消耗费用＝总羊数×青贮量/（天·只）×150 天×价格/千克＝1539 只×2 千克/（天·只）×150 天×0.6 元/千克÷10 000＝27.7 万元。

精料：年消耗费用＝总羊数×精料量/（天·只）×150 天×价格/千克＝1539 只×0.2 千克/（天·羔）×150 天×3.4 元/千克÷10 000＝15.7 万元。

育成羊饲料成本＝以上各项的合计＝43.4 万元。

饲料总成本＝种羊饲料成本＋育成羊饲料成本＝94.2 万元。

⑤年医药、水电、运输、业务管理总摊销：

20 元/（羔·年）×总羔数＝20 元/（羔·年）×1539 羔＝3.1 万元。

⑥年工人工资：年总工资成本＝100 元/年·只×总羊数＝100 元/年·只×2064 只＝20.6 万元。

总成本＝每年固定资产摊销＋每年种羊摊销＋饲料总成本＋年医药、水电、运输、业务管理总摊销＋年工人工资＝19 万元＋13.25 万元＋94.2 万元＋3.1 万元＋20.6 万元＝150.2 万元。

（2）收入

①年售商品羊：总育成数×出栏重/只×价格/千克（活羊）＝1 539 只×35 千克/只×28 元/千克＝150.8 万元。

②羊粪收入（按种羊计算）：种羊数×产粪量/（只·年）×价格/千克＝525×875×0.4＝18.4 万元。

总收入＝以上各项的合计＝150.8＋18.4＝169.2 万元。

（3）经济效益分析

建一个基础母羊 500 只商品羊场，年总盈利（毛利）为：总收入－总成本＝169.2－150.4＝18.8 万元。

每售 1 只育成羊毛利：年总盈利÷总育成数＝188 000 元÷1 539＝122.2 元。

附录一 羊场管理制度

为了提高羊场的管理水平，提高效益，实施科学、规范、制度化管理，明确员工权力与职责，特制定本制度，请遵照执行。

在公司领导与管理指导下，羊场场长负责具体工作的实施，实行个人负责制，赋予个人一定的权力，承担相应的责任，权责统一。

1. 羊场人员实行个人负责制，赋予权力，承担责任。

2. 羊场主管负责场部对全体员工和日常事务的管理，对公司负责，及时汇报羊场情况。

3. 各岗位员工坚守岗位职责，做好本职工作，不得擅自离岗。

4. 做好羊场的安全防盗措施和工作。

5. 晚上轮班，看护好场部的牲畜和其他物品。

6. 做好每日考勤登记，不得作假或叫同事帮填写。

7. 分工与协作统一，在一个合作团队下，开展各自的工作。

8. 做好安全防范工作。

（一）监督员管理制度

1. 遵守检验检疫有关法律和规定，诚实守信，忠实履行职责。

2. 负责羊场生产、卫生防疫、药物、饲料等管理制度的建立和实施。

3. 负责对养殖用药品、饲料采购的审核以及对技术员开具的处方单进行审核，符合要求方可签字发药。

4. 监管羊场药物的使用，确保不使用禁用药，并严格遵守停药期。

5. 应积极配合检验检疫人员和公司实施日常监管和抽样。

6.如实填写各项记录，保证各项记录符合公司及其他管理和检验检疫机构的要求。

7.监督员必须持证上岗。

8.发现重要疫病和事项，及时报告公司和检验检疫部门。

（二）技术员管理制度

1.技术员负责疫病防治。

2.对各个季节不同疫病，根据本场实际情况采取主动积极的措施进行防护。

3.技术员应根据疫病发生情况开出当日处方。

4.技术员应每日观察疫病发生情况，对疫病应做到早预防、早发现、早治疗。对异常牲畜要进行镜检以确定病因，遇到无法确定的情况应当日汇报给公司，公司请权威部门予以确定，并把确定的情况及时告诉技术员。

5.如发生重要疫病及重要事项时，应及时做好隔离措施。

（三）采购员管理制度

1.采购员采购药品物品，必须有对方签字，采购单要上交一份到公司财务办公室存档备案。

2.合理科学管理备用金，不能拿备用金做其他用途使用，更不能拿去做私人事情。

3.采购药品、物品及时入库，办好相关手续。

4.采购员的差旅费报销规定：①乘车费、业务洽谈费全额报销；②餐费标准；③住宿标准。

（四）饲料管理制度

1.饲料需来自正规经销商。

2.饲料中不得添加国家禁止使用的药物或添加剂。

3.饲料进仓应由采购人员与仓库管理员当面交接，并填写入库单，仓管员还必须清点进仓饲料数量及质量。

4.仓管员应保持仓库的卫生。库内禁止放置任何药品和有害物质，饲料必须隔墙离地分品种存放。

5.建立饲料进出仓库记录，详细记录每天进出仓情况。

6.饲料调配应由技术员根据实际情况配制和投量。

7.调配间、搅拌机及用具应保持清洁，做到不定时的消毒，调配间禁止放置有害物品。

（五）人员管理制度

为保障养殖顺利进行，安全生产，特建立如下管理制度，希望全体养殖人员遵守执行。

1.不准喝酒、不准打架斗殴、不准拉帮结派，一经发现，严肃处理，甚至开除。

2.吸烟应远离易燃物品，同时不影响工作，不影响环境卫生。

3.服从领导指挥，认真完成本职工作。

4.及时发现问题，及时汇报，及时解决。对每位员工提出的好建议进行鼓励并奖励。

5.保持羊场环境卫生，不许将生活垃圾乱扔，应采取措施，生活垃圾要选好地址统一堆放，定期销毁。

6.保持水槽、食槽、牲畜舍清洁，工具摆放有序。

7.羊场物品实行个人负责制，注意保管、保养，丢失按价赔偿。如因丢失影响生产，另行处罚。

8.实行请假销假制度。有事提前请假，以便调整安排，以不耽误生产为原则。全体员工应团结配合，扎实工作，以场为家，以场为荣。

（六）卫生防疫管理制度

1.生活区及时清理，保持清洁。

2.养殖用具每天清洗一次，保持干净。

3.外来人员不得随便进入养殖区。

4.局部发生疫病时，养殖用具食料槽、饮水槽专用，并进行消毒，做好发病食料槽、饮水槽的有效隔离。

5.病、死牲畜当天烧毁或深埋，用过的药品外包装等统一放置并定期销毁。

6.购进的种牲畜要经过检疫，防止病原体传入。

7.定期对羊场进行消毒和疫病防疫药品投放。

（七）药物管理制度

1.建立完整的药品购进记录。记录内容包括药品的品名、剂量、规格、有效期、生产厂商、供货单位、购进数量、购货日期。

2.药品的质量验收，包括药品外观性质检查、药品内外包装及标识的检查，主要内容有品名、规格、主要成分、批准文号、生产日期、有效期等。

3.搬运、装卸药品时应轻拿轻放、严格按照药品外包装标志要求堆放和采取措施。

4.药品仓库专仓专用、专人专管。不得在仓库内堆放其他杂物，特别是易燃易爆物品。药品按剂量或用途及储存要求分类存放，陈列药品的货柜或橱子应保持清洁和干燥。地面必须保持整洁，非相关人员不得进入。

5.药品出库应开药品领用记录，详细填写品种、剂型、规格、数量、使用日期、使用人员、使用对象，需在技术员指导下使用，并做好记录，严格遵守停药期。

6.不向无药品经营许可证的销售单位购牲畜用药物，用药标签和说明书符合农业部规定的要求，不购进禁用药或无批准文号、无成分标注的药品。

7.用药施行处方管理制度，处方内容包括用药名称、剂量、使用方法、使用频率、用药目的，处方需经过监督员签字审核，确保不使用禁用药和不明成分的药物，领药者凭用药处方领药使用。

（八）有毒有害物质防护措施

1.日常重视四周卫生，及时把死、病畜清除到无害化处理场所深埋，及时隔离、防护，清除生活垃圾。

2.严格执行专人管理、专库存放制度，制定完整进仓和领用记录，记录需有相关人员签名。

3.值班人员遵守相关守则、制度，防止外来人员投毒、投害。

4.下列有毒有害物质禁止进入羊场，即汞、甲基汞、砷、无机砷、铅、镉、铜、硒、氟、组胺、甲醛、六六六、敌敌畏、麻痹性毒素、腹泻性药物。

（九）奖惩制度

有下列情形之一者，将得到一定的奖励：

1.对羊场的疾病防治有力，挽救羊场重大损失的；

2.进行自主创新，节约成本，成效显著的；

3.进行立体综合养殖，效益明显的；

4.管理措施有力，使羊场连续18个月没有发生事故的，等等。

有下列情形之一的，将受到一定的惩罚：

1.弄虚作假的，如考勤、采购作假的；

2.经常迟到早退的（一个月累计≥3次）；

3.无故旷工的（一个月累计≥18小时）；

4.打架斗殴的，情节严重的交司法处理；

5.监守自盗或与他人合伙，使羊场遭受损失的，严重的交司法处置；

6.私自宰杀羊场牲畜，照价赔偿，并追究法律责任；

7.出现羊场无人看管时间超过30分钟的情况的，等等。

附录二 各类生产报表

附表2-1 产羔记录

序号	母羊号	品种	产羔日期	与配公羊		产羔情况			备注
				公羊号	品种	羔羊号	性别	初生重	

附表2-2 繁殖配种记录

序号	母羊号	品种	第一次配种			第二次配种			妊娠检查日期	是否妊娠	备注
			日期	公羊号	品种	日期	公羊号	品种			

附表2-3 防疫监测记录

采样日期	圈舍号	采样数量	监测项目	监测单位	监测结果	处理情况	备注

附表2-4 免疫接种记录

时间	圈舍号	数量	年龄	疫（菌）苗名称	生产单位	规格	生产批号	有效期	接种剂量	接种部位	免疫人

附表2-5 无害化处理记录

日期	数量	原因	标识编码	处理方法	处理人	备注

附表2-6 羊场消毒记录

时间	消毒区域	药物名称	生产单位	生产批号	规格	有效期	药物浓度	药物用量	消毒方法	消毒人	备注

附表2-7 药品耗用统计

序号	药品名称	规格	单位	上月结存	本月		本月结存	备注
					领取	耗用		

统计：　　　　　　　　　　　　　　　　　　　年　　月

附表2-8　饲料（药品）消耗统计

饲料（药品）名称	计量单位	时间（月）	羔羊	育成羊	成年羊	合计

负责人：　　　　　　　　　　　　　　　　　　制表人：

附表2-9　羊死亡（淘汰）报告

品种		羊号		数量	
病程					
治疗情况					
解剖					
结论					
处理方式					
饲养员	兽医		场长		总经理

报告时间：　　　　　　　　　　　　　年　　月　　日

附表2-10　羊群存栏报告

品种	年龄阶段	性别	增加					出售	转出	减少				存栏	备注
			购入	转入	繁殖	其他	小计	出售	转出	淘汰	死亡	其他	小计		
	羔羊	公													
		母													
	育成羊	公													
		母													
	成年羊	公													
		母													
	合计														

场长：　　　　　　　　统计：　　　　　　　时间：　　年　　月　　日

附表2-11　诊疗记录

时间	畜禽标识编码	圈舍号	日龄	发病数	病因	诊疗人员	用药名称	用药方法	诊疗结果

附表2-12　物资申购单

申购单位：　　　　　　　　　　　　　　　　　　　　　　　　　　日期：

品名	数量	单位	估计单价	用途	需用日期
领导审批意见					

填单人：

附表2-13　物资报废申请

表号：

物资名称		数量		使用部门	
规格型号		金额		存放地点	
报废原由简述					
				部门主管：　年　月　日	
主管领导意见					
				年　月　日	

参 考 文 献

曹立文，龚洵云，刘志权，2015. 浅析畜禽品种改良的重要性 [J]. 中国畜牧兽
　　医文摘 (11)：30.

陈宝书，2001. 牧草饲料作物栽培学 [M]. 北京：中国农业出版社.

陈平，2016. 肉羊养殖经济效益分析 [J]. 中国畜牧兽医文摘，32 (3)：89.

陈圣偶，2000. 养羊全书 [M]. 成都：四川科学技术出版社.

陈杖榴，2009. 兽医药理学 [M]. 北京：中国农业出版社.

付利芝，徐登峰，2016. 羊病诊治你问我答 [M]. 北京：机械工业出版社.

桂东城，孟智杰，张居农，2009. 一种孕酮透皮缓释贴剂对母羊诱导发情效果
　　的研究 [J]. 中国畜牧兽医，36 (9)：204-205.

郭慧琳，贺洞杰，杨军祥，等，2012. 欧拉羊同期发情处理方法研究 [J]. 畜牧兽
　　医杂志，31 (1)：1-3.

国家畜禽遗传资源委员会，2011. 中国畜禽遗传资源志：羊志 [M]. 北京：中国
　　农业出版社.

韩占兵，赵金艳，2014. 动物生产技术 [M]. 郑州：河南科技出版社.

何峰，李向林，2010. 饲草加工 [M]. 北京：海军出版社.

何少华，吴建宇，杨高杰，2016. 羊配种时期的选择及配种方法 [J]. 黑龙江动物
　　繁殖，24 (3)：21-22.

黄勇富，2004. 南方肉用山羊养殖新技术 [M]. 重庆：西南师范大学出版社.

霍飞，罗永明，阿依努尔·亚森，等，2015. 不同繁殖季节规模化胚胎移植受
　　体羊同期发情处理研究 [J]. 畜牧与兽医，47 (10)：73-74.

李萍，岳宏伟，2011. 和田羊不同方法同期发情效果比较 [J]. 草食家畜，152 (3)：
　　45-46.

林志强，2009.常用消毒药的配制与使用[J].农村养殖技术（7）：25.

刘须民，刘友光，寇红梅，等，2001.动物常用消毒药的配制与使用[J].中国动物检疫，18（6）：36-37.

权富生，赵晓娥，安志兴，等，2005.绵羊胚胎移植受体同期发情处理技术研究[J].中国农学通报，21（4）：18-20，88.

全国畜牧总站，2012.肉羊标准化养殖技术图册[M].北京：中国农业科学技术出版社.

申海，赵鹏，2014.羊的养殖管理及解剖注意事项[J].畜牧兽医科技信息（5）：54.

田洪海，姜明，徐泽高，2014.提高羔羊成活率的要点探讨[J].甘肃畜牧兽医，44（9）：47-49，58.

田树军，王宗仪，胡万川，2004.养羊与羊病防治[M].北京：中国农业大学出版社

王树林，2016.母羊难产的病因分析及防治措施[J].现代畜牧科技（8）：124.

王志武，毛杨毅，李俊，等，2015.绵羊同期发情不同处理方法效果比较[J].中国草食动物科学，35（3）：68-69.

魏红芳，赵金艳，2010.羊超数排卵的方法及影响其效果的因素[J].黑龙江畜牧兽医（科技版）（1）：53-54.

魏玉刚，2015.阿勒泰羊不同同期发情处理方法效果分析[J].新疆畜牧业（11）：23-24.

熊朝瑞，范景胜，王永，等，2013.简阳大耳羊的种质特性[J].黑龙江畜牧兽医（3）：40-41.

杨松全，曹国文，2011.动物疫苗正确使用百问百答[M].北京：中国农业出版社.

尹长安，孔学民，陈卫民，2003.肉羊无公害饲养综合技术[M].北京：中国农业出版社.

詹年，2014.安徽白山羊同期发情和超数排卵技术研究[D].合肥：安徽农业大学.

张静芳，王新庄，石奎林，等，2010.河南大尾寒羊超数排卵研究[J].河南农

业科学 (8)：134-136.

张兴会，郭祉岐，郭 丹，等，2015.血小板计数法在绒山羊超早期妊娠诊断上的应用[J].中国草食动物科学，35 (1)：21-23.

张沅，2001.家畜育种学[M].北京：中国农业出版社.

赵莉渲，2009.不同稀释液对陶赛特肉羊细管冻精品质的影响[J].畜牧兽医杂志，28 (4)：6-8.

赵有璋，2002.羊生产学[M].北京：中国农业出版社.

赵有璋，2013.中国养羊学[M].北京：中国农业出版社.

赵战峰，熊忙利，2014.羊早期妊娠诊断的方法[J].养殖技术顾问 (2)：36.

周桂云，薛伟，冯建忠，等，2009.B超诊断技术在肉羊早期妊娠诊断中的应用[J].中国草食动物.29 (4)：33-34.

周淑兰，曹国文，付利芝，2010.羊病防控百问百答[M].北京：中国农业出版社.

周学斌，2016.规模化肉羊养殖场产羔期羊群的管理[J].现代畜牧科技 (8)：37.